TECHNISCH-GEWERBLICHE BÜCHER

BAND 4

DIE PRAXIS DER BAUMWOLLWAREN-APPRETUR

VON

ING. CHEM. **EUGEN RÜF**
LANGJÄHRIGEM BUNTWEBEREILEITER

WIEN · VERLAG VON JULIUS SPRINGER · 1930

ISBN 978-3-7091-5663-6   ISBN 978-3-7091-5709-1 (eBook)
DOI 10.1007/978-3-7091-5709-1

ALLE RECHTE, INSBESONDERE DAS DER ÜBERSETZUNG
IN FREMDE SPRACHEN, VORBEHALTEN.
SOFTCOVER REPRINT OF THE HARDCOVER 1ST EDITION 1930

Vorwort.

Auf keinem Wissensgebiet der Technik ist der Widerstreit zwischen Theorie und Praxis so groß wie in der Textilindustrie; dies gilt in hohem Maße auch für die Appretur. Appreturleiter und Appreturmeister sind in den seltensten Fällen identisch; jene überwiegen in den größeren, diese in den kleineren Betrieben. Da auf den Fachschulen wohl die theoretische Grundlage, aber nicht die praktische Ausbildung vermittelt werden kann, muß der Appreteur durch eine harte Schule der Praxis gehen und oft genug durch Schaden klug werden.

Man sollte nun glauben, daß die Appretur als ein jahrtausendaltes Gewerbe in allen ihren Teilen bekannt ist und darum der Erziehung des Nachwuchses keine Schwierigkeiten bereiten sollte. Wenn dem nicht so ist, wenn noch viele Fehler gemacht werden müssen und noch viel Ramschware aus dem Appreturbetrieb weggeworfen werden muß, so hat dies nach meinen Erfahrungen und Beobachtungen seinen Grund nur in der Geheimniskrämerei der Appreteure, die ihre allerdings teuer erkauften Kenntnisse und Erfahrungen nicht preisgeben wollen und sozusagen ins Grab mitnehmen.

Das ist eine Sünde wider das Gewerbe der Appretur und den Stand der Appreteure und entspricht durchaus nicht dem mit Recht geforderten Grundsatz der Rationalisierung, wozu nicht nur moderne Verfahren und technische Betriebsmittel, sondern auch die Heranbildung des Nachwuchses gehört, die durch die Geheimniskrämerei zum Schaden der Appreturbetriebe und ihrer Besitzer vereitelt wird.

Diesem Übelstande soll das vorliegende Buch abhelfen, das den Reinpraktikern die wissenschaftliche Erkenntnis ihres Gewerbes und den wissenschaftlich gebildeten Chemikern jene praktischen Kenntnisse und Erfahrungen vermittelt, die eine unerläßliche Ergänzung ihrer Schulausbildung sind.

Ich übergebe also hiermit dieses Buch der Fachwelt in der Hoffnung und mit dem Wunsche, daß es seine Aufgabe der Erziehung zum Appreturleiter zu Nutz und Frommen des Appreturgewerbes erfüllen möge.

Dornbirn, im Juni 1930.

Der Verfasser.

Inhaltsverzeichnis.

	Seite
Einleitung	1
A. Allgemeines	2
1. Wesen und Begriff der Appretur	2
2. Der Appreteur und was er wissen sollte	4
3. Wissenschaft und Praxis in der Appretur	14
4. Die Appretur einst und jetzt	21
5. Was ist ein moderner Appreturbetrieb?	31
B. Die Hilfsstoffe der Appretur	33
1. Die Appreturmittel	33
a) Steifungs-, Füll- und Klebmittel	36

1. Die Stärke S. 36 — 2. Mehle S. 40 — 3. Lösliche Stärke S. 41 — 4. Dextrin S. 41 — 5. Leim S. 43 — 6. Das Karragheenmoos S. 44 —

b) Weichmachende Stoffe	48

1. Talg S. 48 — 2. Schweinefett S. 49 — 3. Vegetabilischer Talg (Japanwachs) S. 49 — 4. Kokosnußöl S. 50 — 5. Das Paraffin S. 50 — 6. Das Zeresin S. 50 — 7. Das Stearin S. 51 — 8. Marseillerseife S. 51 — 9. Bienenwachs S. 51 — 10. Glyzerin S. 52 — 11. Öle S. 53 — 12. Das Olivenöl S. 53 — 13. Türkischrotöl S. 54 —

c) Beschwerungs- und Füllmittel	55

1. Schwefelsaure Magnesia (Bittersalz) S. 55 — 2. Schwefelsaures Natrium (Glaubersalz) S. 56 — 3. Chlormagnesium S. 56 — 4. China clay S. 57 — 5. Talkum S. 58 — 6. Bariumsulfat (Schwerspat) S. 58 — 7. Kohlensaurer Kalk (Kreide) S. 59 —

d) Wasseranziehende Mittel	59

1. Kochsalz S. 59 — 2. Chlorkalzium S. 60 — 3. Glyzerin S. 60 — 4. Chlormagnesium S. 60 — 5. Zinkchlorid S. 60 —

e) Antiseptische (fäulnisverhindernde) Mittel	60

1. Salizylsäure S. 60 — 2. Formaldehyd S. 61 — 3. Karbolsäure S. 62 — 4. Zinkchlorid S. 62 — 5. Zinksulfat (Zinkvitriol) S. 62 — 6. Aktivin S. 62 —

f) Aufschließungsmittel für die Stärke	62

1. Oxalsäure (Zuckersäure) S. 62 — 2. Aktivin S. 63 — 3. Stokotabletten S. 65 —

g) Farbstoffe	67
2. Was ist Stärkekleister?	68
3. Aufschließung oder Abbau der Stärke	73

Inhaltsverzeichnis.

	Seite
C. Vorarbeiten der Appretur.	77
1. Das Sengen	77
2. Reinigungsmaschinen für Baumwollgewebe	78
3. Ein Schmierfleckenwasser	79
4. Die Mercerisation	82
5. Die Herstellung der Appreturmassen	87
6. Kochapparate	90
7. Das Anfärben der Appreturmassen	97
D. Das Appretieren.	101
1. Das Auftragen der Appreturmassen	101
2. Die Appretierverfahren	105

Ausrüsten von rohen Bettleinen (groben Bauernleinen) S. 106 — Ausrüsten von gebleichten Bettleinen S. 107 — Ausrüsten von gebleichtem, leichtem Kaliko S. 107 — Ausrüsten von Shirting S. 107 — Ausrüsten von Chiffon S. 108 — Ausrüsten von gebleichten Damasttischzeugen S. 108 — Ausrüsten von grau gefärbtem Kattun S. 109 — Ausrüsten von grauem Organtin S. 109 — Ausrüsten von schwarzem Organtin S. 109 — Ausrüsten von schwarzem Glanzcroisé S. 110 — Ausrüsten von schwarzem Cloth S. 111 — Ausrüsten von gerauhtem Barchent S. 112 — Ausrüsten von braunem, schwarzem und grauem Molton S. 112 — Ausrüsten von Blauleinen S. 113 — Ausrüsten von hellbödigem Oxfordartikel S. 114 — Ausrüsten von dunkelbödigem Oxfordartikel S. 114 — Ausrüsten von gestreiften Arbeiterblusen S. 115 — Ausrüsten von Jone-Hemdenstoff geköpert S. 115 — Ausrüsten von Inletts S. 115 — Ausrüsten von Züchen (naturelle Ausrüstung) S. 116 — Züchen in Mangelausrüstung S. 116 — Ausrüsten der einseitig gerauhten Flanelle S. 118 — Ausrüsten von leichten doppelseitigen Flanellen S. 119 — Ausrüsten der feinen Zephire S. 120 — Ausrüsten der feinen Damenblusenstoffe für den Sommer S. 120 — Ausrüsten der gerauhten Damenblusenstoffe S. 120 — Ausrüsten von Damastmöbelstoffen S. 121 — Ausrüsten von Hosenzeugen S. 121 — Ausrüsten von Matratzendrell S. 121 — Ausrüsten von Kleiderkattun S. 122 — Ausrüsten der Blaudrucks S. 122 — Ausrüsten der Kunstseidengewebe S. 123 —

3. Die Salzappreturen	124
4. Die Füllappreturen	129
5. Wasserdichtmachen von Geweben	133
6. Feuersichermachen von Geweben	137
7. Werdegang eines doppelseitig gerauhten, buntgewebten Baumwollflanells	140
8. Die naturelle und die Mangelausrüstung	149
9. Appreturausrüstung nach vorgelegtem Muster	150
E. Besondere Ausrüstungsarten	153
1. Die Rauherei im allgemeinen	153
2. Das Geßnersche Veredlungsverfahren	160

3. Das Moiré 161
4. Das Beeteln 164
5. Das Mangeln. 166
6. Das Kalandern 171
7. Das Gaufrieren. 176
8. Der Seidenfinish und der Permanentfinish 177
9. Das Glacieren oder Glästen 182

F. **Nacharbeiten der Appretur** 183
  1. Das Trocknen der appretierten Gewebe 183
     a) Die Trockenrahmen 183
     b) Der Trockenturm oder die Trockenhänge 184
     c) Die Trommeltrockenmaschine 185
     d) Die Spann-, Rahm- und Trockenmaschine 187
     e) Die maschinelle Hänge 189
  2. Das Appretbrechen 192
  3. Das Strecken und Ausbreiten der Waren 194
  4. Das Einsprengen der appretierten Gewebe 198
  5. Das Dämpfen der appretierten Gewebe 201
  6. Das Pressen 206
  7. Das Dekatieren 207
  8. Das Messen und Legen 208

G. **Fehler in der Appretur** 215
  1. Schlechte Aufnahme der Appreturmasse 215
  2. Schwächerwerden der Appreturmassen 217
  3. Ungleichartiger Ausfall der Appreturausrüstungen 220
  4. Das „Schreiben" auf den appretierten Geweben 226
  5. Das Stauben der appretierten Gewebe 228
  6. Das Verschleiern der Farben 234
  7. Schimmelflecke 236
  8. Vermeintliches und wirkliches Morschwerden der Gewebe durch stark bittersalzhaltige Appreturmassen 240
  9. Faltenbildung beim Appretieren 243
  10. Ungleiche Faltenlängen bei Leg- und Meßmaschinen . . . 244
  11. Streifenbildung in gerauhten Geweben 246
  12. Unreine Waren durch farbigen Flug 249
  13. Längenverluste der Gewebe beim Lagern 252
  14. Eindrücke in Kalanderwalzen 255

H. **Betriebstechnische Angaben** 256
  1. Die Instandhaltung der Rauhmaschinen 256
  2. Das Entwässern der Heizkörper 263
  3. Die Betriebskostenberechnung in der Appretur 266

Sachverzeichnis 271

Einleitung.

Als ich den Plan faßte, das vorliegende Buch zu schreiben, hatte ich nicht einen Appreturbetrieb vor Augen, der sich nur mit der Ausrüstung von Stapelwaren beschäftigt, die immer noch der früheren ähnelt, sondern einen solchen, der sich mit der Ausrüstung aller nur erdenklichen Baumwollgewebe, insbesondere der Modestoffe befaßt. Die Mode wechselt rasch, der Appreteur muß damit Schritt halten und alle billigerweise vorzubringenden Wünsche der Kundschaft für die Ausrüstung der Baumwollgewebe erfüllen. Indem ich hiermit meine langjährigen Erfahrungen der Fachwelt übermittle, wünsche ich, das starre Festhalten am Althergebrachten aus den Appreturbetrieben zu bannen und diese auf eine wissenschaftliche Grundlage zu stellen. Die Frucht meiner Erfahrung ist die Überzeugung, daß ein wirtschaftlicher Appreturbetrieb nicht mehr möglich ist, wenn nicht ein neuer Geist einzieht, der teils mit den guten alten Verfahren und Maschinen, teils mit den neuen Errungenschaften von Wissenschaft und Technik das Letzte aus dem Betriebe herauswirtschaftet.

Das vorliegende Buch ist nicht geschrieben worden, um möglichst viele Verfahren und Vorschriften (Rezepte) für bestimmte Zwecke zu empfehlen, sondern um den Appreteur anzuregen, über die vorhandenen Mittel nachzudenken, damit er befähigt werde, bei neu auftretenden Ausrüstungsarbeiten die angebotenen Appreturmittel, Verfahren und Betriebsmittel (Maschinen und Apparate) kritisch zu beurteilen und auszuwählen.

In diesem Sinne wünsche ich dem Buche weiteste Verbreitung, insbesondere in der jungen Fachwelt, die ich einerseits davor bewahren möchte, über das gute Alte voreilig den Stab zu brechen, andererseits anspornen möchte, auf dem Wege der wissenschaftlichen Betriebsführung vorwärts zu schreiten. Wenn es mir auch gelingen sollte, den Widerstand der reinen Praktiker, der Empiriker, gegen die Wissenschaft zu überwinden und die Mißachtung der Praxis durch die Vertreter der reinen Wissenschaft zu beseitigen, so wäre meine Aufgabe restlos erfüllt, denn auch in der Industrie gilt der Satz: „Einigkeit macht stark!"

A. Allgemeines.

1. Wesen und Begriff der Appretur.

Das vom Lateinischen „adparare" abgeleitete Wort „Appretur" wird verschieden gedeutet, z. B. veredeln oder zurichten. Unter „Veredeln" müßte man auch die Bleicherei, Färberei und Druckerei, ja sogar auch die Mercerisation verstehen; also darf man den Begriff „Appretur" nicht so weit fassen, da es sich um Ausrüstungsarbeiten handelt, die den rohen, gebleichten, gefärbten, bedruckten, mercerisierten oder bunt gewebten Waren ein besseres Aussehen verleihen und eine zweckdienliche Beschaffenheit geben sollen. Wir möchten J. Dépierre, Appretur der Baumwollgewebe, folgen, worin es heißt: „Ohne uns in eine Prüfung der verschiedenen Definitionen einzulassen, werden wir nur diejenige anführen, welche die logischeste, genaueste und geeignetste scheint. Wir entnehmen sie Alcans Handbuch der Wollenbearbeitung II. Band: »Einen Stoff appretieren heißt, die Wesenheit der Faser oder der Fasern, aus welchen er besteht, auf das vorteilhafteste entwickeln und zur Geltung bringen, um dem Gewebe ein gefälliges Aussehen zu verleihen und es für seine Bestimmung geeignet zu machen.«

Die Reihe der Operationen, welche die Appretur bilden, muß daher einerseits nach der Eigennatur der Faser, anderseits nach dem Aussehen, welches die Ware erhalten soll, zusammengestellt werden. Wir betonen, daß die Appretur bloß die wirkliche Qualität der Ware in den Augen der Käufer zur Geltung bringen und nicht etwa eine Verfälschung sein soll, sie soll nicht dem Bestreben dienen, die Ware besser erscheinen zu lassen, als sie wirklich ist. Gegenwärtig sucht man allerdings vielfach die Qualität der Ware durch beschwerte Appretur (chargé) zu verbergen, indem man den Kleistern Hilfsstoffe zusetzt, welche der Ware ein größeres Gewicht geben und sie besser erscheinen lassen, als sie wirklich ist.

Wir halten dafür, daß diese Handlungsweise dem kaufmännischen Grundsatz der Reellität widerspricht und letzten Endes doch zum Nachteil des Fabrikanten ausschlägt. Das Vertrauen geht verloren, ein Artikel wird plötzlich und anscheinend ohne Grund verlassen, was manchmal ganz anders gedeutet wird. Wenn sich die Elsässer Baumwollindustrie durch ihre weiße und bedruckte Ware einen unbestreitbaren Vorrang verschafft hat, so ist ein großer Teil dieses dauernden Erfolges der Appretur zuzuschreiben, welche sehr sorgfältig ausgeführt und selten beschwert ist oder nur ganz geringfügig und ohne gewinnsüchtige Absicht. Dagegen findet man Gewebe, welche 80—100% fremde Bestandteile aufweisen, besonders wenn sie für den Export bestimmt sind, wie dies für manche englische Gewebe zutrifft. Es gibt Schriftsteller, die sich nicht scheuen zu erklären, daß die Beschwerung der Ware von der Kundschaft verlangt werde. Man weiß, daß der Käufer vom Fabrikanten nicht immer den Artikel erhalten kann, den er wünscht; man weiß aber auch, daß in erster Linie der Fabrikant oder der Zwischenhändler, wie dies im Orient, Indien, China usw. der Fall ist, dem Käufer seine Ware aufdrängt.

Anderseits behaupten große Exportfirmen, besonders englische, daß der Orienthandel beschwerte Gewebe verlange. Das ist offenbar ein Widerspruch, denn es ist bekannt, daß die Orientvölker, unsere Meister in der Kunst der Weberei und Färberei, ihre Gewebe niemals beschwert haben und auch heute noch nicht beschweren. Reis war und ist der einzige Hilfsstoff, dessen sie sich zum Stärken und Appretieren bedienen. Wir müssen hinzufügen, daß die öffentliche Meinung in England diesem Verfahren durchaus nicht geneigt ist und daß mehrere Schriftsteller es entschieden mißbilligen."

Seit dem Erscheinen dieses Buches i. J. 1888 ist der Vorrang der Elsässer Baumwollindustrie erloschen. Dagegen kann man den übrigen Ausführungen über den Begriff der Appretur vollinhaltlich beipflichten: sie decken sich mit dem heutigen Begriffe der Qualitätswaren. Sonderbar berührt es, daß dieses seiner Zeit aufsehenerregende und preisgekrönte Buch mit keinem einzigen Worte vom Appretieren der buntgewebten Baumwollgewebe spricht, die doch schon damals eine bedeutende Rolle spielten. Gut geleitete Appreturbetriebe wurden auch damals jedem Wunsche der Kundschaft gerecht. Die buntgewebten Baumwollartikel standen für Modezwecke in ihrer ersten Blütezeit und die Mercerisation streckte ihre ersten Fühler aus.

Dépierre war Kolorist und hat sich anscheinend nur auf dem Gebiete der Druckerei, Färberei und Bleicherei betätigt, so daß ihm die Entwicklung der Buntweberei unbekannt blieb. Es muß ihm auch entgangen sein, daß er für gefärbte und gebleichte Artikel sogar stark beschwerte Appreturverfahren angibt, ohne sie in dem Begriff von Appretur als wohl berechtigte Ausnahmen zu verzeichnen, da die Zwecke der betreffenden Gewebe eine beschwerte Appreturmasse sogar bedingen, wie in dem Kapitel Beschwerungs- und Füllmittel (S. 55) ausführlicher dargelegt wird. Diese Ausrüstungsarten erscheinen selbst bei oberflächlicher Betrachtung als beschwert, da die Maschen der Gewebe mit Appreturmasse gefüllt sind. Solche Gewebe dienen teils als Besatzartikel für Kleiderstoffe, die dadurch einen besseren Halt bekommen, teils als billiger Ersatz für irgendeine andere Warengattung. Der Käufer verlangt diese in dem Bewußtsein, daß sie mit Kleister und anderen, meist anorganischen Hilfsstoffen gefüllt sind. Da diese Gewebegattungen im Gebrauche nicht sichtbar sind, genügen sie dem Käufer, der keine teurere Ware wünscht. Da also keine Irreführung des Käufers vorliegt, sondern die Verkleisterung seinem Interesse entspricht, wird diese Ausrüstungsart als durchaus reell und nicht als unlauterer Wettbewerb zu bezeichnen sein. In das Gebiet des unlauteren Wettbewerbes und unreeller Fabrikation dürfen wir daher nur solche Beschwerungen zählen, die von den Laien nicht erkannt werden können und über die wahre Beschaffenheit der Gewebe täuschen sollen.

2. Der Appreteur und was er wissen sollte.

In der Baumwollindustrie dürfte nicht leicht ein dankbareres Feld der Arbeit zu finden sein als das eines Appreteurs in einem Betriebe, in dem es eine größere Reihe der verschiedenartigsten Gewebearten auszurüsten gibt, d. s. Modewaren, die nach aller Herren Länder bestimmt sind und bei denen alle möglichen Wünsche erfüllt werden müssen, wenn man auf eine ständige Kundschaft zählen will. Um diese zu gewinnen und zu erhalten, darf man keine Mühe scheuen, da hiermit eine gewisse Sicherheit in dem Absatz der Waren verbunden ist. Selbstverständlich können nicht alle Wünsche der Auftraggeber erfüllt werden, da die Mannigfaltigkeit der Ausrüstungsarten außerordentlich groß ist und schon aus wirtschaftlichen Gründen beschränkt werden muß. Die Aufgabe des Appreteurs wird es sein, für eine bestimmte Warengattung eine solche Ausrüstung hervorzubringen, die den Wünschen möglichst vieler Kundschaften entsprechen kann. Dann wird er leichter und wirtschaftlicher arbeiten können und auch eine größere innere Befriedigung finden.

Dies setzt aber nach meiner Ansicht einen wissenschaftlich und praktisch geschulten Appreteur voraus oder einen solchen mit reicher praktischer Erfahrung, dem eine wissenschaftlich geschulte Kraft zur Seite steht, die ihn mit seinem Rat unterstützt. Um sich aber wirklich ein dankbares Arbeitsfeld zu schaffen, muß der Appreteur sich durch Studium und praktische Erfahrung eine gründliche Appreturmittelkenntnis aneignen. Er muß ein feines Tastgefühl besitzen, um die geringsten Unterschiede im Griff der Waren wahrzunehmen. Er muß ferner über einen entsprechenden Maschinenpark verfügen können. Damit sind aber, wie wir in dem Abschnitt „Was ist ein moderner Appreturbetrieb?" sehen werden, nicht gerade die allerneuesten Appreturmaschinen gemeint. Der Appreteur muß in der Lage sein, die Wirkungsweise aller erforderlichen Maschinen eingehend studieren zu können. Er muß auch, wenn er wirklich nach bestem Ermessen arbeiten soll, freie Hand bei seinen Arbeiten haben, den Einkauf seiner Hilfsmittel selbst besorgen oder nach seinen Angaben besorgen lassen; nicht die Preislage, sondern die Beschaffenheit muß für den Einkauf bestimmend sein.

Unter diesen Voraussetzungen wird er ein leichtes Arbeiten haben und nur äußerst selten von unerwarteten Fehlern heimgesucht werden. Da kein Mensch und auch keine Maschine auf die Dauer tadellos arbeiten können, werden dennoch von Zeit zu Zeit Fehler auftreten, über deren Ursachen ihn die Appreturmittel- und Maschinenkunde aufklären, wodurch er in die Lage versetzt wird, die Fehler rasch zu beheben. Treten aber Fehler ein, deren Ursachen außerhalb des Arbeitsfeldes des Appreteurs liegen, so wird er nachweisen können, daß er nicht dafür verantwortlich gemacht werden darf. Fehler in den Ausrüstungen, sofern sie nur äußerst selten auftreten, sind aber keineswegs zu verdammen, denn sie tragen dazu bei, die Geisteskraft des Appreteurs zu stärken und stets rege zu erhalten.

Wie aus dem Abschnitt über „Die Appretur einst und jetzt" hervorgeht, konnte früher jeder nur einigermaßen geschickte Arbeiter den Appreteur spielen, da der Arbeitsvorgang sehr einfach war: für Mangelware eine Dextrinlösung allein oder gemischt mit einer Leimlösung; für bunte, dunkler gemusterte Gewebe eine Leimlösung, deren Stärke sich nach der Einstellung der Gewebe und den Wünschen einzelner Kundschaften richtete; für alle anderen Gewebe, ob roh, gebleicht oder hell gemustert, ein Stärkekleister. Allen diesen Appreturmassen wurde nach Bedarf irgendein Fettkörper zugesetzt, um eine allzugroße Steifheit der Gewebe zu vermeiden. Nach dem Appretieren folgte noch ein Trocknen auf irgendeine Art, Kalandern oder Mangeln: für gefärbte Gewebe wurde der Kleister angefärbt, um ein Verschleiern der Farben zu verhüten, wie dies auch heute noch geschieht. Ob nun der Griff eines Gewebes heute etwas anders ausfiel als gestern, darüber brauchte sich der Appreteur keine Sorgen zu machen, da diesbezügliche Beschwerden der Kundschaften nicht vorkamen. Nur einige Spezialartikel der Färberei verlangten eine bessere Ausrüstung; aber in diesen Betrieben waren Chemiker vorhanden, die den Appreteuren die ihnen fehlenden Angaben machen konnten.

Heute ist dies anders geworden.

Die Appretur, die früher handwerksmäßig, schablonenhaft nach alten Verfahren gearbeitet hatte, ist zu einem künstlerischen Betrieb gestempelt worden; jeder einzelne Fall verlangt zu seiner Durchführung ein besonderes Studium. Es wird auf wissenschaftlicher Grundlage, wenn auch unbewußt, und nach augenblicklichen Eingebungen gearbeitet. Wohl dem Betriebe, der unter der Leitung einer wissenschaftlich und praktisch geschulten Kraft steht, die selbständig, ohne auf die Ratschläge von außen angewiesen zu sein, arbeiten kann. Je nach dem Umfange einer Appreturanstalt, je nach der Mannigfaltigkeit der Ausrüstungsarten und je nach den Gewebegattungen ist der Appreteur eine Persönlichkeit von ganz verschiedener Bedeutung.

In den Appreturbetrieben der kleineren Buntwebereien, Färbereien, Bleichereien und Druckereien, die nur wenige Gewebegattungen mit einfacheren Ausrüstungsarten führen, hat der Appreteur eine im Vergleich zu seiner Verantwortlichkeit untergeordnete Stellung; er war vorher ein einfacher Arbeiter ohne weitere Fachkenntnisse und nach Abgang des früheren Appreteurs zum Meister emporgestiegen. Dabei hat man aber in der Regel vergessen, dem neuen Meister eine seiner Würde, Bedeutung und Verantwortlichkeit entsprechende Entlohnung zu geben. Hier hieß es nicht mehr: jede Arbeit ist ihres Lohnes wert, sondern man sah in der moralischen Wirkung der Beförderung zum Meister das Entgelt. In letzter Zeit ist zwar hierin Wandel geschaffen worden, nicht nur zum Vorteil des Meisters, sondern des Betriebes selbst.

Mancher Appreteur denkt nur an die Ausrüstung an und für sich, nicht aber an das, was mit der Ware vorangegangen ist und was nachher geschehen soll. Unliebsame Störungen sind die Folge, die leicht hätten vermieden werden können, wenn der Appreteur seine Arbeiten mit mehr Verständnis ausgeführt hätte. Auf die Frage, was ein Appretur von der Chemie und Physik, von der Färberei, Bleicherei und Weberei wissen sollte, wird noch von einer großen Zahl von Appreteuren die leichtfertige Antwort gegeben: „Gar nichts, denn was hat ein solcher mit diesen Gegenständen zu tun? Nichts!" Ein einsichtiger Appretur wird aber verstehen, daß die Färberei und Appreteur nicht nur Berührungspunkte haben, sondern oft tief ineinander greifen, ja geradezu einander bedingen, wenn eine Arbeit, die zu ihrer Erledigung der Mitwirkung beider bedarf, zur Zufriedenheit des Bestellers ausfallen soll. So mancher Fehler in den ausgerüsteten Geweben wird dem Appreteur zugeschrieben, wofür er gar nicht haftbar gemacht werden kann. Da aber der Fehler in der Appretur sichtbar geworden ist, wird der Appreteur dafür verantwortlich gemacht, obwohl die Ursache in der Weberei oder Färberei liegen kann. Ein Appreteur, der in der Weberei und Färberei Bescheid weiß, wird die Verantwortung für den Fehler von sich wälzen können. So sind z. B. Verziehen von Ketten- und Schußfäden, starker Eingang der Waren in der Breite und andere Fehler, die erst bei der Naßbehandlung der Gewebe zu Tage treten, der Weberei zur Last zu legen. Das gleiche gilt für die Färberei.

Wenn wir die technischen Fragen und Antworten in den Fachzeitschriften verfolgen, so sehen wir oft genug, daß eine Arbeit viel leichter, schneller und sicherer vor sich gehen würde, wenn Färberei und Appretur in gegenseitigem Gedankenaustausch arbeiten würden. Dies kann man am besten in größeren Textilbetrieben wahrnehmen, in denen Färberei und Appretur an den Hauptbetrieb angegliedert sind, aber auch in einem Betriebe, der aus Färberei und

Appretur besteht, wie es fast ausnahmslos in den Baumwolldruckereien der Fall ist. Wie viel Zeit, Geld und Verdrießlichkeiten können auf diese Weise gespart werden! Ich erinnere daran, daß man schon aus wirtschaftlichen Gründen nicht jede Farbe so färben kann, wie man sie mit Rücksicht auf ihre Echtheitseigenschaften färben möchte, denn der Färber ist gezwungen, sich nach dem bewilligten Farblohn zu richten. Ist ein Appreteur von den Echtheitseigenschaften nicht unterrichtet worden oder nicht imstande, die Farben daraufhin zu prüfen, so kann es zu sehr unangenehmen Erscheinungen, wie Ausbluten der Farben, kommen; weiße oder hellgefärbte oder glänzende Stoffe oder Fäden erleiden eine Trübung, die Ware muß als Ramschware verkauft werden, da der Fehler nicht oder nur mit viel Mühe und Zeit behoben werden kann.

Wenn der Appreteur also vom Färbereibetrieb nicht über die Eigenschaften der Farben unterrichtet werden kann, so muß er sich überzeugen, mit was für Farben er es zu tun hat, ehe er die Ware in Arbeit nimmt. Er braucht hierzu Kenntnisse über die Farben und damit aus der Chemie und Physik. Darum haben sich diese beiden Wissenschaften in den Industriebetrieben immer mehr Geltung verschaffen können und auch der Appreteur wird ihrer künftig nicht mehr entraten können.

Als in den 80er Jahren des vorigen Jahrhunderts die sogenannten Schlafdecken — aus Baumwollgarn in der Kette und Vigogneimitation im Schuß — in den Handel kamen, deren leichtest eingestellten zur Verbesserung des Griffes appretiert wurden, wußten die Appreteure anfangs nicht, daß das Rot der Schußgarne kein Türkischrot sei, wie allgemein angenommen wurde. Da die lose Baumwolle in Türkischrot gefärbt sich infolge ihres großen Ölgehaltes nur schwer verspinnen ließ, verwendete man Kongo oder Benzopurpurin. Auch läßt sich Türkischrotgarn aus dem gleichen Grunde nur schlecht rauhen, was in einem unansehnlichen Flor zum Ausdruck kommt. Man kann sich denken, wieviel Ärger und Verdruß es gab, als die roten Bordüren auf den Grund abfärbten und sich dies nicht mehr beheben ließ. Besonders großen Schaden erlitten diejenigen Appreturbetriebe, die die Schlafdecken selbst appretierten, aufrollten und in Hängen oder auf Trockenmaschinen trockneten. Der Fehler wurde dann erst beim Abrollen bemerkt. Ramschpartien von 5—6000 m waren keine Seltenheit. Man wußte eben noch nicht, daß diese beide Farben schon bei dem geringsten

Drucke oder Reibung abfärben. Der Weber, der die Schlafdecken appretieren ließ, lehnte jede Schuld ab, da er die geringe Reibechtheit dieser Farben auch nicht kennen konnte. Es war Sache des Appreteurs, sich über die Wasser- und Reibechtheit der Farben zu unterrichten, ehe er eine ganze Partie in Arbeit nahm, darum mußten die Appreteure für die Folgen dieser Unterlassung aufkommen.

Es gibt Farben, die selbst durch ganz schwache Säuren so verändert werden, daß die Gewebemuster ein Bild erhalten, das dem Vorbilde nicht mehr entspricht. Andere Farben erleiden schon durch die Hitze beim Kalandern (Friktionieren) mit geheizter Stahlwalze eine Veränderung ihres Farbtons; das gleiche gilt für das Trocknen auf den Trommeltrockenmaschinen. Wohl gewinnen manche Farben beim Erkalten der Gewebe ihre früheren Farben zurück, andere jedoch behalten die neuen. Dann gibt es Farben, die gegen Alkalien, gegen Metalle, wie Kupfer, sehr empfindlich sind und sich bei der bloßen Berührung mit diesen ändern. Auch darauf muß der Appreteur Rücksicht nehmen, wenn er nicht Gefahr laufen will, die Waren zu verderben oder minderwertig zu machen.

Wenn man nun auch von dem ungeschulten Appreteur nicht verlangen kann, daß er alle Farben kennen oder untersuchen soll, so ist es immerhin ratsam, unbekannte Farben durch einfache Versuche zu prüfen. Am besten geschieht dies dadurch, daß man kleine Musterabschnitte der zu behandelnden Gewebe zwischen zwei Gewebestücke heftet, die ebenso auszurüsten sind und von denen man weiß, daß die Farben hierbei keine Einbuße erleiden. Solche Proben sind allerdings nicht immer durchführbar, da während eines kurzen Zeitraums die Arbeitspartien verschiedener Behandlungsweisen bedürfen und die Appreturmassen selbst andere Zusammensetzungen besitzen. Dann bleibt nichts anderes übrig, als die Echtheitseigenschaften einzeln auszuprobieren, was aber bei einiger Übung nicht schwer ist.

Die Säureechtheit kann durch Eintauchen eines kleinen Gewebeabschnittes in heiße verdünnte Säure, die Alkaliechtheit durch Behandlung mit verdünnten Alkalien erkannt werden. Die Metallechtheit — hauptsächlich Kupfer und Zinn — kann durch Eintauchen einer Probe in verdünnte heiße Kupfervitriol- oder Zinkchloridlösung erprobt werden. Das Ausbluten der Farben läßt sich am besten erkennen, wenn man eine Gewebeprobe zugleich mit weißer Wolle zusammendreht und in einer heißen Sodalösung 5 : 100 etwa 10—15 Minuten lang hin und her schwenkt und durchknetet. Die Echtheit gegenüber trockener oder feuchter Hitze, wie sie beim Trocknen auf Trommeltrockenmaschinen oder Spannrahmen, beim Dekatieren und Dämpfen vorkommt, ersieht man am deutlichsten an einer Gewebeprobe, die an ein Gewebe angeheftet ist, das diese Maschinen durchläuft. Hierbei erkennt man auch die Echtheit gegenüber den Metallen, aus denen die Trockentrommeln angefertigt sind. Eine eigenartige Rolle spielen die Mangel-, Beetle- und Friktionsechtheit, die man ebenfalls durch Anheften einer Warenprobe an ein Gewebe erkennen kann. Die Waren erleiden beim Friktionieren eine trockene Reibung, die unter Umständen mit einer größeren Wärmeentwicklung verbunden ist, beim Beeteln starke, kurze, elastische Schläge.

Chemie und Physik greifen aber auch schon stark in das Gebiet der Appretur ein, besonders bei der Zusammensetzung der Appreturmassen. Wenn ein Appreteur sich auch einige Kenntnisse in der Chemie und Physik erworben hat, so gehört doch eine langjährige Erfahrung dazu. Die theoretische Grundlage vermitteln die Fachschulen, praktisches Können die Erfahrung. Es ist nicht belanglos, mit welchen Mitteln eine Appreturmasse zusammengestellt wird; das bloße Zusammenschütten verschiedener, vielleicht sogar von mehreren chemischen Fabriken bezogenen Appreturmittel hat keinen wirklichen Wert, man muß wissen, was man tut, welchen Erfolg dieser oder jener Zusatz verspricht. Ein Appreturmittel der einen Fabrik kann den Erfolg eines anderen, von einer zweiten Fabrik stammenden mehr oder weniger beeinträchtigen und möglicherweise ganz aufheben.

Die Aufgabe des Appreteurs besteht nicht nur darin, einen bestimmten Ausfall der Waren herbeizuführen, sondern dies muß auch auf dem wirtschaftlichsten Wege erreicht werden; hierzu gehören die günstige Auswahl der Appreturmittel und der einfachsten maschinellen Einrichtung. Nicht jeder Appreturbetrieb ist in der Lage, alle für ihn in Betracht kommenden Maschinen anzuschaffen; da ist es eben die Aufgabe des Appreteurs, durch eine geeignete Zusammensetzung der Appreturmasse und mit den vorhandenen Betriebsmitteln die fehlenden Maschinen zu ersetzen. Hierzu gehört eine gute Appreturmittelkunde, zu deren Verständnis es chemischer und physikalischer Kenntnisse bedarf.

Welche Unsummen von Geld und Geldeswert in Form von Zeit- und Dampfverlusten gehen durch unzweckmäßige Verwendung der Appreturmittel und unverständige Behandlung der Waren verloren! Will man beispielsweise eine stark gefüllte Ware erhalten, die scharf gemangelt oder kalandert werden soll, so darf man zur Füllung keine Appreturmittel verwenden, die nur sehr wenig Körper besitzen, wie die Moos-, Algen- und Leimgallerten. Diese gelatinösen Substanzen sind zwar vorzügliche Appreturmittel zur Füllung von Geweben, aber — dies muß besonders betont werden —nur für solche, die keinem stärkeren Drucke unterworfen werden als die naturelle Ausrüstung erforderte. Um nun mit diesen Gallerten nach der scharfen Druckbehandlung eine starke Füllung der Gewebe zu erhalten, müßte man so große Mengen der Moose und Algen verwenden, daß die Waren wohl sehr griffig, aber viel zu teuer kämen, denn durch den starken Druck fällt diese Gallerte in sich zusammen, da ihr der notwendige feste Körper fehlt [1].

In den Fachzeitschriften werden Verfahren bekannt gegeben, die für einen bestimmten Zweck die angegebenen Appreturmittel in einem richtigen Verhältnis besitzen. Aber für eine andere Fadeneinstellung würde dieselbe Appreturmasse nur in den seltensten Fällen den erwarteten Ausfall der Ware ergeben. Die richtige Zusammensetzung der Appreturmasse wird aber nicht ohne weiteres durch Verdünnung mit Wasser oder erhöhte Dickflüssigkeit erkalten, sondern man muß eine genaue Kenntnis von den Wirkungen der einzelnen Zutaten haben. So wird z. B. eine nur wenig Glauber- oder Bittersalz enthaltende Appreturmasse bei Zusatz von nur wenig Türkischrotöl der gewöhnlichen Beschaffenheit keine Ausscheidung von Metallseifen hervorrufen, während bei salzreicheren Appreturmassen diese Ausscheidungen fast sicher zu gewärtigen wären. Durch diese unlöslichen Metallseifen kann die Ware selbst Schaden erleiden, jedenfalls ist der Ausfall der Ausrüstung nicht der gewünschte. Diese Unkenntnis der Appreturmittelkunde verursachen die Klagen darüber, daß die veröffentlichten Verfahren oder Rezepte wertlos sind [2].

---

[1] Vgl. hierzu den Abschnitt über „Das Carragheenmoos" (S. 44).
[2] Vgl. hierzu die Abschnitte „Ungleichartiger Ausfall der Appreturausrüstungen" (S. 220) und „Appreturausrüstung nach vorgelegtem Muster" (S. 150).

Der wissenschaftlich und praktisch geschulte Appreteur, der über eine gute Appreturmittelkunde verfügt, ist nicht auf die Ratschläge und den Bezug von Hilfsstoffen bestimmter chemischer Fabriken für Appreturmittel angewiesen. Es kommt sogar häufig vor, daß ein von einer chemischen Fabrik für eine bestimmte Ausrüstungsart geliefertes Appreturmittel durch einen geschulten Fachmann zu einem ganz anderen Zwecke gute Verwendung findet, während es für den von der Lieferantin angegebenen sich nicht bewährte. Die richtige Anwendungsart bleibt jedoch der Lieferantin unbekannt, was zu argen Irrtümern in Appreturbetrieben führen kann, wie folgendes Beispiel lehrt.

Eine Appreturanstalt, die an eine große Buntweberei angegliedert war, bezog von einer chemischen Fabrik ein Appreturmittel in größeren Mengen. Die Lieferantin nahm als selbstverständlich an, daß es für den von ihr angegebenen Zweck Verwendung finden werde und führte die Weberei als gute Kundschaft an, um ihr Produkt in weiteren Kreisen zu empfehlen. Auf Grund dieser Empfehlung fand das Produkt größere Nachfrage. Bald darauf erhält die betreffende Weberei eine Reihe von Anfragen über dieses Produkt. Alle erhielten dieselbe Antwort, daß das in Frage stehende Appreturmittel nicht dem angegebenen, sondern einem ganz anderen Zweck diene. Inzwischen verlangte die Lieferfirma ein Zeugnis über die außerordentlich gute Verwendbarkeit ihres Produktes für den vermeintlichen Zweck. Sie erhielt die gleiche Antwort, worauf sie die wirkliche Verwendungsart zu erfahren wünschte. Diese blieb aber vorerst ein Geheimnis, jedoch nicht lange, da es durch ein anderes, wirtschaftlicheres Verfahren ersetzt wurde. Die Bezieher des Appreturmittels für den von der Lieferfirma angegebenen Zweck hatten aber davon nur Schaden gehabt. Eines schickt sich eben nicht für alles.

In der Appretur spielt die maschinelle Einrichtung und ihre Bedienung oft eine große Rolle, deshalb kann es leicht vorkommen, daß ein Appreturmittel in einem Betriebe den besten Erfolg hat und in einem anderen entbehrlich ist, ja sogar mit größtem Vorteil durch ein anderes Mittel ersetzt werden kann. Der ungeschulte Appreteur wird sich stets auf den Lieferanten eines Appreturmittels und ihre Ratschläge verlassen müssen, wenn ihm nicht sehr gute Erfahrung zur Seite steht. Wenn ein Appreteur seine Appreturmassen auf dem billigsten Wege herstellen soll, so erscheint mir eine Abhängigkeit von einer oder selbst mehreren chemischen Fabriken für Appreturmittel nicht als wünschenswert; nur vollkommen unabhängiges, selbständiges Arbeiten, gestützt auf gründliche Appreturmittelkunde kann wirtschaftlich und technisch zum Erfolg führen. Wie vorteilhaft das Zusammenarbeiten von Wissenschaft und Praxis ist, können wir bei gleichartigen Appreturbetrieben erkennen [1]. Die Mode wechselt rasch und mit ihr auch die Wünsche der Kundschaften bezüglich der Ausrüstungsarten; da heißt es für den Appreteur, sich möglichst rasch diesem Wechsel anschmiegen. Zum Einholen von Ratschlägen und Ausprobieren von Appreturmitteln fehlt die Zeit und benötigt man größere, oft fruchtlose Ausgaben. Der wissenschaftlich geschulte und praktisch erfahrene Appreteur dagegen wird mit den vorhandenen Appreturmitteln ohne weiteres den Ansprüchen der Kundschaften jederzeit genügen können. In gut geleiteten Appreturbetrieben ist die Zahl der Appreturmittel auch viel kleiner als in mangelhaft geleiteten; ja man könnte sogar den Erfahrungsgrundsatz aufstellen, daß die Leitung um so besser ist, je geringer die Zahl der Appreturmittel ist.

Wie ist es nun möglich, daß ein in maschineller Hinsicht mangelhaft eingerichteter Betrieb, ohne zu den im Handel erscheinenden Appreturmitteln greifen zu müssen, günstiger arbeiten kann als ein besser eingerichteter Appreturbetrieb [2]? Die Verschiedenheit in diesen beiden Appreturanstalten liegt in der Geistesrichtung der betreffenden Leitung. Auf der einen Seite ein wohldurchdachtes, planvolles Arbeiten auf Grund wissenschaftlicher Schulung und praktischer Erfahrung, auf der anderen Seite ein planloses Herumtasten. Dort die Auswahl der zu den Appreturflotten geeigneten Zutaten auf Grund ihrer chemischen und physikalischen Eigenschaften, hier ein blindes Auswählen von Zutaten, deren eine die Wirkung der anderen beeinträchtigt, wenn nicht geradezu aufhebt. Die Hilfsstoffe müssen einander ergänzen; was der einen fehlt, muß von der anderen ersetzt werden. Da somit, um neuzeitliche, d. h. technisch und wirtschaftlich einwandfreie Leistungen zu erzielen, Wissenschaft und Praxis aufeinander angewiesen sind, ist es unfaßbar, daß zwischen ihnen keine Eintracht

---

[1] Vgl. das Kapitel „Was ist ein moderner Appreturbetrieb?" (S. 31).
[2] Vgl. das Kapitel „Die Appretur einst und jetzt" (S. 21).

zustande kommen will und auf beiden Seiten Überhebung vorherrscht. Ich habe es selbst erfahren, wie eingenommen von dem Werte des eigenen Wissens der junge Mann die Schule verläßt, wenn ihm ein gutes Zeugnis mitgegeben wird, und wie schwer es ihm wird, beim Eintritt in die Praxis zu erkennen, welch' geringen Wert unser Wissen ohne praktische Erfahrung hat. Glücklich ist dann aber noch der junge Mann zu preisen, der bald zu dieser Erkenntnis kommt und darnach handelt. Nur so gelingt es ihm rasch, sich praktisches Wissen und Können anzueignen. Töricht aber ist das Verhalten des im Kapitel „Wissenschaft und Praxis in der Appretur" erwähnten Praktikanten zu nennen, an falscher Stelle Rat zu suchen.

Nach meinen Erfahrungen wird ein Arbeiter einem Vorgesetzten niemals die schuldige Achtung versagen, wenn dieser ihn höflich um Rat oder Auskunft ersucht, auch wenn es sich um etwas Selbstverständliches handelt. Er wird sich vielmehr über das bewiesene Zutrauen freuen und in jeder Weise behilflich sein. Dagegen ist es immer bedenklich, wenn auf Überhebung Fehler folgen, die man ja auf die Dauer nicht verheimlichen kann, am allerwenigsten vor Untergebenen; denn der erfahrene Fachmann weiß, wie feinfühlig die Untergebenen gegenüber den Vorgesetzten sind, wie schnell und sicher sie erkennen, welcher Geist in diesen wohnt. Ein Griff eines Vorgesetzten an einem Stück Gewebe beim Ein- oder Auslauf einer Maschine, das Anfassen eines Handwerkszeuges, der Blick in einen Arbeitsraum sagt dem Untergebenen mit untrüglicher Gewißheit, wie es mit der praktischen Tätigkeit des Vorgesetzten steht. Ich habe schon Urteile von Arbeitern über Vorgesetzte vernommen, die mein höchstes Erstaunen wachriefen. Jeder, der eine Fachschule besuchen will, sollte sich vor dem Eintritt in diese eine tüchtige praktische Erfahrung angeeignet haben. Im Besitze einer solchen wird es ihm viel leichter werden, in die Geheimnisse der Wissenschaft einzudringen und diese später besser praktisch verwerten.

3. Wissenschaft und Praxis in der Appretur.

In einer Fachzeitschrift veröffentlichte ich ein Appreturverfahren für ein gefärbtes Baumwollgewebe, einen Futterstoff von so leichter Einstellung in Kette und Schuß, daß er eine sehr starke

Füllung verlangte. Daraufhin erhielt ich einen Brief mit der Mitteilung, daß das Verfahren jedenfalls nicht richtig sein könne, da sich die Appreturmasse nicht verkochen lasse. Schon bei der Zugabe von Diastafor habe sich ein so dicker Kleister gebildet, daß das mechanische Rührwerk zum Stillstand gekommen sei und der Kleister so starr wurde, daß er sich nur mit einer Schaufel aus der Kochstande habe entfernen lassen. Zum Schlusse fragte der Briefschreiber, ob nicht vielleicht die Beschaffenheit der Stärke oder der angegebenen Zutaten an dem Fehler schuld sein könnte. Ich antwortete dem Einsender, daß er die Broschüre der deutschen Diamalt-Gesellschaft, deren er sich bedient habe, sicherlich nicht richtig gelesen habe und noch einmal aufmerksam lesen müsse.

Er hatte nämlich die mit wenig Wasser angeteigte und mit dem erforderlichen Wasser und Diastafor versetzte Masse mit vollem Dampfdrucke gekocht, so daß das Diastafor keine Zeit fand, auf die Stärke richtig abbauend zu wirken; durch die Hitze wurde es abgetötet, versagte die Wirkung, worauf der starre Kleister das Rührwerk zum Stillstand brachte. Bei einer Temperatur von über 72° C wird das Diastafor unwirksam. Hätte der Appreteur vorerst nur langsam erwärmt, bei 50° C — der durchschnittlichen Verkleisterungstemperatur der Stärkesorten — das Dampfeinlaßventil geschlossen, bis zur Verflüssigung gewartet und dann erst aufgekocht, so wäre die Appreturmasse gut ausgefallen.

Auch die folgenden Beispiele der Verkochung von Appreturmassen nach gründlicher Belehrung zeigen, was für Geisteskräfte in den Appreturbetrieben noch anzutreffen sind. Eine ganz gleichartige Verkochung einer Appreturmasse konnte ich selbst in „geschultem Kreise" erleben. Ein eben der Fachschule entwachsener junger Mann ohne praktische Erfahrung kam in einen größeren Appreturbetrieb, dem bisher ein ungeschulter Meister mit reicher praktischer Erfahrung vorstand. Der junge Herr übernahm sofort das Kommando, den Meister abseits stellend. Alle bisherigen Appreturverfahren sollten einer gründlichen Prüfung — die „Rationalisierung" war damals noch nicht bekannt — unterzogen werden, in den Betrieb sollte ein neuzeitlicher Geist einziehen, um den „arg verlotterten" Betrieb wieder in die Höhe zu bringen. Appreturrezepte standen ihm genug zur Verfügung, denn er hatte eine Menge in der Schule aus Büchern und Zeitschriften gesammelt.

Die einschlägigen chemischen Fabriken waren im Notfalle leicht brieflich zu erreichen; überdies war die Fachschule mit geschulten Kräften im gleichen Orte.

Nun hatte der Praktikant, wie er bezeichnet wurde, irgendwo von einem Füllappret gelesen, der vielleicht für gebleichte oder gefärbte Waren bestimmt war. Diesen wollte er auch auf bunt gewebte Ware übertragen, um sie besser zu füllen und leichter verkäuflich zu machen. Der Praktikant kochte eine derartige Appreturmasse, ohne dem Meister irgend etwas davon zu sagen, sehr wahrscheinlich auch auf die im vorigen Beispiel angegebene Art; denn der Riemen, der den Antrieb des Rührwerks besorgte, fiel von der Scheibe ab und alle Versuche, es wieder in Bewegung zu setzen, mißlangen. Der Praktikant war von dem Werte des Verfahrens so überzeugt, daß er es gleich im großen zur Ausführung bringen wollte. Die Zusätze für 2000 l Appreturmasse machten den Kleister immer dicker. Da er keinen Rat mehr wußte, suchte er in der Fachschule bei einem Wissenschaftler ohne praktische Erfahrung Hilfe. Doch auch dieser stand ratlos vor der Kochstande. Der Kleister wanderte auf den Misthaufen, obwohl er mit Diastafor nach dem Erkalten noch zu retten gewesen wäre. Offenbar kannten beide die Wirkung des Diastafors nicht.

Der beiseite geschobene Meister erbot sich zur Ausführung des neuen Verfahrens, obwohl er Bedenken dagegen hegte, daß es sich für bunte Gewebe eignet. Der Praktikant war jedoch anderer Ansicht und ordnete unter Mitwirkung des Wissenschaftlers eine neue Kochung an. Die Broschüre der Deutschen Diamalt-Gesellschaft wurde zwar jetzt mehr, aber doch noch immer zu wenig beachtet, denn die fertige Masse erschien dem Meister als noch zu weiß aussehend, um bunte Gewebe mit dunkleren Ausmusterungen damit behandeln zu können. Nach weiteren Beratungen wurden die bekannten Tupfproben angestellt, deren Ergebnis war, daß die ganze Appreturmasse ebenfalls auf den Misthaufen wanderte. Der Meister sah sich zu der Äußerung veranlaßt, daß solche Misthaufen teure Errungenschaften der Neuzeit seien. Hätte der Praktikant nach der Schule sich noch unter guter Leitung tüchtige praktische Kenntnisse erworben, das theoretisch Gelernte praktisch verwerten gelernt, so wären ihm diese Kochungen nicht mißlungen, denn auch die zweite wäre mit Diastafor leicht zu retten gewesen. Auch hätte er seine Stellung nicht in vierzehn Tagen verlassen müssen. Nach dieser Zeit kam seine völlige Unkenntnis des Appreturbetriebes doch ans Tageslicht.

Einem Appreteur, der aber den Titel „Vorarbeiter" verdient hätte, führte ich ein Appreturverfahren für Taschentücher vor, das der Chef als sehr wirtschaftlich bezeichnete. Nach diesem Verfahren wurde die Stärke mit dem kurz vorher im Handel erschienenen Diastafor abgebaut, dem Appreteur jedoch hierfür Oxalsäure anempfohlen, da diese beim Abbau keiner Überwachung bedarf. Die Namen Diastafor und Oxalsäure besagten jedoch dem Appreteur nach seinen eigenen Angaben nichts, da sie ihm nicht ins Gehör gingen, und so verabredete er mit seinem Chef, daß ein größerer Teil der teuren Stärke durch einen bedeutend erhöhten Zusatz von dem viel billigeren Glaubersalz ersetzt wurde. Damit würde auch die ähnlich aussehende Oxalsäure überflüssig und die Appreturmasse viel billiger. Dadurch erlangte der Appreteur leicht die Zustimmung seines Chefs zur Änderung des Verfahrens, zumal durch die geringere Stärkemenge eine Trübung der Farben ausgeschlossen war.

Doch schon bei dem nächsten länger andauernden Regenwetter zeigten sich die Folgen der Änderung des Appretierverfahrens. Auf dem Lager wurden die Stücke fast so schwer wie Blei und mußten umappretiert werden. Nach der Aufdeckung der Fehlerquelle kam das alte Verfahren trotz des Widerstandes des Appreteurs wieder zu Ehren. Wenn in den Lehrbüchern der Chemie Glaubersalz als nicht wasserziehend angeführt wird, so ist damit sicherlich nur das chemisch reine Salz verstanden. Da jedoch das im Handel erscheinende mehr oder weniger durch wasseranziehende Salze, wie Chlorkalzium und Chlormagnesium, verunreinigt ist, machen diese das Glaubersalz auch wasseranziehend.

Es ist mir sogar ein Fall vorgekommen, daß Gewebe, die mit einer stark mit Glaubersalz versetzten Appreturmasse appretiert waren, in der Lufthänge tropften und am nächsten Tage eine dicke weiße Salzschichte den Fußboden bedeckte. Diesen Vorfall veröffentlichte ich als warnendes Beispiel in einer Fachzeitschrift und fand danach eine Erwiderung, die sich auf die Angaben der Lehrbücher stützte, daß Glaubersalz nicht wasseranziehend wirkt. Ein Irrtum von meiner Seite war jedoch ausgeschlossen, denn nachdem ich das Glaubersalz durch Bittersalz ersetzt hatte, hörte die wasseranziehende Wirkung auf. Ich veröffentlichte nun die eigentliche Ursache des Tropfens, worauf man dann keine gegenteilige Meinung mehr hörte.

Zufolge des übermäßigen Gebrauches von Glaubersalz für zu rauhende Gewebe kam es in einem anderen Falle beim Kalandern zu einem starken Zerreiben der Salzkristalle; es bildete sich eine Menge Staub, der sich sehr unliebsam bemerkbar machte. Ein ähnlicher Fall ereignete sich in einer Appretur, die an eine Färberei angegliedert war. In dem Bestreben, auf jede mögliche Weise zu sparen, kam man auf den unglücklichen Gedanken, in einer Füllappreturmasse die teure Stärke durch das viel billigere China clay zu ersetzen, wobei die Stärke nur noch in verschwindender Menge in der Appreturmasse enthalten war. Dies hatte zur Folge, daß das China clay in den Poren der leicht eingestellten Gewebe, die von der Füllmasse geschlossen werden sollten, wegen Mangels an Klebkraft keinen genügenden Halt besaß. Infolge der scharfen Reibung bei der Mangelbehandlung fiel die Appreturmasse aus den Poren heraus; die Gewebe mußten nochmals, aber nach dem alten Verfahren appretiert werden, da die Gewebe ein sehr schütteres Aussehen erhielten und staubten. Beiden Appreteuren fehlte die wissenschaftliche Vorbildung ebenso wie die praktische Erfahrung, dem erfahrenen Fachmann wäre der Ersatz der Stärke durch Appreturmittel ohne Klebkraft niemals in den Sinn gekommen.

In einer Buntweberei, deren Chef nur Webereifachmann war, wurde die Appretur der Leitung eines neugebackenen Meisters unterstellt, der kurz vorher die Stelle eines Vorarbeiters in einer anderen Buntweberei versehen hatte. Er war sehr stolz auf seine Kenntnisse und gewann zufolge seiner Ruhmredigkeit sofort die Gunst seines Chefs. Fast jedes neue Produkt der Appreturmittelfabriken, das nur irgendwie für diesen Appreturbetrieb nach Ansicht der Verkäufer passend schien, wurde dem Chef angepriesen und gekauft. Schon nach kurzer Zeit mußte ein kleiner Neubau zur Aufnahme all der vielen Neuheiten erstellt werden. Zur Ausführung der Versuche fehlten dem Chef Kenntnisse und Zeit, dem Appreteur außerdem die Lust, da ihm die fremdklingenden Namen der Appreturmittel innerlich widerwärtig waren. Nach wenigen Monaten waren die ersten Eingänge der neuen Appreturmittel in Vergessenheit geraten; man wußte vielfach nicht mehr, was in den Fässern und Kisten enthalten war, da deren Deckel verwechselt oder verloren gegangen, Buchstaben und Zahlen bis zur Unkenntlichkeit verwischt waren. Manchmal war der Inhalt verdorben, obwohl kein einziger Probeversuch gemacht worden war. Viele Tausende sind durch dieses Vorgehen verloren gegangen, was für einen kleineren Betrieb eine empfindliche Einbuße bedeutet.

Diese Fälle stammen nicht etwa aus alter Zeit, sondern ereigneten sich fast unmittelbar vor dem Weltkriege; sie stehen auch sicherlich nicht vereinzelt da und liefern den Beweis, daß der Appreturbetrieb noch lange nicht gebührende Wertschätzung genießt und in vielen Buntwebereien wie die Schlichterei als notwendiges Übel betrachtet wird, dem man keine Beachtung zu schenken braucht. Dies kommt daher, weil man den erstbesten Vorarbeiter eines anderen Appreturbetriebes, ja selbst einfache Arbeiter mit der Leitung betraut, wenn er nur keine höheren Anforderungen an Lohn stellt. Bei sehr kleinen Appreturbetrieben mit einer geringen Zahl von fast stets gleichbleibenden Ausrüstungsarten könnte man diese Sparsamkeit verstehen. Wir sehen aber selbst große Appreturbetriebe, in denen heute noch der Wissenschaft die Tore hermetisch verschlossen bleiben und selbst hochwertige Praktiker nur mit Widerstreben unter dem Zwange der Verhältnisse aufgenommen werden.

Es ist beschämend, daß dies trotz der hohen Anforderungen an die moderne Ausrüstung der feinen und feinsten Baumwollwaren noch immer der Fall ist [1]. Diesen Anforderungen ist die Praxis allein nicht gewachsen; sie bedarf der Unterstützung durch die Wissenschaft. Die Erfahrung hat auch gelehrt, daß gerade jene Appreturbetriebe, die sich am hartnäckigsten der Wissenschaft widersetzen, ihr unbewußt Tribut zollen, indem sie die besten Kundschaften der Appreturmittelfabriken sind, deren Produkte nur das Ergebnis wissenschaftlicher Forschungen sind. Es ist dann die Frage, ob es wirtschaftlicher ist, die Wissenschaft unmittelbar durch Einstellung eines wissenschaftlich und praktisch geschulten Leiters oder auf dem Umweg durch den Ankauf vieler Appreturmittel zu bezahlen. Wichtig und vielleicht ausschlaggebend ist hierbei die Möglichkeit von Verfälschungen und Übervorteilungen, die dem Betriebe mehr Schaden verursachen können, als die

---

[1] Vgl. das Kapitel „Die Appretur einst und jetzt" (S. 21).

Kosten einer wissenschaftlichen Untersuchung ausmachen würden. Kleinere Appreturbetriebe, die die Kosten eines wissenschaftlich und praktisch geschulten Appreteurs nicht auf sich nehmen können, müssen sich auf die Ehrlichkeit der Lieferanten verlassen; sie handeln daher am besten, wenn sie für ihre Einkäufe nur als reell bewährte Firmen bevorzugen. Besser sind solche Appreturbetriebe daran, die an Druckereien, Färbereien und größere Bleichereien angegliedert sind, denn sie stehen fast ausnahmslos unter wissenschaftlicher Leitung, durch welche die Wissenschaft auch in die Appretur gelangt.

Mehr als bisher muß jedoch danach getrachtet werden, einen geschulten Meisterstand heranzubilden. Wissenschaft und Praxis gehören nun einmal zusammen, wenn der Betrieb gedeihen soll. Kein Teil darf dem anderen gegenüber zurückgesetzt werden; wo dies vorkommt, zeugt es von mangelndem Geist und unberechtigter Überhebung. Was in neuen Industriezweigen, wie die Chemie und Elektrotechnik selbstverständlich ist, muß auch in der Textilindustrie Geltung gewinnen, wenn sie auch als eine der ältesten Gewerbe aus der Empirie hervorgegangen ist. Das starre Festhalten am Althergebrachten ist unzeitgemäß. Stillstand ist Rückschritt und wer nicht mit der Zeit geht, über den geht die Zeit hinweg.

An dieser Stelle möchte ich aber als Verfechter der Verbindung von Wissenschaft und Praxis in der Textilindustrie auf ein wirkliches Hemmnis hinweisen, nämlich die Sprache, in der die Wissenschaft und Praxis einander entgegentreten, namentlich in Fachzeitschriften und Büchern. Es ist, als ob jede in einer fremden Sprache redete; obwohl beide das Gleiche und das Richtige meinen, verstehen sie einander nicht. Da die Textilindustrie sich aus sich selbst entwickelt hat, findet man in jeder Gegend andere Bezeichnungen für denselben Gegenstand, während die Sprache der Literatur einheitlich ist. Ich möchte geradezu einer Sprachnormung das Wort reden.

Abgesehen davon lassen sich die Erfolge der Praxis nicht leugnen, deren dauernde Errungenschaften einen unentbehrlichen Bestandteil, wenn nicht sogar den Grundstock der Wissenschaft bilden. Daß dies vielfach mißachtet worden und die Wissenschaft ihre eigenen Wege gegangen ist, eröffnete und vertiefte die Kluft zwischen diesen beiden Tragsäulen der Industrie. Und selbst wenn die Ergebnisse der Wissenschaft von Wert für die Praxis waren, so nützten sie nichts, da sie sich einer Sprache bediente, die von den Praktikern nicht verstanden werden konnte. Das Übel wurde noch dadurch größer, daß auch der Nachwuchs in dem vermeintlichen wissenschaftlichen Geist erzogen und der Praxis entfremdet wurde. Die in Fachschulen gelehrten Formeln und fremdsprachlichen Fachausdrücke werden von den wenigsten Schülern verstanden, sicherlich aber bald vergessen.

Die Fachschule ist nicht der Ort, reine Wissenschaft zu pflegen, sie soll vielmehr den Schülern praktisches Können vermitteln und die Lehrzeit ersetzen. Der Anteil der Wissenschaft geht nur so weit, die Erklärung und Begründung zu geben und damit das Verständnis für die Appreturvorgänge aufzuwecken. Möge immerhin an Hochschulen, in Fachbüchern und Fachzeitschriften die Gelehrsamkeit Raum finden, wenn daneben die Bedürfnisse der Praktiker nicht vernachlässigt werden. Nach des Tages Mühen und Sorgen, die sich bei gewissenhaften Praktikern oft bis in die späten Nachtstunden hinziehen, wollen und müssen sie sich über alle Neuerungen und Verbesserungen belehren lassen, aber unverständliche theoretische Diskussionen kann man ihnen nicht zumuten. Ich sage ausdrücklich „theoretische", denn Theorie ist nicht zu verwechseln mit Wissenschaft. Sie bedarf, um ein Bestandteil der Wissenschaft zu werden, erst der Bestätigung in der Praxis.

4. Die Appretur einst und jetzt.

Der Geist der Neuzeit, der vor keinem Gebiete unseres gesamten Erwerbslebens stille hält, hat auch die Appreturbetriebe heimgesucht und eine so gründliche Umgestaltung herbeigeführt, daß von den alten Maschinen und Einrichtungen nicht mehr viel übrig geblieben ist. Die altehrwürdige K a s t e n m a n g e l, auch schottische, deutsche oder schlesische Mangel genannt, und die noch viel ältere T r o c k e n h ä n g e müssen gewärtig sein, daß auch ihnen bald die letzte Stunde schlagen wird. Wo sie noch verwendet werden, verdanken sie dies dem Umstande, daß sie gewisse Erfolge in den Ausrüstungen erzielen, die mit anderen Hilfsmitteln nicht erreicht werden können. Zumeist aber verdanken sie ihre weitere Verwendung besonderen Produktions- und Betriebsverhältnissen, wie billigen Arbeitskräften, teurem Heizmaterial und fast kostenlosem Grundstück. Da sie sich außerdem schon längst amortisiert haben, ist ihre Beseitigung und Ersetzung durch neuzeitliche Maschinen mit unerschwinglichen Kosten verbunden. Wenn aber die Löhne steigen, das Heizmaterial billig erhältlich ist, Reparaturen notwendig werden und die geringe Leistungsfähigkeit zu unwirtschaftlich wird, müssen sie den neueren Maschinen weichen. So kommt es, daß jüngere Appreteure sie überhaupt nicht oder nur vom Hörensagen kennen.

Dann findet sich noch manchenorts eine alte Maschine, die die gleichen Dienste wie die neuartigen leistet, nämlich die eigentliche A p p r e t i e r m a s c h i n e für ein- und zweiseitiges Appretieren, die nur noch zum zweiseitigen Appretieren von Futterstoffen und anderen Geweben mit starker Füllung dienen, die also, wie man zu sagen pflegt, ,,durch den Trog" genommen werden. Für diese Appretiermaschine haben die Maschinenfabriken noch keinen gleichwertigen Ersatz geschaffen, denn die Bauart ist so einfach, daß sie sich nicht einfacher herstellen läßt.

Die unausgesetzt wachsenden Ansprüche der Kundschaft an das Aussehen der Baumwollgewebe, die steigende Produktion der Webereien und die Mannigfaltigkeit der Gewebegattungen, verbunden mit dem wirtschaftlichen Wettbewerb haben den Ansporn zu dem gewaltigen technischen Aufschwung des Baues von Appreturmaschinen gegeben. Welches Aussehen besaß z. B. ein bunt gewebter oder bedruckter Hemdenstoff, ein gebleichter Shirting in den sechziger Jahren des vorigen Jahrhunderts im Vergleich zu den heutigen gleichartigen Waren? Von einem schönen Weiß einer gebleichten Ware wußte man damals noch nicht viel; auch kam es nicht auf ein paar blaue Punkte oder Flecke an, die durch das Appretieren mit angeblauter Stärke oder mit einer übriggebliebenen Appreturmasse entstanden. Man nahm die Flecke und Punkte mit in den Kauf, da man wußte, daß beim ersten Waschen das Blau verschwand. Die Breite der Gewebe fiel noch sehr ungleichmäßig aus, während ein Shirting von heute aus einer gut geleiteten Appreturanstalt in tadellosem, blendendem Blauweiß hervorgeht und die Endleisten bei zusammengelegten Stücken wie beschnitten aussehen.

In früheren Zeiten war es die Beschaffenheit der Ware, die sich verkaufte, wie man zu sagen pflegte; man wußte nichts von Reklame, die heute den Verkauf ganz anders gestaltet. Eine noch so gute Ware von damals wäre in einem modernen Kaufhaus zu guten Preisen unverkäuflich, während eine minderwertige Ware von heute Abnehmer findet, wenn sie nur ein gefälligeres Äußere besitzt. Die jetzige Generation legt mehr Gewicht auf das Aussehen als auf die Qualität, was besonders für Modewaren gilt. Unterstützt wird dies dadurch, daß der Appreteur in der Lage ist, auf einfache und billige Art das Aussehen der Waren zu verbessern und diese verkaufsfähiger zu machen.

Appretur und Schlichterei sind verwandte Betriebe und werden vielfach noch als Stiefkinder der Gesamtbetriebe behandelt, indem man zu deren Leitung einen früheren Arbeiter oder Vorarbeiter für gut genug erachtet. Woher kommt diese Geringschätzung? Die Handweberei strengte das Material nicht so an wie die mechanischen Webstühle; man nahm die geringere Beschaffenheit der „Fabrikware" um ihrer hohen Leistung willen hin. Erst als der Wettbewerb sich verstärkte und gute Webereileitungen erkannten, daß sich mit besseren Ketten und durch Einstellung von tüchtigen Webern der Nutzeffekt der Webstühle und deren qualitative wie quantitative Leistung wesentlich erhöhen ließ, begann man der Schlichterei mehr Aufmerksamkeit zu schenken.

Ähnlich vollzog sich der Umschwung in den Appreturbetrieben. Bis in die siebenziger Jahre des vorigen Jahrhunderts traten keine besonderen Anforderungen hinsichtlich der Ausrüstung an den Appreteur heran. Nur feiner bedruckte, gefärbte und gebleichte Satingewebe verlangten eine größere Sorgfalt. Sonst wünschte die Kundschaft nur eine gewisse Steifheit und Füllung, teils um sie leichter weiter verarbeiten zu können, teils um sie dem Gebrauchszweck besser dienlich zu machen. Diese Steifheit und Füllung erhielten die bunten und gefärbten Gewebe mit Leim- oder Dextrinlösungen, die anderen Gewebe mit einem Stärke- oder Mehlkleister in Verbindung mit irgendeinem Fettstoff, um einen milderen Griff zu erzielen. Ob nun das Gewebe etwas steifer, der Griff härter oder milder als gewöhnlich ausfiel, bereitete weder dem Appreteur noch dem Verbraucher Sorge. Die Zusammensetzungen der Appreturmassen änderten sich im Verlaufe von vielen Jahren nicht; der Appreteur kannte sie auswendig und bedurfte keiner Aufzeichnungen.

Als Betriebsmittel kam nur die gewöhnliche Stärkmaschine, ein Kalander und zum Trocknen eine Trommeltrockenmaschine ältester Bauart oder eine Hochhänge in Betracht, deren es eine Luft- und eine Warmhänge gab. Die Bedienung dieser Maschinen war sehr einfach, deren Einrichtung erforderte keine besonderen Kenntnisse, so daß jeder halbwegs aufgeweckte Arbeiter genügte, wenn er nur die Zusammensetzung der Appreturmassen kannte. Er erhielt einen etwas höheren Lohn als die anderen Arbeiter, durfte den Titel Meister führen und war mit seinem Los sehr zufrieden. Ein Appreteur mit reicher praktischer Erfahrung und wissenschaftlichen Kenntnissen war damals überflüssig und hätte durch seinen hohen Lohn den Betrieb nur überlastet.

Mit der Vermehrung der Webereien über den Bedarf des eigenen Landes verschärfte sich der Wettbewerb, der sich durch Expansion auf dem Weltmarkt international gestaltete. Die Mode bemächtigte sich der Baumwolle, es folgten Nachahmungen von Woll-, Seiden und Leinenstoffen, deren charakteristische Eigenschaften möglichst genau getroffen werden mußten. Diesen Errungenschaften der modernen Chemie waren die alten Appreteure nicht mehr gewachsen. Die Chemiker der Druckereien, großen Färbereien und Bleichereien kamen wohl ihren Appreteuren zu Hilfe, aber in den Buntwebereien waren die Appreteure auf sich selbst angewiesen und standen hilflos da; sie bemühten sich vergebens, ihre Leistungen zu verbessern, den unablässig sich erneuernden Wünschen der Kundschaft gerecht zu werden.

Diese peinliche Lage der alten, ungeschulten Appreteure benutzten findige Köpfe, indem sie ihnen geeignete Appreturmittel lieferten. Es entstanden chemische Fabriken zur Herstellung von Appreturmitteln, denen sie für alle möglichen Ausrüstungsarten genaue Anleitung für ihre Verwendung mitgaben. Dadurch kamen diese Appreteure in die Lage, die Wünsche der Kundschaft voll befriedigen zu können. Die Webereien hatten nun kein Bedürfnis mehr, Änderungen in den Leitungen der ihnen angeschlossenen Appreturbetriebe eintreten zu lassen und behielten sie weiter, schon aus vermeintlicher Sparsamkeit. Ob nun diese Sparsamkeit gut angebracht war und die Wirtschaftlichkeit des Appreturbetriebes förderte, lehren uns die Abschnitte über ,,Wissenschaft und Praxis in der Appretur" und ,,Der Appreteur und was er wissen sollte".

Man kann sagen, daß die Appreturbetriebe der Baumwollindustrie eine grundstürzende Umwälzung erfahren haben. Abgesehen von neuen Maschinengattungen für besondere, früher nicht gekannte Zwecke finden wir in den Maschinen derselben Art außerordentliche Unterschiede zwischen einst und jetzt.

Was ist aus der alten Distelkardenrauhmaschine für die Baumwollgewebe geworden, die mit nur geringen Abänderungen in der Wollindustrie heute noch arbeitet und nach dem Urteile der Fachleute durch keine Kratzenrauhmaschine ersetzt werden kann? Ein Vergleich der Kardenrauhmaschine mit der 36walzigen Kratzenrauhmaschine mit Filzvorrichtung zeigt uns den Fortschritt, besonders, wenn man einen bedruckten Flanell, dessen Flor gefilzt wurde, mit dem alten Flor der Rauhdistel nebeneinander betrachtet. Mit der neuen Maschine ist es möglich, selbst die leichtest eingestellten Gewebe mit einem guten Flor zu versehen. Häufig kann man in den Appreturbetrieben angesichts der Leistungen der neuen Rauhmaschine die Worte vernehmen, daß wir im Aussehen des Flors den Gipfel des in der Rauherei Erreichbaren erreicht haben. Aber solche Worte hat man auch früher vielfach vernommen.

Nach der Kardenrauhmaschine kam die 5walzige Kratzenrauhmaschine. Als dann die 14walzige gebaut wurde, glaubte man auf lange Zeit gesichert zu sein. Doch kaum hatte sich diese an ihren Platz gewöhnt, folgte schon die 24walzige mit ihrem ganz neuartigen, gekräuselten Flor, der der Wolle schon viel ähnlicher war, als der langgestreckte der 14walzigen Maschine. Da sich der Geschmack der Kundschaft sofort dem neuen Flor zuwandte, mußte die 14walzige Maschine, kaum geboren, bereits abtreten und fand nur noch Verwendung zum Rauhen der Futterstoffe. Nun kamen die ersten, sehr leicht eingestellten Gewebe auf den Markt, die mit den früheren 5- und 14walzigen Maschinen gar nicht hätten gerauht werden können, ohne die Gewebe zu zerstören oder sehr viel Ramschware zu erzeugen. Da jedoch selbst die 24walzige Rauhmaschine beim Rauhen von leichtest eingestellten Waren auf beiden Seiten mit großen Schwierigkeiten zu kämpfen hatte, wurden schließlich die 36walzigen gebaut und die vorher in jeder Beziehung als Endziel aller Wünsche der Appreteure in bezug auf die Rauherei geltende 24walzige Rauhmaschine mußte den Titel einer Universalrauhmaschine an die Wettbewerberin abtreten. Und wie lange wird sich die 36walzige Rauhmaschine dieses Ruhmestitels erfreuen können?

Was für Baulichkeiten müßten unsere großen Appreturbetriebe für die Ausrüstung ihrer Tausende von Stücken besitzen, wenn zum Trocknen nur die alten Trockenhängen zur Verfügung stünden? Lebhaft erinnere ich mich daran, wie zahlreich die Mannschaft war, um in der Hänge 120 Stücke zu je 40 m nach dem Appretieren zu trocknen. Zwei Jungen mußten die tags vorher appretierten Gewebe hochziehen und in Falten legen; zwei Mann waren an der Appreturmaschine erforderlich, zwei Mann zum Tragen der Waren auf die Hänge, die etwas abseits des Appretierraumes gelegen war und ein Mann besorgte das Hängen. Diese sieben Personen waren bei 10stündiger Arbeitszeit den ganzen Tag über voll beschäftigt. Das Heizen mit Holz bei nasser oder kalter Witterung und andere Nebenarbeiten mußten von diesen Arbeitern auch noch durchgeführt werden.

Gab es gebleichte Waren zum Appretieren, so mußte man die Hängelatten mit Papier umwickeln und dieses festbinden, um keine Abschmierungen von vorangegangenen Partien gefärbter Waren zu erhalten. Dies mußte von Mädchen aus anderen Abteilungen besorgt werden. Welche Störungen erlitt der Versand bei dringenden Aufträgen, wenn sich schlechtes Wetter einstellte und die Waren nicht trocken werden wollten! Wie einfach geht heute das Appretieren vor sich! Mit 1—2 Arbeitern wird die gleiche Arbeitsleistung in $1/2$—$3/4$ Tag selbst auf kleinen Maschinen erledigt. Heute gibt es Trockenmaschinen, deren Leistung sich auf 400 000 m, also 10 000 Stücke zu je 40 m in achtstündiger Arbeitszeit beläuft.

Welch große Veränderungen haben auch die alten Spannrahmen und Spannmaschinen erfahren, bis sie sich zu den heutigen Spann-, Rahm- und Trockenmaschinen mit ihren mechanischen Spannkluppen und Nadelketten, mit ihren selbsttätigen Einlaßvorrichtungen und ihren Feucht- und Kühlkammern entwickelt haben! Wie viel Arbeitszeit ging früher beim Dublieren und Legen mit der Hand verloren und wie ungenau war die Arbeit im Vergleich zu den heutigen Meß-, Dublier- und Legmaschinen.

Auch bei den eigentlichen Appretiermaschinen, den Appreturauftragmaschinen, sind bis zum Bau der Friktionsstärkmaschine und der Rakelappretiermaschine viele Fortschritte zu verzeichnen. Sie ermöglichen, die Appreturmasse entweder kräftiger in die Gewebe hineinzupressen oder mehr Appreturmasse aufzutragen.

Man war bestrebt, das „Stauben" der leicht eingestellten Gewebe hintanzuhalten. Diese Hoffnung ging jedoch nur teilweise in Erfüllung, denn die Erfahrung lehrte, daß der Fehler weniger an der Appreturauftragmaschine als in der Zusammensetzung der Appreturmasse und in der Trocknung lag.

Als erste Trockenmaschine für die Appretur der Baumwollgewebe ist die Trommeltrockenmaschine anzusehen, vorerst wohl nur mit einer oder zwei Trockentrommeln versehen, die mit Dampf geheizt wurden. Zu jener Zeit hatte das Sprichwort „Zeit ist Geld" noch keine so große Bedeutung. Die Trockentrommeln fanden zuerst nur in den Druckfabriken, Färbereien und Bleichereien Eingang, während zum Trocknen der appretierten bunt gewebten Baumwollstoffe fast ausschließlich die Hänge in Anwendung stand. Erst als die Buntweberei sich entwickelte, die Hängen nicht mehr ausreichten und die Trocknung sich zu teuer stellte, wurden die Trommeltrockenmaschinen auch für Buntware benutzt, zumal in solchen Appreturbetrieben, wo eine Trübung der Farben durch die heißen Trockentrommeln nicht zu befürchten war. Eine solche Trübung der Farben kannte man in den Druckereien und Färbereien für Stückwaren nie, was sehr auffallend war, da man zum Färben der Stücke wohl nur die gleichen Farbstoffe und Färbeverfahren wie in der Garnfärberei benutzte. Im weiteren Verlaufe der Entwicklung steigerte man die Zahl der Trockentrommeln, ohne deren Durchmesser zu vergrößern, bis zu dreißig und mehr in einer Längsreihe (liegende Anordnung) oder, sofern es die Raumverhältnisse geboten, in einer oder mehreren Höhenreihen (stehende Anordnung). Dann folgten die Lufttrockenmaschinen in Gestalt der Spann-, Rahm- und Trockenmaschinen in mannigfaltigen Größen und Heizsystemen. Da beide Maschinengattungen Vor- und Nachteile besitzen, werden sie oft nebeneinander entsprechend der Gewebegattung benutzt [1].

Wenn wir vom Gaufrieren und Moirieren absehen, hatte man früher nur den einfachen Kalander mit zwei Holzwalzen und einer dazwischenliegenden Eisenwalze. Die Holzwalzen wurden später durch Jute- und Papierwalzen ersetzt. Die Eisenwalze war hohl und wurde ursprünglich durch einen glühenden Eisenkern erwärmt,

---

[1] Siehe den Abschnitt über „Das Trocknen der appretierten Gewebe" (S. 183).

wenn es die Ausrüstungsart erforderte. Selbstverständlich war damit nicht jene Gleichmäßigkeit in dem Ausfall der Waren zu erzielen wie mit Gas, Dampf oder Elektrizität. Heute sehen wir in den Appreturbetrieben die verschiedenartigsten Kalander mit immer mehr Walzen von den unterschiedlichsten Durchmessern und Längen für die verschiedenartigsten Ausrüstungen [1].

Um den Geweben den heute so genannten **Mangelglanz** und **Mangelgriff** zu geben, diente früher die schlesische Mangel, aber ausschließlich nur für Leinengewebe. Wollte man Baumwollgewebe in Nachahmung der Leinengewebe mit dem gleichen Glanz erhalten, so mußte man die Waren öfters durch den allein vorhandenen dreiwalzigen Kalander laufen lassen. Sollten sie jedoch einen außergewöhnlich starken Glanz erhalten, so blieb dem Appreteur nichts anderes übrig, als die Waren mit der höchst primitiven und gar nicht leistungsfähigen Glänzmaschine [2] zu behandeln, Eine Lieferung von höchstens 20—30 m in 12stündiger Arbeitszeit. je nach der Stärke des Glanzes, mußte die Ausrüstung sehr verteuern. Solche Glänzmaschinen finden sich heute noch in abgeschlossenen Tälern, wo die Frauen an der althergebrachten Bekleidung mit Faltenstoffen festhalten, die dort selbst hergestellt werden. Der erforderliche Glanz ließe sich mit einem neuzeitlichen Friktionskalander mit Leichtigkeit erreichen. Ein Vergleich der Leistung läßt es auf den ersten Blick unbegreiflich erscheinen, daß die Glänzmaschine sich bis auf den heutigen Tag erhalten konnte, aber der Bedarf an derartigen Volkstrachtenstoffen ist so gering, daß es sich nicht lohnt, einen Friktionskalander einzustellen. Die Weberei, Färberei und Ausrüstung dieser Gewebe wird dort als Nebenverdienst oder Winterarbeit ausgeführt; die Wasserkraft ist fast kostenlos und die menschliche Arbeitskraft kann im Winter sonst ohnedies nicht ausgenützt werden. Die Aufnahme dieser Gewebe als eigene Qualitäten wäre zufolge ihrer geringfügigen Bedarfsmengen für größere Webereien, Färbereien und Ausrüstungsanstalten nicht lohnend.

Wie umständlich ist die Bedienung der alten schlesischen Mangel, wieviel Raum und Kraft nimmt sie in Anspruch, wie geräuschvoll ist das Arbeiten und wieviel Kosten verursachen die Repara-

---

[1] Siehe den Abschnitt über „Das Kalandern" (S. 171).
[2] Siehe den Abschnitt „Das Glacieren oder Glästen" (S. 182).

turen, die durch die Hin- und Herbewegung des schwer belasteten langen Kastens und die Erschütterungen veranlaßt werden! Welches Fundament bedarf sie gegenüber der heutigen hydraulischen Revolvermangel, die einfach zu bedienen ist und keine Kosten für Reparaturen erfordern! Zudem ist ihre Produktion weitaus größer als die der schlesischen Mangel. Aber schon genügt auch sie nicht mehr. Man stellt dem Appreteur eine Kalandermangel mit 16 Walzen zur Verfügung, die das Mangeln in einem Arbeitsgang ausführt und wieder eine Steigerung der Produktion mit sich bringt.

Welch ein Unterschied zwischen der alten Presse mit Beheizung durch glühende Eisenplatten und den jetzigen Pressen mit Dampfheizung und darauffolgender Wasserkühlung zur Abkürzung der Arbeitszeit! Wohl ist nicht zu leugnen, daß für gewisse Zwecke die alte Presse mit ihrer umständlichen Bedienungsweise noch immer für gewisse Gewebegattungen vorteilhaft ist. Es ist wie bei der Hänge und der schlesischen Mangel, für die der neuzeitliche Maschinenbau noch keinen vollwertigen Ersatz gefunden hat.

Eine Errungenschaft der Neuzeit ist auch der für einzelne Ausrüstungsarten immer noch beliebte Riffelkalander, der den schönen und eine Zeitlang sehr geschätzten Seidenfinish erzeugte. Er ist jedoch schnell durch die Mercerisation und auch durch Kunstseide zurückgedrängt, wenn auch nicht ganz verdrängt worden. Der Riffelkalander und die Mercerisation haben sich heute vielfach vereint; der Riffelkalander soll den Glanz der Mercerisation steigern und ermöglichen, daß auch billigere Garne mercerisiert werden können.

In das Gebiet der Appretur dürfen wir eigentlich auch die Mercerisation der Gewebe zählen. Was wußte der Appreteur anfangs der achtziger Jahre des vorigen Jahrhunderts noch von der Mercerisation und dem Riffelkalander? Ihren Glanz konnte er nicht ahnen, da er unverhofft kam.

Der Beetlekalander stammt zwar nicht aus der neuesten Zeit, doch wurde seine Leistungsfähigkeit erheblich erhöht. Während die frühere Beetlemaschine mit den Fall- und Schlaghämmern 60 Schläge, oder besser gesagt, Stöße in der Minute gab, sind es heute mit der Exzenterbeetlemaschine deren 150 und mehr. Selbstverständlich sind derartige Maschinen sehr teuer und daher nicht für jeden Appreteur in größerer Anzahl zu erwerben. Schon aus diesem Grunde haben sich kleinere Appreturanstalten auf die Herstellung von nur wenigen Ausrüstungsarten verlegt, während nur ganz große und gut fundierte Betriebe alle Ausrüstungen selbst ausführen. Trotzdem wurden in gut geleiteten Betrieben Ausrüstungen hergestellt, die heute noch vorbildlich sind und nicht übertroffen werden. Der gewünschte Ausfall der Waren kann jedoch heute mit den maschinellen Einrichtungen viel leichter und, was die Hauptsache ist, auch viel billiger erreicht werden, außerdem steht dem Appreteur eine große Mannigfaltigkeit in der Zusammensetzung der Appreturmasse zu Gebote. Diese Punkte kennzeichnen den Unterschied zwischen dem Appreteur von einst und jetzt.

Um aber aus diesen beiden Mitteln herauszuholen, was sie leisten können, dazu bedarf es großer Kenntnisse und reicher Erfahrung, die den Appreteur in den Stand setzen, sich mit ihnen vertraut zu machen und ihre Geheimnisse zu entschleiern. Wieviel Möglichkeiten bietet z. B. der 8—10walzige Kalander! Wenn man bedenkt, daß jede Veränderung des Durchganges einen anderen Ausfall der Ware zur Folge hat, so kann man sich ein Bild machen, welche Erfahrung dazu gehört, sich diese verschiedenartigen Fälle stets vor Augen zu halten. Wenn eine Ware dem Kalander vorgelegt wird, muß der Appreteur wissen, welchen Lauf er ihr durch die Maschine geben muß, um ihr die richtige Behandlung zuteil werden zu lassen. Er darf nicht erst probieren, denn dies bedeutet nicht nur Zeitverlust, sondern er läuft auch Gefahr, daß die ganze Ausrüstung verdorben wird. Die Kundschaft ist jetzt viel kritischer geworden. Wenn eine Ware nicht genau nach Muster ausgerüstet ist, nicht die gewünschte Breite hat, so erfolgen Beschwerden, Rücksendungen von Waren, Abzüge von den Fakturabeträgen u. a. m. Dies tritt besonders in Erscheinung, wenn die Waren zu teuren Preisen bestellt waren und durch ein Sinken der Baumwollpreise inzwischen auch die fertigen Gewebe billiger geworden sind. Bei Modeartikeln, die fast täglich wechseln, darf der Appreteur nicht mehr nach feststehenden Rezepten und Verfahren arbeiten; er muß ein vorgelegtes Muster rasch und ohne Einholung von Ratschlägen aus chemischen Fabriken für Appreturmittel oder langwierige und kostspielige Versuche nachahmen können. Beim Ansehen und Befühlen der Ware muß er im Geiste schon die Zusammensetzung der erforderlichen Appreturmasse und die maschinelle Behandlung der zu appretierenden Waren erkennen, was dem Appreteur der alten Schule unmöglich war. Dies bringt uns den Unterschied zwischen dem Appreturbetrieb von einst und jetzt recht deutlich vor Augen.

5. Was ist ein moderner Appreturbetrieb?

Unter einem modernen Appreturbetrieb stellen sich die Laien auf dem Gebiete des Ausrüstungswesens und auch selbst Appreteure eine solche Appreturanstalt vor, die mit den neuesten Maschinen, Apparaten und sonstigen Hilfsmitteln aller Art ausgerüstet ist, mit denen man alle Ausrüstungsarten herstellen kann. Ein solcher Betrieb ist aber vorerst bloß als modern „eingerichtet" zu bezeichnen. Nur wenn auch die Ausrüstung tadellos und auf dem wirtschaftlichsten Wege durchgeführt wird, kann der Betrieb selbst als modern erklärt werden.

Nehmen wir zwei gleichartige Appreturbetriebe an, von denen jeder an eine Buntweberei angegliedert ist; diese beiden Webereien stellen eine große Reihe von Gewebegattungen, vom einfachsten Stapelartikel bis zur feinsten Modeware her. Der eine von diesen Appreturbetrieben ist neben neuesten mit noch alten, der jungen Fachwelt als veraltet und unmodern erscheinenden Maschinen und Einrichtungen ausgerüstet, stellt jedoch Ausrüstungsarten her, die von dem anderen, ganz modern eingerichteten Appreturbetrieb in gleicher Vollkommenheit und Wirtschaftlichkeit nicht erzielt werden. Welches ist nun der moderne Betrieb, der teilweise veraltet erscheinende oder der neuzeitlich angerichtete, dem ersteren in der Leistung nicht ebenbürtigen? Man muß sagen, der erstere, denn nicht um moderne Einrichtung, sondern um moderne Leistung handelt es sich, das ist die Leistung, die dem neuzeitlichen Verlangen entspricht, die außerdem auf eine für die Wirtschaftlichkeit des Betriebes günstigste Weise erreicht wird.

Wenn nun eine derartige Leistung mit einer zum Teil veraltet erscheinenden maschinellen Einrichtung ausgeführt werden kann, dagegen mit einer ganz neuzeitlichen nicht, so erhebt sich unwillkürlich die Frage, was die Ursache dieser Erscheinung sein könne. Die Antwort lautet, daß es der moderne Geist ist, der jenen Betrieb beseelt; nur durch den modernen Geist wird auch ein, mit bester Einrichtung versehener Appreturbetrieb zu einem modernen gestempelt. Weiter ergibt sich die Frage, was man unter einem modernen Geist in einem Betriebe versteht. Es ist die reiche Erfahrung der Praxis, die Hand in Hand mit der Wissenschaft arbeitet. Damit soll nicht gesagt sein, daß die Mithilfe der Beamten, Meister und Arbeiter ausgeschlossen sein soll. Aber diese sollen zum Denken erzogen und ermuntert werden, sei es durch platonische Belobung oder Entlohnung in klingender Münze oder durch Vorrückung auf einen höheren Posten. Jeder vernünftige Betriebsleiter wird gerne den wohlgemeinten Rat eines Untergebenen annehmen und prüfen, ob er den gegebenen Verhältnissen entspricht und sich verwerten läßt. Kein einsichtiger Leiter wird sich allwissend dünken, sondern einsehen, daß ein Meister oder Arbeiter, der mit derselben Maschine zu tun hat, mit deren Wesen und Arbeitsweise sowie ihren Tücken eher vertraut ist als jemand, der sich nur zeitweilig mit dieser Maschine befaßt. Wer mit Maschinen irgendwelcher Art zu tun gehabt hat, wird die Erfahrung gemacht haben, daß jede ihre Eigenheiten besitzt, denen Rechnung getragen werden muß, um aus ihr das herauszuholen, was man von ihr erwartet. Hierfür bedarf es intelligenter, denkender Menschen. Zu solchen die Untergebenen zu erziehen, wird kein redlicher Betriebsleiter Zeit und Mühe scheuen, da dies im wohlverstandenen Interesse des Betriebes und auch des Betriebsleiters selbst geschieht, dem das Arbeiten dadurch wesentlich leichter wird.

Die Untergebenen dürfen jedoch nicht eigenmächtig vorgehen, ohne daß der Betriebsleiter Kenntnis davon erhalten und geprüft hat, welche Änderungen vorgenommen worden sind. Wenn wirkliche oder vermeintliche Fehler entdeckt werden, so muß dem Betriebsleiter hiervon mit den Verbesserungsvorschlägen Meldung gemacht werden. In diesem Sinne muß die Beamten-, Meister- und Arbeiterschaft erzogen werden, damit keine Fehler und deren Ursachen verheimlicht werden. Jede Störung im Betriebsgange, komme sie, woher sie wolle, und sei sie von wem immer verursacht, soll offen und ehrlich, ohne Scheu zur Kenntnis des Betriebsleiters gelangen, damit er den Arbeitsfortgang stets vor Augen hat. Wenn eine Arbeit auf einem anderen Wege, als in dem Willen des Betriebsleiters gelegen hatte, durchgeführt worden ist, so würde dieser ganz falsche Schlüsse über die getroffenen Anordnungen ziehen, was für fernere Anordnungen von größtem Schaden begleitet sein könnte. Darum darf es vor der Leitung keine Geheimnisse geben! Beamte, Meister und Arbeiter müssen auch zum Verantwortungsbewußtsein erzogen werden, was für den Betriebsleiter selbstverständlich ebenfalls gilt, d. h. die Untergebenen müssen die Überzeugung und das Bewußtsein haben, in dem Betriebsleiter einen gerechten Richter zu haben. Dann wird die Arbeitnehmerschaft treu zur Betriebsleitung stehen und ihr Bestes für den Betrieb hergeben. Wenn die Betriebsleitung auch über reiche praktische Erfahrung und das erforderliche Wissen verfügt, so wird es ihr ein Leichtes sein, auch mit scheinbar veralteten Maschinen modern zu arbeiten.

B. Die Hilfsstoffe der Appretur.

1. Die Appreturmittel.

Im Anzeigenteil der Fachzeitschriften werden dem Appreteur die mannigfaltigsten Appreturmittel empfohlen, deren Beschaffenheit oft leicht erkennbar ist; aber viele andere verbergen ihre Zusammensetzung unter einem Phantasienamen, der in manchen Fällen die Zusammensetzung des Produktes ahnen läßt, sonst aber den Verbraucher vollkommen im Unklaren läßt. Den einschlägigen Betrieben gehen fast täglich derartige Angebote zu. Manche Appreturmittel sollen ganz bestimmten Zwecken dienen, andere dagegen mehr allgemeinen Zwecken gerecht werden. Der Appreteur steht bei den mit Phantasienamen belegten Appreturmitteln vor einem Rätsel, das er nicht zu lösen vermag, wenn er nicht in der Lage ist, ihre Zusammensetzung durch eine chemische Analyse zu ergründen. Den meisten Appreteuren stehen hierfür weder die Kenntnisse, noch die Mittel, noch auch die Zeit zu Gebote.

Manche Appreturmittel sind von höchst einfacher Zusammensetzung und würden sich vielleicht durch andere Produkte ersetzen lassen, die sich bedeutend billiger stellen; auch könnte man die aus der Zusammensetzung sich ergebenden Appreturmittel von bekannter Beschaffenheit billiger im Handel erwerben. Der Appreteur, der sich solcher Appreturmittel bedienen will, ist auf die Angaben der Hersteller angewiesen und arbeitet somit im Dunkeln.

Man kann einem gewissenhaften Appreteur keinen Vorwurf daraus machen, daß er wissen will, woraus seine Appreturmassen bestehen, und die geheimnisvollen Appreturmittel einfach ablehnt, noch dazu, wenn er mit den allbekannten Appreturmitteln die verlangten Ausrüstungsarten tadellos auszuführen vermag. Es gibt nicht wenig Appreturmittelmagazine, die nur wenige und allgemein bekannte Namen aufweisen und keineswegs rückständigen Appreturbetrieben angehören. Wie schon an anderer Stelle ausgeführt wurde, besteht die Aufgabe eines Appreteurs nicht nur darin, eine gewünschte Appreturausrüstung in der besten Beschaffenheit, sondern auch auf dem wirtschaftlichsten Wege auszuführen.

Im nachstehenden sollen nur jene Appreturmittel angeführt werden, die im Handel erhältlich sind und über deren Zusammensetzung kein Geheimnis waltet. Hiervon machen aber zwei Produkte eine Ausnahme, nämlich das Aktivin und die Stokotabletten. Denn diese Produkte dienen nicht nur zur Aufschließung der Stärke, sondern haben gegenüber den fermentartigen Produkten den Vorteil, daß sie die Stärke nur bis zu löslicher Stärke abbauen. Demzufolge können sich keine weiteren Abbauprodukte, wie Dextrin und Zucker bilden, die an Steifungs-, Füll- und Klebvermögen hinter der löslichen Stärke zurückstehen. Der gleiche Erfolg bei der Aufschließung der Stärke wird meines Wissens nur noch von der Oxalsäure erzielt, die jedoch zufolge ihrer Giftigkeit von der Verwendung ausgeschlossen wird [1].

Die Appreturmittel können wir im allgemeinen in 7 Gruppen einteilen, die sich jedoch nicht scharf voneinander scheiden lassen, da manche Appreturmittel die gleichen Ziele verfolgen, wie die in andere Gruppen gehörenden: a) Steifungs-, Füll- und Klebmittel. b) Weichmachende Mittel. c) Beschwerungs- und zugleich Füllmittel anorganischer Natur. d) Wasseranziehende Mittel. e) Antiseptische- oder fäulnisverhindernde Mittel. f) Aufschließungsmittel. g) Farbstoffe.

Die Appreturmaterialien der Gruppe a) dienen einesteils dazu, die Garne zu durchdringen, sich in ihnen festzusetzen und den Geweben nach dem Trocknen eine gewisse Steifheit und einen volleren Griff zu verleihen, andernteils sollen sie anderen Füll- und Beschwerungsmitteln, die keine Klebkraft besitzen, den notwendigen Halt in den Garnen geben. Zu dieser Gruppe zählen in erster Linie die Stärke von Weizen, Mais, Gerste, Kartoffeln und Reis sowie die Mehle von Weizen, Mais und

---

[1] Vgl. die Abschnitte über „Aufschließung oder Abbau der Stärke" (S. 73) und „Die Herstellung der Appreturmassen" (S. 87).

Gerste. Die übrigen Stärkesorten kommen für die Appreturzwecke nicht in Betracht, da ihre Wirksamkeit im Verhältnis zu ihren Kosten zu gering ist. Ferner gehören in diese Gruppe der Leim und die Gallerten einiger Moose, Algen und Flechten, endlich alle jene Appreturmittel, die aus den von allen genannten Stoffen von den chemischen Fabriken für Appreturmittel erzeugt werden, um ihre Wirksamkeit zu erhöhen oder ihre Verwendbarkeit zu erleichtern.

In die Gruppe b) gehören die Fette und Öle, welche dazu dienen, um die durch die Appreturmittel der Gruppen a) und c) bedingte Härte und Sprödigkeit des Griffes der Waren zu mildern und diesen einen weichen, vollen Griff zu geben. Das Glyzerin und die Wachsarten gehören hierher, da sie sich ebenfalls dazu eignen, den Waren einen weichen Griff zu geben. Wir müssen auch die Vertreter der großen Reihe der aus den Ölen und Fetten hergestellten, unter Phantasienamen im Handel erscheinenden Produkte der chemischen Fabriken rechnen, die die Öle, Fette, Wachsarten und das Glyzerin ersetzen sollen. Der Grund, warum sie hergestellt werden, besteht darin, daß sie die ungünstig wirkenden Eigenschaften der natürlichen Hilfsmittel vermeiden oder eine bessere Wirkung auf den Ausfall der Ausrüstungen ergeben.

Zur Gruppe c) zählen mineralische Körper, die einesteils die Wirkung der Appreturmittel der Gruppe a) auf den Griff der Ware verstärken und die Maschen der Gewebe schließen — dies spielt besonders bei leicht eingestellten, gefärbten und gebleichten Geweben eine große Rolle — andernteils das Gewicht der Ware erhöhen[1]. Diese Füll- und Beschwerungskörper lassen sich wieder in zwei Abteilungen gliedern, in solche für Appreturmassen für bunte Gewebe und solche für gefärbte und gebleichte Gewebe. Jene müssen sich in Wasser klar und farblos auflösen und dürfen nach dem Trocknen der appretierten Gewebe keine Trübung der Farben ergeben; diese sind in der Appreturmasse in ungelöstem Zustande enthalten und tragen dadurch bei, die Gewebe geschlossen erscheinen zu lassen.

Die Gruppe d) dient den Ausrüstungsarten, die einen warmen, vollen Griff verlangen. Diesen Griff kann man wohl mit den Appreturmitteln der Gruppe b) erhalten, wenn die Gewebe mit

---

[1] Vgl. den Abschnitt über „Wesen und Begriff der Appretur" (S. 2).

einem größeren Feuchtigkeitsgehalte versehen sind. Sinkt dieser, wie es bei längerer Lagerung an einem trockenen Orte vorkommen kann, so verliert der Griff sein Gepräge, er wird härter und beeinträchtigt die Verkaufsfähigkeit der Ware. Um dies zu verhindern, setzt man der Appreturmasse ein wasseranziehendes Mittel zu, damit die Waren nicht austrocknen. Die Menge des wasseranziehenden Mittels darf jedoch bestimmte Grenzen nicht überschreiten, da sonst eine schlaffe und lappige Ware entsteht. Wirkt irgend ein Zusatz zur Appreturmasse wasseranziehend, so entfällt selbstverständlich ein weiterer Zusatz.

Die Hilfsstoffe der Gruppe e) kommen beim Lagern appretierter Gewebe in einem feuchten, dumpfen, ungelüfteten Raum von milder Temperatur in Anwendung. Ist in der Zusammensetzung der Appreturmasse keine Vorsorge getroffen worden, so können sich leicht auf den Geweben Schimmelpilze entwickeln, die alsdann Veranlassung zu den Schimmel- oder Stockflecken geben[1]. Um dies zu verhindern, setzt man der Appreturmasse ein fäulniswidriges oder antiseptisches Mittel zu. Wirkt jedoch irgendein in der Appreturmasse enthaltener Körper bereits fäulnisverhindernd, so entfällt natürlich ein weiterer Zusatz.

Die Gruppe f) umfaßt die Mittel zur Aufschließung der Stärke, deren Abbau in die löslichen Abkömmlinge für den Appreteur von unschätzbarem Werte ist, zum Schaden der Appreturbetriebe aber noch viel zu wenig gehandhabt wird[2]. Unter den vielen Aufschließungsmitteln ragen das **Aktivin** und die **Stokotabletten** hervor, wenn man von der Oxalsäure wegen ihrer Giftigkeit absehen will.

Hinsichtlich der Gruppe g) ist wenig zu sagen, da hierüber in dem Abschnitt „Das Anfärben der Appreturmassen" ausführlich berichtet wird (S. 97).

a) Steifungs-, Füll- und Klebmittel.

1. Die Stärke. Die Stärke ist in der Natur außerordentlich stark verbreitet und findet sich in größeren Mengen in den Samen der Getreidearten, in den Hülsenfrüchten, Kartoffeln, Kastanien

---

[1] Siehe den Abschnitt über „Schimmelflecke" (S. 236).
[2] Vgl. den Abschnitt über „Aufschließung oder Abbau der Stärke" (S. 73) und „Die Herstellung der Appreturmassen" (S. 87).

u. a. Sie ist in Gestalt von mikroskopisch kleinen Körnchen in den Pflanzenzellen abgelagert. Je nach der Pflanze, von der die Stärkekörner stammen, ist ihre Größe verschieden; aber auch innerhalb derselben Pflanzengattung schwankt sie, z. B. bei Weizen von 0,045—0,05, bei Mais von 0,024—0,03, bei Kartoffeln von 0,05—0,185 mm.

Die Form der Stärkekörner ist ebenfalls verschieden. Die Weizenstärke ist wie die Maisstärke fast kugelförmig, an vielen Stellen etwas eingedrückt; die Kartoffelstärke ist fast eirund, dagegen zeigt die Reisstärke die Form eines Polyeders.

Das Stärkekorn ist nicht von durchaus gleichartiger Beschaffenheit, sondern besteht aus übereinander liegenden Schichten, die sich konzentrisch um einen, unter dem Mikroskope deutlich sichtbaren Punkt, dem sogenannten Nabel, abgelagert haben. Die einzelnen Schichten sind durch Zellhäute voneinander getrennt. Bei der Weizen- und der Maisstärke liegt der Nabel in der Mitte, bei der Kartoffelstärke gegen den schmalen Durchmesser der Eiform zu, deren Schichten eine ovale Form haben, während die der vorgenannten Stärkekörner kreisrund sind. Unter dem Mikroskop sind daher die einzelnen Stärkesorten bei entsprechender Vergrößerung (280—350 fach) leicht zu unterscheiden.

Der Gehalt an Stärke ist ebenfalls sehr verschieden und erreicht bei Weizen 58—64%, bei Mais 55—65%, bei Reis sogar 75—85%, während er bei der Kartoffel nur 21% beträgt. Auch der Wassergehalt der Stärkesorten ist ein schwankender; bei der Weizen- und Maisstärke 14—16%, bei der Reisstärke 12%, dagegen steigt er bei der Kartoffelstärke auf 18—20%. Doch sind alle Stärkesorten ziemlich stark wasseranziehend und vermögen bis zu 35% Wasser in sich aufzunehmen, ohne sich naß anzufühlen. Dieser Umstand spielt beim Ankauf der Stärke eine große Rolle und kann sich auch bei der Verwendung sehr unangenehm bemerkbar machen. Es lohnt sich daher, den Wassergehalt der Stärke genau zu untersuchen.

Wenn wir Stärke irgendwelcher Herkunft mit wenig Wasser anrühren und mit indirektem Dampfe langsam erwärmen, so beginnt die Masse zu wallen, ohne daß der Dampf daran teilnimmt. Bei einer Temperatur von annähernd 50° C quellen nämlich die Stärkekörner durch Aufnahme von Wasser auf, die die Stärkeschichten voneinander trennenden Zellulosehäutchen platzen und die Stärkekörnchen werden bloßgelegt. Die Temperatur, bei der die Quellung der Stärkekörner beginnt und endet, ist je nach der Stärkesorte verschieden; nach Dépierre „Die Appretur der Baumwollgewebe" beträgt sie bei:

	Beginn der Quellung	Ende der Quellung
Weizenstärke	65° C	67,5° C
Maisstärke	55° C	62 ° C
Kartoffelstärke	58° C	62 ° C
Reisstärke	59° C	62 ° C

Der Appreteur muß die Quellungstemperatur der Stärkesorten und die aus dem Platzen der Zellulosehäutchen entstehende Wallung im Kochgefäß kennen, damit er die Wallung nicht für ein Kochen hält und die Dampfzufuhr abschließt [1]. Wenn die Quellung der Stärkekörner beendet ist, hat sich der Kleister gebildet.

Die Stärke ist in reinem Zustande ein weißes, geruch- und geschmackloses Pulver und wird im Handel meist mit einem Wassergehalte von 12—15% geliefert.

Wird Stärke auf etwa 200° C erhitzt, so bildet sich Dextrin, ebenso bei Besspritzung mit stark verdünnter Salpetersäure. Beim Erhitzen wird das gelblich gefärbte, durch verdünnte Salpetersäure das weiße Dextrin erhalten. Alle Stärkesorten werden sowohl in Pulverform wie in nußgroßen Stücken in den Handel gebracht.

Die Stärke und der Kleister werden mit Jod tiefblau gefärbt. Alkalien wirken in ganz eigenartiger Weise auf die Stärke. Versetzt man die angeteigte Stärke mit Natronlauge von größerer Dichte, so erhält man eine zähe, gallertartige Masse von gummiartiger Beschaffenheit und großer Klebkraft. Die Masse ist um so dicker, je dichter die Natronlauge war, und erscheint als Aparantine im Handel. Neben Natronlauge werden zur Herstellung von derartigen Produkten noch andere Substanzen verwendet; die erhaltenen Produkte werden vielfach noch mit Füll- und Beschwerungsmitteln vermengt und unter irgendeinem Phantasienamen in den Handel gebracht.

Die Herstellung der Stärke beruht bei allen Pflanzengattungen auf den gleichen Vorgängen: Freimachen der Stärkekörner durch

---

[1] Vgl. „Die Herstellung der Appreturmassen" (S. 87).

Zerreißen der Pflanzenzellen, in denen sie sich abgelagert haben. Bei den Knollen der Kartoffeln erfolgt dann ein Ausspülen und Absitzenlassen der stärkehaltigen, milchig aussehenden Flüssigkeit und Filtrieren. Bei den Körnerfrüchten dagegen wird der Kleber nach dem Zerreißen, Vermahlen der Pflanzenzellen durch Gährung zuerst entfernt; erst dann verfährt man, wie oben angeführt.

Bei der Verbesserung der Maschinen, Apparate und Verfahren zur Verbilligung der Weizen- und Maisstärke hat man jedoch außer acht gelassen, daß diese wohl immer reiner, dafür aber deren Gehalt an Kleber immer geringer wird, wodurch auch ein großer Teil der Klebkraft verloren geht.

In manchen Gegenden befanden sich vor noch nicht langer Zeit alteingerichtete „Stärkefabriken", deren Besitzer man „Kläresieder" nannte. Diese Kläresieder stellten ganz kleine Mengen her und waren mit den denkbar einfachsten Einrichtungen versehen. Sie waren meistens in der Nähe oder am Hauptsitze von Textilfabriken ansässig und hatten guten Absatz, bis die großen Stärkefabriken auftauchten. Der Preis der Handelsstärke sank zusehends und jene Appreturbetriebe, die die Stärke nur nach der Preislage kauften, waren die ersten Abnehmer der neuen Stärke, deren blendende Weiße verführerisch war, obwohl diese nur dem Zusatz von Ultramarin zu verdanken war. Das übrige tat die schöne Verpackung in blauen Schachteln, während die alte „Handstärke", wie die Stärke der Kläresieder genannt wurde, einen grauen Ton besaß.

Vergebens nahmen einzelne Appreteure und Schlichter, die den Wert der alten gegenüber der neuen Stärke richtig zu würdigen wußten, die Kläresieder in Schutz und machten in ihren Kreisen auf den Klebergehalt der Handstärke aufmerksam. Aber an dem kaufmännischen Beamtengeiste im Einkaufe der Stärke prallte alles Lob der Handstärke ab und der letzte Kläresieder gab seinen Betrieb aus Mangel an Absatz auf.

Nach meiner Berechnung hätte die alte Handstärke für die Appretur und Schlichterei selbst einen um 25% höheren Preis als die neue Stärke vertragen können. Die in der Folge auftauchenden Ersatzmittel, die den verlorenen Kleber ersetzen mußten, oder der Mehraufwand an Stärke betrugen mehr als 25% des Preises. Dieses Beispiel zeigt die Folgen eines nur im kaufmännischen Geiste vorgenommenen Einkaufs von Appreturmitteln nach der Formel „Stärke ist Stärke". Wenn dann der Appreteur die Lieferungen bemängelt und das Ergebnis durch schlechte Ausrüstungen vor Augen führt, so wird ihm dies wohl zugestanden, aber wirkliche Abhilfe nicht geschaffen.

2. Mehle. Die Mehle sind aus den größeren Appreturbetrieben heutzutage wohl gänzlich verschwunden. Sie sollen hier nur aus dem Grunde angeführt werden, weil ihre Verwendungsweise der jungen Fachwelt unbekannt sein dürfte. Von den Mehlen kamen meistens nur die vom Roggen, der Gerste und dem Weizen in Betracht. Sie waren die beliebtesten und geeignetsten Steifungs- und Klebmittel, da sie fast den ganzen Klebergehalt bewahrten. Um den eigentlichen Kleber und seine Klebkraft ausnützen zu können, mußten sie in lösliche Form gebracht werden, was durch Gärung erfolgte. Diese verfolgte den gleichen Zweck wie heute die Aufschließung der Stärke, deren Wirkung man noch nicht kannte. Man wußte aus Erfahrung, daß eine Gärung die Ausnützung des Mehles förderte.

Die Gärung wurde in der Weise durchgeführt, daß die Mehle mit lauwarmem Wasser übergossen wurden und zwei bis drei Tage, je nach der Temperatur in dem betreffenden Raume sogar noch länger, sich selbst überlassen blieben. Die Menge und Geschwindigkeit der aufsteigenden Bläschen (Kohlensäure) zeigten dem erfahrenen Appreteur den Fortgang der Gärung. Der Beginn und das Ende derselben läßt sich im voraus nicht bestimmen, da hierfür neben der Temperatur und der Witterung, auch die vorhandenen Pilze in der Luft, der Gehalt und die Beschaffenheit der Eiweißkörper, die das Mehl besitzt, maßgebend sind.

Die aus diesen Mehlen hergestellten Appreturmassen waren daher etwas unsicher in ihren Eigenschaften, ebenso der Ausfall der Ausrüstungen. Dazu kommt noch die Umständlichkeit in der Durchführung der Gärung, die für größere Betriebe die Verwendung der Mehle zu Appreturzwecken hinfällig machte.

Es wurden aber auch Mehlappreturmassen in gleicher Weise hergestellt wie die gewöhnlichen Stärkeappreturmassen und im frischen Zustande verwendet, die Gärung demnach ganz vermieden. Diese Mehlappreturmassen sollen auf den Waren einen besser deckenden Appret abgegeben haben als die Stärkeappreturmassen und sich besonders für die Ausrüstung von Buchbinderleinen, Hutfutter und ähnlichen Spezialgeweben bewährt haben.

Die Appreturmittel.

Wenn man heute noch von Weizen- oder Kartoffelmehl spricht, so wird es sich ausnahmslos um Weizen- oder Kartoffelstärke in Pulverform handeln. Es mag bei dieser Gelegenheit darauf hingewiesen werden, daß die Verschiedenheit in der Bezeichnung der Stärke vielfach zu Irrtümern in den Appreturbetrieben geführt und den Wunsch wachgerufen hat, hierin mehr Einheitlichkeit zu schaffen.

3. **Lösliche Stärke.** Die lösliche Stärke wird durch die Aufschließungsmittel, wie Fermente, Säuren u. a. m., als erstes Abbauprodukt der Stärke erhalten. Sie hat dieselben chemischen und physikalischen Eigenschaften wie die Stärke selbst, nur mit dem Unterschiede, daß sie mit Wasser eine vollkommene Lösung eingeht, während die Stärke mit Wasser eine leimartige, kolloidale Lösung bildet.

Durch anhaltendes Kochen eines aus Stärke hergestellten Kleisters entsteht ebenfalls lösliche Stärke; diese Art des Abbaues der Stärke ist früher in manchen Appreturbetrieben durchgeführt worden, als das Diastafor noch nicht im Handel war. Mit Jod wird auch die lösliche Stärke tiefblau gefärbt. Beim Aufschließen der Stärke mit fermentartigen Körpern und Säuren, mit Ausnahme der Oxalsäure, entsteht nicht nur lösliche Stärke, sondern der Abbau geht in ganz unregelmäßiger Weise vor sich; in dem erhaltenen Produkt findet man neben löslicher Stärke in der Hauptsache auch Dextrin, ja sogar schon Zucker und noch unveränderte Stärke. Dies ist für den Appreteur sehr wichtig, denn er verlangt in den seltensten Fällen Dextrin, das einen Verlust an Steifungs- und Klebvermögen bedeutet, während die unveränderte Stärke eine Trübung der Farben verursacht.

Wie in dem Abschnitt „Aufschließung oder Abbau der Stärke" ausgeführt ist, gelingt die Herstellung der reinen und löslichen Stärke am besten mit Aktivin, den Stokotabletten und der Oxalsäure, da sich hierbei der Abbau der Stärke ohne jede Überwachung nur bis zu löslicher Stärke vollzieht. Im Handel ist lösliche Stärke nicht erhältlich; wohl aber wird sie von den chemischen Fabriken als solche oder mit Füll- und Beschwerungsmitteln oder auch Fettstoffen gemischt unter irgendeinem Decknamen den Appreteuren angeboten.

4. **Dextrin.** Alle Abbauprodukte der Stärke, wie lösliche Stärke, Dextrin und Zucker bestehen aus denselben Elementen und ent-

halten diese im Gewichtsverhältnis. Trotzdem können sie ganz verschiedene chemische und physikalische Eigenschaften besitzen, was aber erst beim Dextrin deutlich zutage tritt. Auch Dextrin gibt mit Wasser wie die lösliche Stärke eine vollkommene, nicht leimartige Lösung, aber mit Jod keine tiefblaue, sondern eine rote Färbung. Das Dextrin erscheint im Handel in Pulverform, das je nach der Herstellungsweise weiß oder blond ist. Das blonde Dextrin entsteht durch Rösten, das weiße durch Einwirkung von stark verdünnter Salpetersäure, wie schon bei der Beschreibung der Stärke erwähnt wurde.

Das Dextrin ist aber auch bereits in den Pflanzen in fertigem Zustande als Vorgängerin der Zuckerbildung vorhanden. Beim Ankauf der Handelsware ist jedoch Vorsicht geboten, da, wie bereits dargelegt wurde, bei genauer Überwachung bei der Herstellung des Dextrins in dem fertigen Produkt sich auch unveränderte Stärke, lösliche Stärke und Zucker vorfinden können. Unveränderte Stärke ist zwar, wenn sie in größerer Menge im Dextrin enthalten ist, an der weißen Farbe der Lösung zu erkennen, Zucker dagegen nur durch eine genauere Untersuchung. Je größer der Gehalt des Dextrins an Zucker ist, desto geringer ist das Füll-, Steifungs- und Klebvermögen.

In früheren Zeiten wurde das Dextrin, insbesondere das weiße, in den Appreturbetrieben sehr viel verwendet. Auch bei der Herstellung der sogenannten Salzappreturmassen spielte es eine große Rolle, da es deren Klebkraft bedingte. Heutzutage hat das Dextrin in der Appretur seine Bedeutung fast ganz verloren und wird nur noch vereinzelt angewendet. Die lösliche Stärke hat es verdrängt, da diese eine viel größere Klebkraft besitzt und auch leicht selbst hergestellt werden kann.

Genauere Angaben über den Rückgang der Füll-, Steifungs- und Klebkraft beim Abbau der Stärke auf lösliche Stärke, Dextrin und Zucker scheinen in der Fachliteratur zu fehlen, obwohl derartige Versuche für die Appretur und Schlichterei von großer Bedeutung wären. Wenn man jedoch bedenkt, daß ein 8%iger Stärkekleister schon einen ziemlich vollen und harten Griff in einer Ware von mittlerer Einstellung ergibt, während das Appretieren derselben Ware mit einer 8%igen Dextrinlösung den Griff kaum merklich erhöht, so erkennt man, wie sehr die Steifungs- und Füllungskraft durch den Abbau beeinträchtigt wird. Wenn man

Die Appreturmittel. 43

ferner erwägt, daß das Steifungs- und Füllungsvermögen der löslichen Stärke zwischen dem der Stärke und des Dextrins liegt, so sieht man, warum es vorteilhafter ist, die Stärke nicht bis zu Dextrin, sondern nur bis zur löslichen Stärke abzubauen. Eine Ausnahme machen die Salzappreturmassen, wie oben erwähnt wurde.

In den Fachzeitschriften werden nicht selten Appreturverfahren empfohlen, in denen neben größeren Mengen von Stärke noch kleine Zugaben von Dextrin, z. B. 20 kg Stärke und 1 kg Dextrin, genannt werden. Nach dem oben angeführten Verlust an Steifungsvermögen beim Abbau der Stärke bis zu Dextrin bzw. Vergleich zwischen 8%igem Stärkekleister und 8%iger Dextrinlösung ist nicht einzusehen, wieso 1 kg Dextrin neben 20 kg Stärke eine merkliche Wirkung ausüben könnte. Mir lag daran, hierüber Klarheit zu gewinnen, aber diesbezügliche Anfragen in Fachzeitschriften blieben unbeantwortet.

5. Leim. In der Baumwoll- und Leinenwarenappretur war der Leim früher ein Hauptappreturmittel, bis die Aufschließung der Stärke bekannt wurde; dann ist seine Verwendung stark eingeschränkt worden. Er dient nunmehr fast ausschließlich zur Erhöhung des Steifungs- und Klebvermögens der Stärkeappreturmassen oder zum Appretieren von bunten Geweben in jenen Appreturbetrieben, die die Aufschließung der Stärke aus Anhänglichkeit am Alten bis jetzt noch nicht durchführen. Neuerdings scheint er für haltbare, witterungsbeständige Appreturen wieder aufgenommen worden zu sein. Dies beruht auf der Eigenschaft des Leims, in Verbindung mit Kaliumbichromat oder Chromalaun äußerst haltbare Chromleime zu liefern, die sich für manche Gewebearten auch zum Wasserdichtmachen eignen. Man nennt diesen Vorgang das Härten des Leimes.

Die leimgebenden Stoffe gehören zu den Hauptbestandteilen des tierischen Körpers und fehlen im Pflanzenreich gänzlich. Sie bilden in organisierter Form die Knorpeln, Sehnen, Zellgewebe u. a. m., aus denen der Leim durch Auskochen gewonnen wird. In ganz reinem Zustande bildet der Leim eine farb-, geruch- und geschmacklose Masse, die im Lichte durchscheinend ist. Er quillt in Wasser auf und löst sich sehr leicht in heißem Wasser. Der bekannte Leimgeruch der verschiedenen Handelssorten ist nur auf die Verunreinigungen zurückzuführen, die ihm noch von seiner

Herstellung her beigemengt sind und das Rohprodukt oft erkennen lassen. Da der Leim reichlich stickstoffhaltig ist, gehen dessen Lösungen leicht in Gärung über; es ist daher ratsam, ihnen ein fäulnisverhinderndes Mittel, wie Salizylsäure oder Formaldehyd, zuzusetzen. Den Leimausrüstungen haftet meistens der unangenehme Leimgeruch an, der auch die Veranlassung gab, den Leim durch aufgeschlossene Stärke zu ersetzen.

6. Das Karragheenmoos. Das für viele Ausrüstungsarten so wichtige Karragheenmoos wird in den meisten Appreturbetrieben noch zu wenig gewürdigt, weshalb es hier eingehender besprochen werden soll. Der Grund, warum dieses Appreturmittel nicht besser geschätzt wird, dürfte einesteils darin liegen, daß die Herstellung der Gallerte scheinbar sehr umständlich ist, anderenteils, daß sie zufolge ihres verhältnismäßig hohen Stickstoffgehaltes in der wärmeren Jahreszeit oder bei der Aufbewahrung in wärmeren Räumlichkeiten leicht in Gärung übergeht und einen unangenehmen Geruch annimmt. Diesem Fehler kann man durch Zusätze von fäulnisverhindernden (antiseptischen) Mitteln vorbeugen.

Die Herstellung der Gallerte ist aber keineswegs so umständlich, wie angenommen wird und nach den in Fachzeitschriften und Büchern angegebenen Verfahren erscheint. Diese Verfahren haben nämlich nur geringe Qualitäten von Karragheenmoos zur Voraussetzung, deren Verwendung in der Appretur selbstverständlich ein großer wirtschaftlicher Fehler ist, da der Unterschied in den Preisen sehr gering ist und in Anbetracht der größeren Ausbeute und geringeren Herstellungskosten der Gallerte aus besseren Qualitäten gar nicht in Betracht kommt.

Das Verfahren zur Herstellung der Gallerte soll später besprochen werden, wir wollen zunächst einen Irrtum berichtigen. Das Karragheenmoos ist nämlich nicht ein Moos, wie der Name besagt, sondern eine Alge, die hauptsächlich an den Küsten Irlands vorkommt und von den Wellen ans Ufer geworfen, dort gesammelt und getrocknet wird. Auch an den Küsten des Atlantischen Ozeans ist es zu finden, wird aber dort weniger beachtet als in Irland, wo es nicht nur zu Schlichterei- und Appreturzwecken, sondern auch als Lebensmittel Verwendung findet.

Der Name Irländischmoos hat anderseits zur Verwechslung mit Isländisch Moos geführt, das ebenfalls kein Moos, sondern eine Flechte ist. Das Isländisch Moos kann für Appreturzwecke nur dort benützt werden, wo es in größeren Mengen auftritt; in anderen Ländern würde der hohe Preis dagegen sprechen. In früheren Zeiten scheint die Gallerte von Karragheenmoos auch außerhalb Irlands vielfach zu Appretur- und Schlichtereizwecken Verwendung gefunden zu haben, ist dann aber in Vergessenheit geraten, als die steifen Ausrüstungsarten in Aufschwung kamen, was etwa in den 40er bis 50er Jahren des vorigen Jahrhunderts der Fall gewesen sein dürfte.

Die „Deutsche Musterzeitung" (Jahrgang 1852) wies bereits auf die Vorteile der Verwendung von Karragheenmoos zur Appretur von Küpennessel hin. In dem diesbezüglichen Artikel wird auch von einem Isländischmoos gesprochen, dabei aber erwähnt: „Die Karragheen sind bedeutend vorteilhafter, da sie eine noch einmal so starke Verdickung als Isländisch Moos geben, auch vorher nicht zu reinigen sind, wenigstens nicht mit Alkali." Auch Dépierre hat in seinem Buche über „Die Appretur der Baumwollgewebe" von diesem Appreturmittel keine Erwähnung getan, er schreibt nur von „Algen und Isländisch Moos und Abkochungen dieser Gallerten, welche ziemlich gut füllen, ohne das Gewebe zu decken. Sie halten Beschwerungsmittel gut zurück, geben jedoch meist sehr weiche Appreturen und werden daher, ausgenommen für gewisse Satinappreturen, selten allein angewendet." Das Buch ist 1887 erschienen und läßt die buntgewebten Artikel vollständig unberücksichtigt. In der Ausrüstung der rohen, gebleichten, gefärbten und bedruckten Gewebe scheint es damals keine Karragheenappreturmasse gegeben zu haben, denn sonst müßte dem Verfasser diese Alge bekannt gewesen sein.

Zu Beginn der 80er Jahre kamen in der Ausrüstung der buntgewebten Damenkleiderstoffe aus Baumwolle die weichen Ausrüstungsarten in Aufschwung, hauptsächlich für die einseitig gerauhten Blusenstoffe, die den alten und jungen Appreteuren viel Sorge und Mühe bereiteten. Ein alter Kolorist erinnerte sich gesprächsweise des früher von ihm angewendeten Karragheens; es dauerte aber lange, bis eine Bezugsquelle gefunden wurde, nachdem die zu den ersten Proben zur Verfügung stehenden Vorräte mehrerer Apotheken aufgebraucht waren und diese ihre Bezugsquelle nicht nennen wollten.

Zu Beginn dieses Jahrhunderts kam das Norgine in den Handel, das sich jedoch wegen seiner geringen Ausgiebigkeit sehr teuer stellte, ebenso wie die von einigen chemischen Fabriken hergestellten Gallerten aus dem Karragheen in fester Form und als Paste. Es lohnte sich daher die Selbstherstellung dieser Gallerte.

Die Karragheenmoosgallerte hat eine vorzügliche Füllkraft für Gewebe und wird diesbezüglich nach meiner Erfahrung von keinem anderen Appreturmittel erreicht. Für die naturellen Ausrüstungsarten sowie für solche unter geringem Drucke, wie Mangeln, schärferes Kalandern, Friktionieren u. dergl., leistet sie vorzügliche Dienste. Sie wird für sich allein, besser aber in Verbindung mit irgendeiner Stärkesorte, die bis zu löslicher Stärke abgebaut worden ist, verwendet.

Neuerdings hat man die Gallerte mit bestem Erfolge auch für Mangelware bestimmter Gewebegattungen versucht, weil sie in gepreßtem Zustande einen eigenartigen, weichen Griff gibt, der sehr viel Anklang gefunden hat. Gepreßt kann die Gallerte den Waren selbstverständlich keine nennenswerte Füllung verleihen, da ihr der dazu erforderliche Körper fehlt. Man muß nämlich berücksichtigen, daß man mit 3 kg Karragheenmoos auf 100 Liter Wasser nach dem Erkalten schon eine sehr konsistente Gallerte erhält. Mit dieser Gallerte in Verbindung mit aufgeschlossener Stärke lassen sich einseitig gerauhte baumwollene Damenblusenstoffe für den Winter und ungerauhte für den Sommer sowie zweiseitig gerauhte Flanelle in einer solchen Ausrüstung herstellen, daß sie bei geeigneter Vorbehandlung, entsprechendem Ketten- und Schußgarn und Nachbehandlung mit unbewaffnetem Auge nur schwer von Wollstoffen zu unterscheiden sind[1].

Zur Herstellung der Gallerte sind verschiedene Verfahren bekannt geworden, deren Nachahmung nicht empfehlenswert ist, weil sie zu umständlich oder nicht gut durchführbar sind. Walland schreibt in seinem Buch über Wasch-, Bleich- und Appreturmittel auf Seite 246: „Nach Grothe bereitet man den Schleim, indem man 3 kg Moos unter Zusatz von etwas Soda in 30 Liter heißem Wasser einweicht. Nach dem Absieben des Schleims wiederholt man mit dem Rückstand die Operation zwei- bis dreimal, setzt jedoch keine Soda mehr zu." Nach diesem Verfahren

---

[1] Vgl. den Abschnitt über „Werdegang eines doppelseitig gerauhten, buntgewebten Baumwollflanells" (S. 140).

kann die Gallerte nicht vollständig aus dem Karragheen entfernt werden; die Arbeit ist sehr umständlich und zeitraubend.

Auf Seite 247 heißt es weiter: „Nach E. Herzinger werden 25 kg Moos mit soviel Wasser von 70°C übergossen, daß das Gesamtvolumen 100 Liter beträgt. Nach vier Stunden wird die aufgequollene Masse kurze Zeit gekocht und durch ein Sieb geschlagen. Der Rückstand wird in derselben Weise nochmals behandelt." Hierzu sei bemerkt, daß bei 25 kg Moos auf 100 Liter Wasser das Rührwerk, das zum schnelleren Auskochen unerläßlich ist, bald zum Stehen kommt, da die Masse sich eindickt und im Rührwerk sich verfangen würde.

Es empfiehlt sich daher folgendes, jahrzehntelang erprobtes Verfahren. Erfahrungsgemäß erleichtert eine kleine Zugabe von Soda zum Einweichwasser das Auskochen in bedeutendem Maße. 3 kg Karragheen werden mit 30 g Soda in lauwarmem Wasser über Nacht eingeweicht. Dies geschieht am einfachsten im Kochgefäß selbst. Am besten eignet sich hierfür ein Hochdruckkocher, da hierbei nicht nur das Auskochen rascher vor sich geht, sondern auch noch bedeutend an Dampf gespart werden kann. Für größere Mengen stellen sich aber die Anschaffungskosten sehr hoch. Im offenen Bottich ist es ratsam, die Masse zuerst mit direktem Dampf anzukochen und mit indirektem Dampf weiter zu kochen, damit sich nicht zu viel Kondenswasser ansammeln kann.

Je nach der Beschaffenheit des Karragheen dauert die Kochzeit 4—6 Stunden. Schon bei 3 kg Karragheen auf 100 Liter Wasser ist ein mechanisches Rührwerk im offenen Gefäße unerläßlich, weil das Karragheen sehr viel Wasser anzieht und infolge seines geringen spezifischen Gewichtes ein beträchtliches Volumen einnimmt. Das Ende der Kochzeit erkennt man daran, daß sich in der Masse nur noch kleine, schwärzliche, fadendünne Gebilde als Rückstände vorfinden, die die Skelette der Pflanzen darstellen und mineralischer Natur sind. Den Hauptbestandteil des Karragheen bildet das Bassorin, ein Pflanzenschleim, der in seiner Ausgiebigkeit und im Verhältnis zum Preise, dies sei besonders betont, an Kleb- und Füllkraft außer der Stärke von keinem anderen Appreturmittel erreicht wird. Sein Griff ist sehr milde. Diese Gallerte eignet sich besonders zum Appretieren von Geweben, die einen wollähnlichen Charakter erhalten sollen. Da sie aber, wie erwähnt, zufolge ihres verhältnismäßig hohen Stickstoffgehaltes leicht in

Gärung übergeht, ist ein fäulnisverhinderndes Mittel zuzusetzen. In ganz reinem Zustande ist die getrocknete Alge fast weiß, nur leicht gelb angehaucht. Je nach der Menge der Verunreinigungen, hauptsächlich mineralischer Natur, verläuft die Farbe ins gelbbraune, das hellgelbe Flächen aufweist.

b) Weichmachende Mittel.

Unter den weichmachenden Appreturmitteln verstehen wir meistens die Fette, Wachsarten und Öle. Diese unterscheiden sich dadurch, daß die Fette und Wachsarten einen mehr kalten, die Öle dagegen einen milden Griff erzeugen; bei den Fetten und Wachsarten hängt dies mit ihrem Schmelzpunkt zusammen. Je höher dieser liegt, um so kälter fällt der Griff aus. Für die Leinenausrüstung werden wir daher als weichmachendes Mittel die höher schmelzenden Fette, wie Stearin und Paraffin sowie die Wachsarten wählen, bei den wollähnlichen Ausrüstungen die Öle. Die Fette und Wachsarten ähneln sich in ihren physikalischen Eigenschaften; nur die Mengen der in ihnen enthaltenen chemischen Verbindungen wechseln stark. Sie sind aber keine einheitlichen Körper, sondern Gemische von mehreren derselben; dadurch erklärt sich auch die Verschiedenheit der Ausrüstungen.

1. Talg. Der Talg, auch Unschlitt oder Inselt genannt, wird aus dem Fett der Rinder, Schafe und Ziegen gewonnen, ist in reinem Zustande farblos, von eigenartigem Geschmacke und enthält durchschnittlich 75% Stearin und Palmitin und 25% Olein. Es ist somit kein einheitliches Produkt von einer bestimmten Zusammensetzung. Der Schmelzpunkt ist je nach dem Ursprung des Talgs verschieden und schwankt zwischen 42^0 und 50^0 C. Im Handel gibt es Rinder- und Hammeltalg.

Zur Gewinnung des Talges schneidet man das Fett in kleinere Stücke und erhitzt es, mit etwas Wasser gemischt, in einem Kupferkessel mit Dampf oder auf offenem Feuer, schöpft das überstehende Fett ab und preßt den Rückstand, die bekannten Griefen, aus. Durch wiederholte Schmelzungen unter Zusatz von verschiedenen Substanzen wird der Talg gereinigt, dann in kaltes Wasser gegossen und an der Sonne gebleicht.

Da der Talg in Wasser unlöslich ist, kann er sich in der Appreturmasse nicht vollkommen lösen, sondern bildet eine Emulsion. Die Beständigkeit der Emulsion kann gefördert und die Ausschei-

dung der übrigen Zusätze verhindert werden durch eine dickflüssigere Beschaffenheit der Appreturmasse. Eine Ausscheidung, die außerdem leichter eintritt, wenn die Appreturmasse kälter wird, gibt zu Fehlern in den Ausrüstungen Veranlassung.
Mit den Salzen der Erdalkalien, wie Bittersalz, Glaubersalz und Chlormagnesium, wenn sie in größeren Mengen enthalten sind, verbindet sich der Talg zu unlöslichen Metallseifen, die sich ausscheiden und ebenfalls zu fehlerhaften Waren Veranlassung geben. In größeren Mengen verwendet, trübt der Talg die Farben leicht, weshalb man ihn nur für solche Appreturmassen verwenden soll, die zu rohen und gebleichten oder nur hellgemusterten Geweben bestimmt sind.

2. **Schweinefett.** Das Schweinefett dürfte heute aus den Appreturbetrieben wohl gänzlich verschwunden sein. Es fand früher vielfach Verwendung als Zusatz zu Stärkeappreturmassen an Stelle von Talg und Kokosfett für lichter gemusterte Gewebe, deren Grund (Boden) einen dunklen Farbenton besaß. Das Kokosfett, das besonders in der Schlichterei wegen seines niedrigen Schmelzpunktes viel Verwendung fand, wurde in der Appretur wegen seines unangenehmen Geruches nicht gern benützt, der Talg wurde wegen der Verschleierung der Farben gemieden. Gegenwärtig wird das Schweinefett durch Seifen, das Stearin oder das Paraffin ersetzt. Über die Trübung der Farben durch das Schweinefett gehen die Ansichten der Fachleute noch auseinander. Während andere Fachleute behaupten, daß es eine Trübung bewirkt, habe ich jahrelang sogar dunkelbödige Kettengarne in den Farben blau, grün, braun und schwarz mit Zusatz von Schweinefett geschlichtet, ohne eine Trübung der Farben wahrzunehmen. Dieselbe Erfahrung haben auch andere Schlichter gemacht; was in der Schlichterei zutrifft, gilt auch für die Appretur. Die Verfechter der gegenteiligen Ansicht dürften wohl mit unreinen Schweinefetten gearbeitet haben.

3. **Vegetabilischer Talg (Japanwachs).** Der vegetabilische Talg, auch chinesischer Talg oder Japanwachs genannt, ist von gleicher Zusammensetzung wie die tierischen Fette. Er ist in der Fettschichte enthalten, die die Samen verschiedener Pflanzen umgibt, und wird auf gleiche Weise gewonnen wie der tierische Talg; das Kochen kann jedoch zumeist entfallen; ein Auspressen unter höherem Drucke genügt. In der Hauptsache haben wir es hier auch mit Palmitin und Stearin zu tun; je nach dem Anteil des einen

oder des anderen dieser Fette schwankt der Schmelzpunkt des vegetabilischen Talges zwischen 35 und 50° C. Der im Handel erscheinende vegetabilische Talg hat meistens eine grünlichweiße Farbe, fühlt sich kalt und hart an und reagiert infolge eines kleinen Gehaltes an Essigsäure etwas sauer. Das im Handel als Japanwachs erhältliche Produkt wird durch warmes Auspressen von bestimmten Samen gewonnen, ist blaßgelblich, von wachsartigem Aussehen, daher die Bezeichnung Wachs. Es dient in der Appretur hauptsächlich als Ersatzmittel für das Bienenwachs, ohne die Wirkungen desselben zu erreichen.

4. **Kokosnußöl.** Obwohl das Kokosnußöl wegen seines unangenehmen Geruches weniger in der Appretur als in der Schlichterei verwendet wird, kann man bei Angaben von Appreturverfahren in Fachzeitschriften noch immer den Namen dieses Fettes lesen. Die Bezeichnung Kokosnußöl stammt wahrscheinlich daher, daß dieses an sich feste Fett einen sehr niedrigen Schmelzpunkt besitzt, der zwischen 20 und 25° C schwankt. Man kann jedoch schon bei geringen Temperaturen in Lagerräumen bemerken, daß auf der Oberfläche eines Kokosnußöl enthaltenden Fasses eine Ölschichte lagert. Im festen Zustande bildet es eine weißliche Masse von unangenehmem Geruch. In den Schlichtereien dagegen wird es manchenorts wegen seines geringen Schmelzpunktes benützt, da eine Ausscheidung des Fettes seldst aus sehr dünnflüssigen und kälteren Schlichtmassen nicht zu gewärtigen ist. Darauf dürfte auch die Verwendung in den Appreturbetrieben zurückzuführen sein. Das Fett ist auch sehr leicht verseifbar, so daß eine Entschlichtung schnell durchführbar ist. Das Fett stammt aus den Samen verschiedener Palmengattungen, hauptsächlich von der Kokospalme und wird durch Auspressen der Samen erhalten.

5. **Das Paraffin.** Die über 300° C siedenden Teile des Petroleums oder die durch Destillation von Torf, Bitumen usw. erhaltenen Öle erstarren beim Erkalten ganz oder teilweise zu einer, im gereinigten Zustande farblosen, durchscheinenden Masse, die aus verschiedenen Kohlenwasserstoffen zusammengesetzt ist. Der Schmelzpunkt des im Handel erscheinenden Paraffins schwankt zwischen 45° und 70° C. Dem Paraffin sehr ähnlich ist

6. **das Zeresin,** auch Erdwachs genannt. Es wird aus dem Ozokerit erhalten, indem man diesen mit 6—10% Schwefelsäure

erhitzt und behufs Entfärbung mit Kohle behandelt. Es hat nach weiterer Reinigung eine schöne weiße Farbe, ist geruchlos und schmilzt erst bei 62°—80° C. Es dient als Ersatz des Bienenwachses, ist jedoch im Handel meistens nur in gelber Färbung erhältlich.

7. Das Stearin. Das Stearin ist neben Palmitin und Olein in den Fetten der Tiere enthalten und an Glyzerin gebunden. Aus den Fetten, besonders aus dem Talg, wird es durch Verseifung und Reinigung gewonnen. Es bildet eine farb-, geruch- und geschmacklose, perlmutterartig glänzende Masse und schmilzt bei 62° bis 64° C. Mit Alkalien ist es leicht verseifbar, was beim Entschlichten von großem Vorteil ist. Deshalb findet es mehr Verwendung als Paraffin und Zeresin, die nur mit Schwierigkeiten beim Entschlichten zu beseitigen sind.

Zu den Fetten können wir hinsichtlich der für die Appretur maßgebenden Eigenschaften auch die Seifen zählen. Die wichtigste derselben ist die

8. Marseillerseife, auch venezianische Seife genannt. Sie wird durch Verseifung des Olivenöls mit Soda oder kaustischem Natron hergestellt. Man kocht die Masse so lange, bis sie klar Fäden ziehen läßt. Dann wird sie mit Kochsalz versetzt, „Aussalzen". Da die gebildete Seife in kochsalzhaltigem Wasser unlöslich ist, scheidet sie sich aus der Masse aus und schwimmt in dickflüssiger Form oben auf. Die untenstehende Flüssigkeit wird abgelassen und der Rückstand in Formen gegossen. Die Marseillerseife kommt in weißer und grüner Farbe in den Handel und besitzt den angenehmen Geruch des Olivenöls. Wird an Stelle des Olivenöls Talg zur Seifenfabrikation verwendet, so kommt das erhaltene Produkt als Kernseife zur Verwendung. Die Seifen finden in der Appretur wegen ihrer eigenartigen Wirkung auf die Ausrüstung der Gewebe vielfach Verwendung; diese beruht auf der Erteilung eines glatten und doch weichen Griffes auf Gewebe, die nach dem Trocknen einer schärferen Druckbehandlung unterworfen werden sollen, z. B. Mangeln, Friktionieren usw.

9. Bienenwachs. Das Bienenwachs ist ein Gemenge von verschiedenen Fettkörpern, die sich in ihren physikalischen Eigenschaften von den echten Fetten nicht unterscheiden lassen. Es wird durch Schmelzen der Waben mit Wasser gewonnen. Je nach der Beschaffenheit der Waben, ihrer mehr oder weniger langen

Benutzung als Wohnung und Futterablagerung, ist die Farbe des geschmolzenen Wachses lichtgelb bis dunkelbraun. Die frisch geformten Waben sind lichtgelb; das daraus gewonnene Wachs bedarf für gewöhnlich keiner weiteren Reinigung, um als Appreturmittel zu dienen. Dagegen muß das dunkelgefärbte Wachs durch öfteres Umschmelzen mit Wasser gereinigt werden. Nach dem letzten Schmelzen wird es für sich geschmolzen, dann in warmes Wasser gegossen und geknetet. Man erhält dann eine gelbe bis gelbbraune Masse von fettartigem Anfühlen und dem eigenartigen Wachsgeruche.

Das Bienenwachs besitzt einen verhältnismäßig hohen Schmelzpunkt; etwa 65° C und ist nur schwer verseifbar. Wegen des hohen Schmelzpunktes läuft man Gefahr, in Appreturmassen, besonders in dünnflüssigeren, Ausscheidungen von Wachs zu erhalten, die alsdann Flecken in den Geweben erzeugen. Verwendet man Wachs bei dünnflüssigeren Appreturmassen, so müssen diese in sehr heißem Zustande zur Anwendung gelangen. Doch wird das Wachs in der Appretur meistens nur für sogenannte Füllappreturmassen benützt, die sehr dick sind, so daß eine gleichmäßige Ausscheidung des Wachses nicht fühlbar wird.

Dieses Appreturmittel besitzt nicht nur eine bedeutende Zähigkeit, die die Klebkraft des Stärkekleisters erhöht, sondern trägt auch sehr viel dazu bei, die Glanzwirkungen von Maschinen zu erhöhen. Da das Bienenwachs ein teures Produkt ist, beschränkt sich seine Verwendung fast ausschließlich auf Glanzappreturen mittels der Mangel, den Friktionskalander, der Beetlemaschine usw.

10. Glyzerin. Im freien Zustande kommt das Glyzerin in der Natur nicht vor, wohl aber bildet es in Verbindung mit Fettsäuren die meisten tierischen und pflanzlichen Fette. Durch Verseifung der Fette wird alsdann das Glyzerin als Nebenprodukt in der Seifen- und Kerzenfabrikation gewonnen. Es bildet eine farblose, sehr dickflüssige, sirupartige Masse von süßlichem Geschmack; daher kommt auch der Name Ölsüß für Glyzerin. (Glyzerin ist ein griechisches Wort und bedeutet soviel wie süß.)

Das Glyzerin ist wasseranziehend und weichmachend, zwei wertvolle Eigenschaften, deren Wirkung auf die Ausrüstungen, aber durch andere Appreturmittel billiger erreicht werden können, so daß es in den meisten Appreturbetrieben entbehrlich ist.

Für gewisse Ausrüstungen wird das Glyzerin gerne verwendet, weil es gegen alle anderen gebräuchlichen Appreturmittel und gegen Farben ganz unempfindlich ist, mit denselben demnach keine Umsetzungen ausführt und keine Fehler in den appretierten Geweben veranlaßt.

11. Öle. Von den Ölen kommt nur das Olivenöl in der Appretur zur Verwendung; dagegen dienen Produkte, die aus den Ölen oder auch Fetten hergestellt werden, in ausgedehntem Maße zu fast allen Appreturmassen, seitdem die weichen Ausrüstungsarten allgemein beliebt wurden. Das Olivenöl eignet sich besonders für beschwerende oder stark füllende Appreturmassen, die größere Mengen von China clay oder Talkum aufnehmen sollen, da es leicht in die Poren dieser Appreturmittel eindringt [1]. Von den aus den Ölen oder Fetten hergestellten Ölprodukten werden wir hier nur das Türkischrotöl berühren, da dessen Zusammensetzung genauer bekannt ist, während die der anderen Appreturöle, die von den chemischen Fabriken für Appretur- und Schlichtmittel den Appreturen angeboten werden, mehr oder weniger in Dunkel gehüllt sind, meist auch unter irgendeinem Phantasienamen auftreten.

12. Das Olivenöl. Das Olivenöl wird aus den Früchten des Ölbaumes gewonnen, indem die reifen Früchte gepreßt werden. Die Rückstände der Pressung, die sogenannten Preßkuchen, werden mit heißem Wasser gemischt und nochmals gepreßt. Die erste Pressung liefert das beste Öl, das als sogenanntes Jungfernöl im Handel erscheint und fast nur als feinstes Speiseöl Verwendung findet. Es ist von gelb-grünlicher Farbe und besitzt den Geschmack und den Geruch der frischen Frucht. Dann kommen die Öle der weiteren Pressungen als Produkte der zweiten und dritten Pressung als minderwertige und dunkler gefärbte Öle in den Handel. Die beste noch verwendbare Pressung liefert das früher in der Türkischrotfärberei fast ausschließlich verwendete Tournantöl.

Das beste Öl, das aus der Provence stammt, ist goldgelb gefärbt und fast geruchlos. Beim Abkühlen unter $5\,^{\circ}$ C erstarrt es zu einer weißen, körnigen Masse. Es besteht neben 70—72%

---

[1] Vgl. den Abschnitt über „Die Herstellung der Appreturmassen" (S. 87).

Olein aus Stearin und Palmitin in verschiedenen Verhältnissen. Reine Olivenöle sind im Handel schwer erhältlich; es ist stets, besonders die der ersten und zweiten Pressung, mit minderwertigen Ölen gemischt.

13. Türkischrotöl. Das Türkischrotöl wird aus Rizinusöl hergestellt und hat das frühere Tournantöl aus den Türkischrotfärbereien verdrängt. Infolge seiner weichmachenden Eigenschaft auf den Ausfall der Ausrüstungen fand es vorerst in jenen Appreturbetrieben, die an Färbereien angegliedert waren, die auch Türkischrot färbten, Eingang. Da es sich dann sehr gut bewährte, wurde es auch in chemischen Fabriken für Appretur- und Schlichtmittel erzeugt und den Appreteuren angeboten. Die Nachfrage wuchs, ein starker Wettbewerb setzte ein und es folgte eine Menge von Appreturölen der verschiedensten Zusammensetzungen, die sich der Verwendungsweise der Öle anpaßten.

Das Rohprodukt des Türkischrotöls ist, wie bereits erwähnt, das Rizinusöl, das aus den Samen der Christuspalme durch Pressen gewonnen wird. Auch beim Rizinusöl des Handels werden verschiedene Pressungen, erste, zweite und dritte, angeboten.

Die Herstellung des Türkischrotöles geschieht derart, daß das Öl unter starkem Umrühren mit Schwefelsäure behandelt wird; dann folgt ein mehrmaliges Aussalzen und Waschen mit Kochsalz, da das gebildete Sulfoleat in kochsalzhaltigem Wasser unlöslich ist. Nach dem Ablassen des unter der ausgeschiedenen Türkischrotölschicht befindlichen Salzwassers, das die überschüssige Schwefelsäure in sich aufgenommen hat, verbleibt das Türkischrotöl als gelbbraune ölige Flüssigkeit.

Die Farbe richtet sich vielfach nur nach der Beschaffenheit des Öles, doch kann eine mangelhafte Durchführung der Sulfurierung ein ganz dunkles Erzeugnis hervorbringen. Wenn auch größere und selbst kleinere Türkischrotfärbereien das benötigte Türkischrotöl selbst herstellen, so lohnt sich dieser Vorgang in mittleren und kleineren Appreturbetrieben nicht, denn so einfach die Herstellung dieses Öles auch auf den ersten Blick scheint, ist sie es in Wirklichkeit nicht. Eigens dazu eingerichtete Großbetriebe finden eine bedeutend größere Ausbeute an fertigen Produkten. Bei der Herstellung ist immerhin eine gewisse Überwachung der Sulfurierung geboten. Eine Auswahl von Angeboten an derartigen Ölen steht den Appreteuren in den

Die Appreturmittel.

Anzeigenteilen der Fachzeitschriften in hinreichendem Maße zur Verfügung.

c) Beschwerungs- und Füllmittel.

Wie in dem Abschnitt über „Wesen und Begriff der Appretur" hervorgehoben wurde, bedarf es bei der Ausrüstung der Baumwollgewebe eigentlich keiner Beschwerungsmittel. Da jedoch Füllung und Beschwerung in mancher Hinsicht zusammenfallen und zur Füllung der Poren der Gewebe die billigen mineralischen Hilfsstoffe verwendet werden, die ein höheres spezifisches Gewicht als die Stärke aufweisen, ist Füllung ohne wesentliche Erhöhung des Gewichtes der Gewebe nicht durchführbar.

Diese Körper lassen sich in zwei Gruppen einteilen, in solche für rohe, gebleichte und gefärbte Gewebe, für welche die Appreturmassen angefärbt werden können, und in solche für buntgewebte und bedruckte Zeuge, für welche die Appreturmassen nicht angefärbt werden dürfen. Um aber eine Trübung der Farben zu verhüten, müssen die Füllmittel hierfür wasserklar löslich sein und beim Trocknen der appretierten Gewebe einen farblosen Rückstand hinterlassen. Feste, in Wasser unlösliche Körper sind von vornherein ausgeschlossen, da sie die Farben verschleiern. Nur bei gefärbten Geweben und, wenn die Farbe des Füllmittels der Farbe der Gewebe entspricht oder die Appreturmasse angefärbt wird, können sie verwendet werden

In der Folge soll der Einfachheit halber nur von Füllmitteln gesprochen werden. Wenn sie sich im Wasser lösen, dringen sie leicht in die Gewebe ein und verbleiben als feste Körper nach dem Trocknen darin, die Poren der Gewebe füllend. Als Füllmittel für bunte, gefärbte und bedruckte Gewebe kommen hauptsächlich nur die schwefelsauren Salze des Magnesiums und Natriums, sowie das Chlormagnesium wegen ihres niedrigen Preises in Betracht.

1. Bittersalz (schwefelsaure Magnesia). Das Bittersalz bildet wasserklare, farblose, meistens kleine Kristalle von unangenehm bitterem, salzigem Geschmack. Beim Erhitzen auf 150° C verliert das Salz einen Teil seines Kristallwassers, den Rest jedoch erst bei 200° C. Es besteht aus einer Verbindung von Schwefelsäure mit Magnesium und ist ein Bestandteil der sogenannten Bitterwässer. Es befindet sich ferner im Meerwasser und in den Staßfurter Salzlagern als Kieserit.

2. Glaubersalz (schwefelsaures Natrium). Das Glaubersalz findet sich im Handel in großen oder kleinen durchsichtigen, wasserklaren Kristallen, die etwa 55% Kristallwasser enthalten. An der Luft verwittern die Kristalle und zerfallen zu einem weißen Pulver, indem sie ihr Kristallwasser verlieren. Es besitzt einen kühlenden, bitterlich-salzigen Geschmack und wirkt abführend. Das Maximum seiner Löslichkeit liegt bei $+33^0$ C; bei weiterer Steigerung der Temperatur nimmt die Löslichkeit des Wassers wieder ab.

Das Glaubersalz ist ein Bestandteil vieler Mineralwässer und Salzsolen, sowie auch in geringen Mengen im Meerwasser enthalten. Ganze Gebirgsmassen bildend, findet es sich mit Gips, Kochsalz und Bittersalz gemengt in Spanien und an anderen Orten. Künstlich wird es im großen bei der Sodafabrikation durch Zersetzung von Kochsalz mit Schwefelsäure und bei noch anderen chemisch-technischen Prozessen als Nebenprodukt erhalten. Es wirkt erfahrungsgemäß stark wasseranziehend, so daß Gewebe, die mit Appreturmassen von größerem Glaubersalzgehalt behandelt worden waren, in feuchter Luft zum Tropfen kamen. Dies beruht wohl nur auf einer stärkeren Verunreinigung des im Handel befindlichen Glaubersalzes mit wasseranziehenden Salzen, wie Chlorkalzium, Chlormagnesium u. a. m., wie es auch beim Kochsalz (siehe dieses) der Fall sein muß. Gerade wegen dieser stark wasseranziehenden Wirkung habe ich das Glaubersalz in früheren Zeiten durch Bittersalz ersetzt.

3. Chlormagnesium. Das Chlormagnesium, eine Verbindung von Salzsäure mit Magnesium, ist ebenfalls ein Bestandteil vieler Mineralwässer und der Salzsolen, besonders aber in Verbindung mit anderen Chloriden in den Staßfurter Abraumsalzen enthalten. Es bildet farblose, zerfließliche, scharf bitter schmeckende Kristalle, die sich beim Erhitzen leicht unter Ausscheidung von freier Salzsäure zersetzen.

Daß das Chlormagnesium in die Reihe der Füllmittel aufgenommen wurde, hat seinen Grund darin, daß über diesem Salze noch ein gewisses Dunkel wegen seiner leichten Zersetzbarkeit bei höherer Temperatur liegt. In den Fachzeitschriften ist schon häufig auf die leichte Zersetzbarkeit des Chlormagnesiums hingewiesen und vor dessen Verwendung gewarnt worden. Schon bei 106^0 C soll eine Abspaltung von Salzsäure stattfinden, die zu einem Morschwerden der Gewebe führen könne. Die scharfe Hitze der Trockentrommeln oder die Erhitzung beim starken Friktionieren sollen genügen, um eine Spaltung des Chlormagnesiums herbeizuführen.

Nun lehrt aber die Erfahrung in manchen Appreturbetrieben, daß daselbst jahrzehntelang Gewebe mit stark chlormagnesiumhaltigen Appreturmassen behandelt und auf Trommeltrockenmaschinen getrocknet wurden, ohne je einen Anstand gehabt zu haben. Daß Schädigungen in den Geweben beim Sengen von Geweben eingetreten sind, deren Kettengarne mit stark chlormagnesiumhaltigen Schlichten geschlichtet waren, ist erwiesen, doch ist beim Sengen die Temperatur höher als bei den Trockentrommeln.

Immerhin ist das Chlormagnesium in der Appretur ebenso leicht durch Bittersalz oder auch, bei geringeren Mengenverhältnissen, durch Glaubersalz zu ersetzen wie in der Schlichterei, wo es wohl schon längst verschwunden ist.

Aber auch wegen seiner stark wasseranziehenden Wirkung möchte ich vor der Verwendung des Chlormagnesiums in den Appreturbetrieben warnen. Wie häufig ist es schon vorgekommen, daß Gewebe, die mit stark chlormagnesiumhaltigen Appreturmassen behandelt worden waren, bei längerer Lagerung an einem etwas feuchten Orte derart an Gewicht zunahmen, daß man glaubte, es mit Metallstücken zu tun zu haben.

Als Füllmittel für rohe, gebleichte und gefärbte Gewebe kommen ebenfalls nur anorganische Körper in Betracht, selbstverständlich nur weiße. Wenn es sich nur um den Zweck einer Füllung der Maschen der Gewebe handelt, so dürfte der Appreteur mit China clay und Talkum sein Auskommen finden. Nur bei wirklichen Beschwerungen wird er zu schwereren Hilfsstoffen, wie Kreide und Schwerspat, seine Zuflucht nehmen müssen, die trotz ihres höheren spezifischen Gewichtes billig sind. Bei allen diesen Füllmitteln ist es jedoch ein Haupterfordrnis, daß sie sich im Zustand der feinsten Pulverisierung befinden. Da diese Stoffe keine Klebkraft besitzen, beruht die Verbindung mit dem Gewebe nur auf der natürlichen Anhaftungskraft, die um so größer ist, je größer die wirksame Oberfläche ist. Dies wird durch die Pulverisierung erreicht, was bei Füllappreturmassen nicht außer acht zu lassen ist.

4. **China clay.** Das Wort China clay ist englisch und bedeutet Porzellanerde, denn es wurde früher von den Engländern zur Her-

stellung von Porzellan aus China bezogen; trotzdem hat der Name mit dem Lande China nichts zu tun, da Porzellan im Englischen china heißt. Heute jedoch wird dieses Füllmittel in Europa selbst an vielen Orten bergmännisch gewonnen. China clay, auch Kaolin, Ton oder Porzellanerde genannt, ist ein Aluminiumsilikat, das in der Natur mit anderen Verbindungen gemischt vorkommt. In reinem Zustande und feinst vermahlen, ist es ein weißes, sich fettig anfühlendes Pulver von sehr poröser Beschaffenheit.

Je mehr es mit Sand und anderen chemischen Verbindungen verunreinigt ist, desto mehr gefärbt sieht es aus, desto schwerer ist es, desto weniger fettig fühlt es sich an und um so geringer ist seine Porosität. Dies gibt dem Appreteur einen Fingerzeig, nach welchen Grundsätzen er sich beim Einkauf dieses Füllmittels richten muß. Es ist auch nicht gleichgültig, wie dieses Füllmittel mit den anderen Zusätzen zur Appreturmasse verkocht wird.

Die Erfahrung hat gelehrt, daß die Ausrüstungen weniger hart ausfallen, wenn die Fettkörper mit dem China clay eigens verkocht und diese Masse erst dann mit den weiteren Zusätzen nochmals aufgekocht wird. Auf diese Weise scheint die Härte des Füllmittels gebrochen zu werden, indem die Fettkörper in den Poren der Füllkörper verschwinden und diesen eine größere Weichheit verleihen [1].

Es muß weiter berücksichtigt werden, daß ein Körper um so weniger Klebkraft benötigt, je größer er ist, da die Innenflächen der Poren die Gesamtoberfläche vergrößern und zur Erhöhung der natürlichen Anhaftungskraft beitragen. Man soll also beim Einkauf von China clay nur die beste Ware nehmen.

5. **Talkum.** Talkum, auch Talk, Olivin oder Speckstein genannt, ist ein häufig vorkommendes, mit mehr oder weniger anderen chemischen Verbindungen verunreinigtes Magnesiumsilikat. Er hat dieselben für die Appretur in Betracht kommenden Eigenschaften wie das China clay und bedarf daher keiner weiteren Erläuterung.

6. **Schwerspat (Bariumsulfat).** Der Name Schwerspat deutet schon seine Verwendung in der Appretur an. Er besteht aus einer Verbindung von Barium mit Schwefelsäure und wird

---

[1] Vgl. den Abschnitt über „Die Herstellung der Appreturmassen" (S. 87).

künstlich durch Fällung eines löslichen Bariumsalzes mit Schwefelsäure hergestellt. In der Natur findet sich der Schwerspat in gut ausgebildeten Kristallen vor, die ein spezifisches Gewicht von 4,6 besitzen. Der künstlich erhaltene Schwerspat zeigt sich als weißes, erdiges, sehr schweres, geschmack- und geruchloses Pulver, das in Wasser fast unlöslich ist. Diese Unlöslichkeit des Schwerspats macht ihn in der Appretur als Füllungs- und Beschwerungsmittel verwendbar, da nur die löslichen Bariumsalze giftig sind. Unter dem Namen Blanc fixe und Permanentweiß ist der künstliche Schwerspat in der Appretur und Malerei bekannt. Seine Verwendung in der Appretur ist die gleiche wie die des China clay.

7. Kreide (kohlensaurer Kalk). Die Kreide ist in der Natur sehr weit verbreitet und kommt in zwei Kristallformen vor: als Arragonit und als Kalkspat, welch letzterer so rein durchsichtig ist, daß er sogar zu optischen Zwecken benutzt werden kann. Am häufigsten jedoch finden wir die Kreide als Kalkgestein, große Gebirgsketten bildend, meistens aber mit Ton vermischt. Sie kommt aber auch als reine Kreide vor, die feinst vermahlen als mehr oder weniger weißes Pulver auch noch unter den Namen Wienerkalk und Schlemmkreide im Handel erscheint. Früher vielfach in den Appreturen verwendet, hat die Kreide ihre Bedeutung verloren und ist durch China clay und Talkum ersetzt worden. Sie wurde hier nur angeführt, weil in letzter Zeit in den Fachzeitschriften Verfahren angegeben wurden, in denen die Kreide als Füllungsmittel angeführt war. Die Verwendung der Kreide in der Appretur ist im übrigen die gleiche wie beim China clay.

d) Wasseranziehende Mittel.

1. Kochsalz. Dieses Salz, eine Verbindung von Salzsäure mit Natrium, ist so bekannt, daß es nicht näher besprochen zu werden braucht. Es ist nach meiner Ansicht das beste wasseranziehende Mittel, da es sehr billig ist und keinerlei schädigende Wirkung auf die Gewebe ausübt. Wenn auch das reine Kochsalz nicht wasseranziehend wirkt, so übt doch das im Handel vorkommende diese Wirkung aus und zwar zufolge der beigemengten Salze, die stark wasseranziehend sind, nämlich Chlorkalzium und Chlormagnesium, von denen hauptsächlich das erstere begierig Wasser an sich zieht, so daß es zur Entwässerung mancher Körper dient. Diese beiden Salze sind jedoch nur in sehr geringfügigen Mengen im Kochsalz enthalten, sodaß man nicht zu fürchten braucht, daß man zuviel davon ins Gewebe bringt.

2. Chlorkalzium. Das Chlorkalzium, eine Verbindung von Salzsäure mit Kalk, kristallisiert aus der wäßrigen Lösung in großen, durchsichtigen Kristallen aus, die an der Luft leicht zerfließen. Beim Erhitzen schmilzt es in seinem Kristallwasser, verliert Wasser, wird aber erst über 200° C vollkommen wasserfrei und bildet dann eine weiße, poröse Masse. Das trockene Salz schmilzt in der Rotglut und erstarrt zu einer kristallinischen Masse, die an der Luft sehr energisch Wasser an sich zieht und deshalb zum Trocknen von Gasen, Flüssigkeiten und auch festen Körpern benutzt wird. Diese Eigenschaft, sehr energisch Wasser an sich zu ziehen, erfordert jedoch große Vorsicht bei der Verwendung des Chlorkalziums in der Appretur. Bei allzugroßen Mengen geht nicht nur durch Anziehung von zu viel Feuchtigkeit der ursprüngliche Griff der Ware verloren, sondern diese kann so naß werden, daß sie umappretiert werden muß.

3. Glyzerin. Die Eigenschaften des Glyzerins und seine Verwendung sind schon bei den weichmachenden Mitteln genauer beschrieben worden; es bedarf daher hier keiner weiteren Erläuterung.

4. Chlormagnesium. Über dieses Salz wurde bereits bei den Füll- und Beschwerungsmitteln näheres berichtet. Da auch dieses Salz, wenn auch nicht in dem Maße wie das Chlorkalzium, wasseranziehend wirkt, ist bei dessen Verwendung als Appreturmittel ebenfalls Vorsicht geboten.

5. Zinkchlorid. Siehe unter fäulnisverhindernden Mitteln im folgenden Abschnitt.

e) Antiseptische (fäulnisverhindernde) Mittel.

1. Salizylsäure. Die Salizylsäure findet sich in der Natur in freiem Zustande in den Blüten des Geißbartes oder Wurmkrautes, wird jedoch fabrikmäßig aus dem Teer hergestellt. Sie kristallisiert in farblosen, voluminösen kleinen Nadeln, die einen süßlichsäuerlichen Geschmack besitzen und leicht sublimieren. Sie geben mit Eisenoxydlösungen eine sehr intensiv blauviolette Färbung, wodurch selbst kleinste Mengen leicht nachgewiesen werden können. Die Salizylsäure ist allgemein als Konservierungsmittel für Lebensmittel usw. bekannt. Sie wird meistens als Natronsalz angewendet. Damit entfällt der Nachteil, schon bei 100° C zu sublimieren, das heißt, sie wird bei dieser Temperatur nicht flüssig und zersetzlich, sondern geht nach der Verdampfung und der darauffolgenden Abkühlung wieder in ihre feste Form zurück. Zufolge der Eigenschaft der Salizylsäure, bei 100° C zu sublimieren, d. h. sich zu verflüchtigen, wäre es wohl nicht ratsam, sie als antiseptisches Mittel zu Appreturmassen für Gewebe zu nehmen, welche auf einer Trommeltrockenmaschine getrocknet werden sollen; dagegen hat das Natronsalz der Salizylsäure deren antiseptische Wirkung nach Freiwerden der Säure.

Ich habe aber trotzdem die Salizylsäure auf der Trommelschlichtmaschine jahrzehntelang angewendet und niemals Schimmelbildung wahrgenommen. Auch die aus diesen Kettengarnen hergestellten Gewebe zeigten keine Stockflecken. Dies dürfte darauf zurückzuführen sein, daß die Schlichte nur sehr kurze Zeit der hohen Temperatur der Kupfertrommeln ausgesetzt ist; denn so lange die Schlichte noch feucht ist, kann keine Verdampfung der Säure stattfinden, da die Wärme immer unter 100° C sein wird.

Die Salizylsäure wirkt nur in freiem Zustande fäulnisverhindernd; wenn dieselbe Wirkung beim Natronsalz eintritt, so ist dies dadurch zu erklären, daß die bei der beginnenden Gärung entstehende Kohlensäure im Zustande der Entstehung das Natronsalz der Salizylsäure zersetzt, wodurch diese frei wird. Für Appreturmassen wird die Salizylsäure, beziehungsweise ihr Natronsalz im Verhältnis von 1 : 1000 bis 10 : 1000 angewendet. Nur darf die Appreturmasse nicht sauer reagieren, da sich sonst die Salizylsäure zersetzen und keine antiseptische Wirkung mehr ausüben würde.

2. **Formaldehyd.** Da das Formaldehyd ein sehr flüchtiges und leicht oxydierendes Gas ist, dürfte von einer andauernden Wirkung als fäulnisverhinderndes Mittel nicht die Rede sein, so daß seine Verwendung für Gewebe, die auf Trommeltrockenmaschinen gelangen, sehr fraglich ist. Um diesem Übelstande abzuhelfen, hat die Firma Eduard Schneider in Wiesbaden ein Formaldehydprodukt, das Formalol, in den Handel gebracht, das die gleiche antiseptische Eigenschaft wie das Formaldehyd besitzen soll. Das Formaldehyd hat einen stechenden Geruch und erscheint als 40%ige Lösung in Wasser und auch als Formalin im Handel. Durch Zusatz von Formaldehyd oder Formalin im Verhältnis 1 : 3000 soll jede Keimung der Pilze unterbunden werden. Da es ferner den

Farben gegenüber vollständig unschädlich ist, wird es zur Appretur von buntfarbigen Geweben bestens empfohlen.

3. Karbolsäure. Die Karbolsäure ist ein Hauptbestandteil des zwischen 160 und 220° C übergehenden Teiles des siedenden Steinkohlenteeröles und wird als farblose, glänzende Nadeln vom Schmelzpunkte 42° C erhalten. Sie wirkt äußerst stark fäulnisverhindernd, doch ist ihre Verwendbarkeit wegen ihres bekannten, aufdringlichen Geruches beschränkt; auch gehört sie zu den giftigen Körpern.

4. Zinkchlorid. Im großen erhält man das Zinkchlorid, auch Chlorzink genannt, durch Auflösung von Zinkoxyd und Verdampfung der Lösung in Salzsäure. Wasserfreies Zinkchlorid ist weißlich und durchscheinend (Zinkbutter), hat ein spezifisches Gewicht von 2,75, ist sehr stark wasseranziehend, schmeckt brennend und wirkt in höchstem Grade ätzend. Appreturmassen, die Zinkchlorid als fäulnisverhinderndes Mittel zugesetzt erhalten, bedürfen daher keiner weiteren Beigabe als wasseranziehendes Mittel. Da Zinkchlorid im Verhältnis von 1 : 100 der festen Bestandteile einer Appreturmasse zur Verwendung gelangt, dient es zugleich als Beschwerungsmittel.

5. Zinksulfat (Zinkvitriol). Das Zinkvitriol findet sich als Zersetzungsprodukt von Zinkblende in Bergwerken und gelöst in Grubenwässern. Hergestellt wird es durch Auflösung von Zink in verdünnter Schwefelsäure und Auskristallisieren der Lösung. Das Zinkvitriol bildet farblose Kristalle, schmeckt metallisch herb, ist giftig und wird ebenfalls als Konservierungsmittel angewendet; doch hat es seine frühere Bedeutung hierfür fast ganz eingebüßt.

6. Aktivin. Die eingehende Beschreibung dieses Produktes erfolgt in dem Abschnitt über Aufschließungsmittel. Hier sei nur kurz erwähnt, daß der Appreteur, der seine Stärke mit Aktivin aufschließt, den Vorteil genießt, daß er keines anderen fäulnisverhindernden Mittels bedarf, um eine Pilzbildung und Schimmelflecke hintanzuhalten, da Aktivin diese Eigenschaft in hohem Grade selbst besitzt.

f) Aufschließungsmittel für die Stärke.

1. Oxalsäure (Zuckersäure). Die Oxalsäure, auch Zuckersäure genannt — offenbar wegen der Behandlung von Rohzucker mit

Salpetersäure —, findet sich im Pflanzenreiche als saures Kalisalz im Sauerklee, Sauerampfer u. a. m. Sie entsteht auch bei der Einwirkung von Kohlensäure auf geschmolzenes Natrium. Zur Herstellung im großen erhitzt man Sägespäne mit einem Gemisch von Ätznatron und Ätzkali auf eisernen Platten, laugt mit Wasser aus, läßt das oxalsaure Alkali kristallisieren, trennt es von der Mutterlauge durch Filterpressen und zersetzt es mit Kalkmilch; die so gewonnene Oxalsäure wird zur Kristallisation gebracht. Sie bildet farb- und geruchlose Kristalle, schmeckt stark sauer und ist giftig. Diese Eigenschaft dürfte auch ihrer Verwendung als Aufschließungsmittel für die Stärke entgegengewirkt haben, obwohl ich niemals irgendeine schädigende Wirkung auf Menschen wahrgenommen habe, weder in der Schlichterei, noch in der Appretur. Wer jedoch die Verwendung der Oxalsäure scheut, hat in den beiden folgenden Aufschließungsmitteln guten Ersatz.

Der Oxalsäure wird in diesem Abschnitt deshalb besondere Erwähnung getan, weil sie vor dem Auftreten des Aktivins und der Stokotabletten das einzige Aufschließungsmittel war, das die Stärke nur bis zu löslicher Stärke abbaute. Diese Wirkung der Oxalsäure war früher unbekannt; erst durch das Aktivin wurde ich auf sie aufmerksam. Dadurch wurde aber auch manches Rätsel über die Wirkung der Oxalsäure gelöst; so z. B. daß ohne Neutralisation der Oxalsäure die abgebaute Stärkelösung sich nicht ganz verflüssigte und unwirksam wurde.

2. Aktivin. Als die Aufschließung der Stärke mit Diastafor bekannt wurde, standen die Appreteure diesem Vorgange ablehnend gegenüber, der sich in ganz anderer Weise abspielte, als man bisher gewohnt war, zumal die ersten Erfahrungen noch vielfach den gehegten Erwartungen nicht entsprachen. Diese schlechten Erfahrungen waren aber nur darin begründet, daß man sich mit den bei der Aufschließung der Stärke mit fermentartigen Produkten notwendigen Vorsichtsmaßregeln nicht genügend vertraut gemacht hatte, trotzdem die Deutsche Diamalt-Gesellschaft in ihrer Broschüre über das Diastafor die Aufschließung der Stärke hinreichend erläutert hatte.

Wer diese Schwierigkeiten bei der Einführung des Diastafors miterlebte, fand das Interesse begreiflich, das man dem Aktivin entgegenbrachte, dessen Eigenschaft, die Stärke ohne jede Überwachung nur bis zu löslicher Stärke abzubauen, allgemeine Anerkennung fand [1].

Das Aktivin, von der Chemischen Fabrik Pyrgos in Dresden-Radebeul in den Handel gebracht, ist ein weißes Pulver mit einem leichten Chlorgeruch, der aber vollkommen unschädlich ist und mit Chlorkalk nichts gemein hat. Es löst sich bis zu 10% leicht in Wasser, kann ohne weitere Vorsichtsmaßregeln aufbewahrt werden, ohne daß es an Wirksamkeit wesentlich einbüßt. Das Aktivin wirkt stark desinfizierend; es bedarf daher zur Konservierung der Appreturmassen keines anderen antiseptischen Mittels. Die mit Aktivin hergestellten Stärkelösungen sind neutral, wasserklar und können mit allen üblichen Appreturmitteln, wie fetten Ölen, Salzen usw. gemischt werden.

Prof. Dr. R. Haller schreibt in Melliands Textilberichten 1924, Seite 389, in einem Aufsatz: „Über ein neues Verfahren zur Herstellung löslicher Stärke" hierüber: „Es war nur bekannt, daß es gelingt, Stärke durch Behandlung mit Oxydationsmitteln, von denen wohl vorzugsweise Natriumperborat und Chlorkalk in Betracht kamen, in ein eigentümliches, noch keineswegs ausreichend studiertes Zwischenprodukt von Stärke und Dextrin überzuführen, das man als lösliche Stärke bezeichnet. Die Herstellung derartiger Produkte geschieht in einfacher Weise dadurch, daß man die Stärke mit dem Oxydationsmittel mischt, die erforderliche Menge Wasser zugießt und mit direktem oder indirektem Dampfe erhitzt. Dabei verkleistert die Stärke zunächst, um dann bei weiterem Erhitzen in eine dünnflüssige, klebrige Flüssigkeit überzugehen, die insbesondere in der Appretur verbreitete Anwendung gefunden hat."

Weiter heißt es in demselben Aufsatz: „Die auf diese Weise hergestellte Stärke hat nun gegen die nach anderen Verfahren hergestellte nicht zu unterschätzende Vorteile. Vor allen Dingen enthält sie außer dem Abbauprodukt der Stärke keinerlei für ihre weitere Verwendung störende Verbindungen. Außer dem absolut indifferenten Toluolsulfoamid bilden sich nun sehr geringe Mengen Kochsalz, deren Unschädlichkeit in jeder Richtung auf der Hand liegt. Das Chlor ist aus der Lösung vollständig verschwunden, was

---

[1] Vgl. den Abschnitt über „Aufschließung oder Abbau der Stärke" (S. 73).

sich durch Versetzen einer Probe desselben mit Jodkalium leicht nachweisen läßt. Diese aufgeschlossene Stärke eignet sich nun vorzüglich zur Appretur aller Warengattungen. Ich habe insbesondere gefunden, daß Indigoware, bei der bekanntlich die Erhaltung des blumigen Tones der Färbung bei der Appretur außerordentlich schwierig ist, mit der in der gekennzeichneten Weise aufgeschlossenen Stärke einen nahezu unbeeinflußten Farbton zeigt. Infolge Abwesenheit jedes ungünstig wirkenden anorganischen Salzes ist die so aufgeschlossene Stärke mit Seifen, Ölen und Fetten vollkommen mischbar."

Über die Schlichterei schreibt Prof. Dr. R. Haller: „Zweckmäßige Verwendung hat dieselbe auch zum Schlichten der Wollketten gefunden. Nach Versuchen, die Herr Direktor Rade von Gebr. Zschille in Großenhain unternommen hat, sind die Resultate bei der Anwendung der löslichen Stärke in der Wollschlichterei vorzügliche. Die einzelnen Fäden kleben nicht zusammen, da die aufgeschlossene Stärke in den Faden selbst eindringt, ohne denselben lediglich oberflächlich einzuhüllen. Das sich im Innern des Fadens bildende Stärkegerüst gibt dann die zum weiteren Verarbeiten auf dem Webstuhl nötige Festigkeit."

Da demnach das Aktivin die Stärke nur bis zu löslicher Stärke abbauen kann, ist es selbst dem ungeschicktesten Arbeiter möglich, Appreturmassen von stets gleicher Beschaffenheit herzustellen, was mit den fermentartigen Produkten größerer Übung und Erfahrung bedarf. Die Aufschließung der Stärke mit Aktivin ist höchst einfach. Die Stärke wird zunächst mit Wasser zu einem dicken Brei angerührt, dieser alsdann mit der noch erforderlichen Menge Wasser verdünnt, $1-1^1/_2\%$ vom Gewichte der Stärke an Aktivin zugesetzt und die Masse gekocht. Der beim Kochen vorerst auftretende Geruch von Chlor verschwindet schnell. Es wird so lange gekocht, bis die Masse vollständig klar und dünnflüssig geworden ist. Der Grad der Dünnflüssigkeit ist von der Menge der angewandten Stärke abhängig.

3. **Stokotabletten.** Die Stokotabletten sind der Oxalsäure und dem Aktivin hinsichtlich des Abbaus der Stärke ebenbürtig. Auch hier ist keine Überwachung des Vorganges bei der Aufschließung notwendig, die darum ebenfalls von jedem, selbst ungeübten Arbeiter vorgenommen werden kann. Dabei ist auch stets ein gleichmäßiges Ergebnis in der Beschaffenheit der Appreturmassen zu erwarten.

Der Name Stokotabletten deutet schon auf die Herkunft hin, sie werden von der Chemischen Fabrik Stockhausen u. Cie. in Krefeld erzeugt und in den Handel gebracht. Die Stokotabletten bilden eine weißliche, fettig sich anfühlende, nach Talg riechende Masse. Dies erklärt auch, warum bei deren Verwendung zur Aufschließung der Stärke für eine Appreturmasse der Zusatz eines Fettkörpers im allgemeinen nicht notwendig ist, sondern nur, wenn es sich um besondere Appreturmassen, z. B. stark mit anorganischen Füllmitteln versehene Füllappreturmassen, handelt.

Über das eigentliche Aufschließungsmittel, das neben dem Talg in den Tabletten enthalten ist, scheint näheres nicht bekannt zu sein. Die Lieferantin der Stokotabletten stellt den Interessenten eine kleine Broschüre zur Verfügung, welche über die Verwendung der Tabletten Auskünfte erteilt; darin heißt es: „Bei Verwendung der Stokotabletten mit Kartoffelstärke oder anderer Stärke erhält man eine wirksame Schlichte, welche man bisher nur durch Aufschließung mittelst starker Laugen, Diastafor usw. sowie durch Zusätze von Japanwachs oder Bienenwachs, Stearin oder Paraffin, Kokosöl, Talg, Leim, Glyzerin u. a. erhalten hat. Alle diese Zusätze fallen bei Verwendung von Stokotabletten fort. Die Stokotabletten haben die Eigenschaft, Kartoffelstärke oder andere Stärke nach dem uns patentierten Verfahren aufzuschließen, d. h. beim Kochen klare Lösungen zu geben, sowie der Schlichte den erforderlichen Kleb- und Fettstoff zu verleihen. Bei der Verwendung der Stokotabletten ergeben sich folgende Vorteile:

1. Die Schlichte kann ohne Einhaltung einer genau vorgeschriebenen Temperaturgrenze hergestellt werden und ist trotzdem stets gleichmäßig zusammengesetzt;

2. die Schlichte dringt leicht in den Faden ein und macht ihn voll, geschmeidig und geschlossen;

3. die Ketten laufen gut, kleben nicht und stauben nicht;

4. bei bunten Ketten werden die Farben nicht getrübt, sondern bleiben vollkommen klar;

5. Zusätze anderer Wachse oder Fette sind überflüssig;

6. unverseifbare Bestandteile, wie Paraffin usw., sind nicht vorhanden;

7. die mit Stokotabletten geschlichteten Ketten lassen sich leicht entschlichten."

Bei der Beschreibung über das Zubereiten der Schlichte heißt es: „Die Kartoffelstärke oder andere Stärke wird wie gewöhnlich mit kaltem Wasser angerührt, damit sich keine Knoten bilden, danach fügt man die Stokotabletten etwas zerkleinert bei und kocht die Masse mit Dampf durch, bis sie nach der Verkleisterung die gewünschte Konsistenz erhalten hat. Ein Tropfen Schlichte, zwischen Daumen und Zeigefinger genommen, muß glashell, durchscheinend und seimig sein. Durch längeres Kochen wird die Schlichte dünnflüssiger, auch kann man mit Wasser verdünnen. Bei Schlichtekochapparaten mit Dampfdruck wird die Stärke nach der Verkleisterung in 5—10 Minuten aufgeschlossen, während bei offenen Kochgefäßen die Masse noch etwa 20 Minuten durchkochen muß. Es ist empfehlenswert, daß man offene Kochgefäße gut zudeckt und den Deckel beschwert, damit die Masse gut durchkochen kann. Man erhält eine gleichmäßige Mischung und vorzügliche flüssige Schlichte. Beim Kochen mit offenem Dampf nehme man von der Wassermenge etwa 10% weniger, also z. B. anstatt 200 Liter Wasser nur 180 Liter, da durch das Kondensieren des Dampfes noch etwa 20 Liter zufließen."

In dieser Broschüre wird noch eine Reihe von Verfahren beschrieben, auf die wir jedoch, da sie die Appretur nicht berühren, nicht näher eingehen wollen. Was hier von der Herstellung der Schlichtmassen und von den Eigenschaften der aufgeschlossenen Stärke gesagt wurde, gilt ebenso für die Herstellung der Appreturmassen. Es ist daraus zu erkennen, daß die Stokotabletten auf die Aufschließung der Stärke die gleiche Wirkung haben wie die Oxalsäure und das Aktivin. Daß bei manchen Angaben über die Aufschließungsmittel die Oxalsäure an erster Stelle angeführt ist, geschah nur aus dem Grunde, weil sie das älteste der bekannten Aufschließungsmittel ist, mit dem ich schon vor 50 Jahren gearbeitet habe, als die Aufschließung der Stärke nur in wenigen Appreturbetrieben bekannt war. Für Schlichtereizwecke war sie bereits zu Beginn der 60er Jahre des vorigen Jahrhunderts bekannt.

g) Farbstoffe.

Die Farbstoffe rechne ich in die Gruppe der Appreturmaterialien, weil sie auch zum Färben der Appreturmassen dienen. Die bloße Aufzählung aller Farbstoffe und ihrer Echtheitseigenschaften würde viele Seiten dieses Buches in Anspruch nehmen, ohne für den

Appreteur von Vorteil zu sein. Appreteure, die außerdem in die Lage kommen, auch färben zu müssen, aber keine Färberei zur Verfügung haben, die die nötigen Anweisungen und Ratschläge geben könnten, wenden sich am besten an eine der großen Farbenfabriken um Rat. Dabei ist die gewünschte Farbe unter Vorlage eines Musters, die erforderlichen Echtheitseigenschaften sowie die Zusammensetzung der Appreturmasse anzugeben, soweit sie die sonstigen Zusätze betrifft. Diese letztere Angabe ist deshalb notwendig, damit die Farbstoffabrik erkennen kann, ob vielleicht nicht dieser oder jener Farbstoff, der sich sonst zu dieser Art der Färberei vorzüglich eignen könnte, durch die Zusätze zur Appreturmasse verändert oder sogar unverwendbar gemacht würde. Auf Grund dieser Angaben kann dann die Farbstoffabrik den besten Rat geben. Man kann sicher sein, gut bedient zu werden, da ihr Versuchslaboratorium vorzüglich ausgestattet ist und auch geschulte und erfahrene Fachleute zur Beratung vorhanden sind.

In dem Abschnitt über „Das Anfärben der Appreturmassen" (S. 97) finden die Leser genügende Anhaltspunkte, um sich an richtiger Stelle den notwendigen Rat zu verschaffen.

2. Was ist Stärkekleister?

Die Macht der Gewohnheit stumpft ab; was wir beständig vor Augen haben, verliert unser Interesse oder schwächt es ab. Dies trifft auch beim Kleister zu. Er ist noch immer in ein gewisses Dunkel gehüllt und unter den Fachleuten findet man die verschiedenartigsten Auffassungen über dieses Produkt. Hauptsächlich gilt dies auch für die Frage, ob der Kleister eine Lösung der Stärke ist und wenn ja, was für eine.

Wenn wir die verschiedenen Fachzeitschriften durchlesen, Schlichter, Appreteure und Drucker hören, so stoßen wir häufig auf den Ausdruck „Auflösen" der Stärke. Sogar in streng wissenschaftlichen Lehrbüchern ist dieser Ausdruck zu finden. Wenn der Stärkeverbraucher zur Kleisterbildung die Stärke mit wenig Wasser zu einem Brei anrührt, um die Stärkekörner oder auch pulverförmige Stärke in feinster Verteilung, ohne Knollenbildung zu erhalten, so spricht er von einem Auflösen der Stärke, wie wenn er von einem Auflösen von Ultramarin, China clay, Talkum und noch anderen unlöslichen mineralischen Körpern redet, die er ebenso zuerst mit wenig Wasser anrührt und dann nach weiterem Wasserzuguß aufkocht.

Diese Körper sind aber nicht wirklich gelöst, sondern nur in feinster Verteilung schwebend enthalten. Man erkennt dies deutlich, wenn man die „aufgelösten" Körper einige Zeit stehen läßt; man wird dann finden, daß sie sich je nach ihrem spezifischen Gewichte und dem Grad ihrer Verteilung mehr oder weniger schnell ausscheiden und zu Boden setzen.

Was ist nun eigentlich eine Lösung?

Lösung im engeren Sinne des Wortes, das heißt eine einfache Lösung, nennt man die Vereinigung eines festen, flüssigen oder gasförmigen Körpers mit einer Flüssigkeit zu einem durchaus gleichartigen Ganzen. Der gelöste Körper kann hierbei eine Veränderung seiner Form erleiden, ohne aber seine chemische Zusammensetzung zu ändern; er kann daher nach der Verdunstung des Lösungsmittels unverändert zurückgewonnen werden. Löst man z. B. gewöhnliches Kochsalz in Wasser auf, so wird nach der Verdunstung des Wassers wieder Kochsalz zurückbleiben.

Außer dem Begriff der einfachen Lösung kannte man bis in die neuere Zeit noch eine zweite Art der Lösung, nämlich eine chemische Lösung, aus welcher der gelöste Körper nach der Verdunstung des Lösungsmittels nicht mehr in seiner ursprünglichen chemischen Zusammensetzung erhalten wird. Gibt man z. B. metallisches Zink in verdünnte Salzsäure, so wird das Metall unter stärkerem Aufbrausen verschwinden. Nach dem Verdunsten des Lösungsmittels bleibt aber nicht metallisches Zink, sondern eine Verbindung desselben mit Salzsäure bzw. mit Chlor, das Chlorzink, zurück. In beiden Fällen bildet die Lösung eine durchaus gleichmäßige Masse. Verunreinigungen eines Körpers, die beim Auflösen desselben etwa in der Lösung enthalten sind, müssen von dieser Betrachtung selbstverständlich ausgeschlossen werden.

In neuerer Zeit spricht man von einer dritten Art von Lösung, der kolloidalen Lösung eines Körpers. Dieser Ausdruck dürfte daher stammen, daß man eine Erklärung für die Tatsache suchte, daß die kolloidalen, leimartigen Substanzen durch den Dialisator nicht diffundieren, mit anderen Worten, daß ihre Lösungen nicht in andere, durch poröse Scheidewände getrennte Flüssigkeiten übergehen, wie es bei den vorhin genannten Lösungen der Fall ist.

Es wird aber angenommen, daß diese Lösungen keine wirklichen, sondern nur scheinbare Lösungen sind und der gelöste Körper nur in einer so feinen Verteilung enthalten ist, daß er nur mit den allerbesten Mikroskopen wahrgenommen werden kann.

Nernst nimmt in seinem Buche über Theoretische Chemie an, daß der Leim in der Lösung gewebeartig, also mit einer sehr großen Oberfläche behaftet, enthalten ist. Das feste, aus dem Kolloid (hier Leim) bestehende Netz enthält eine große Menge von Wasser gelöst; ebenso dürfte in den Zwischenräumen sich Wasser befinden. Derartige Lösungen sind demnach keine Lösungen im wahren Sinne des Wortes, sondern nur ein Gemisch von zwei oder mehreren Substanzen. Dies beweist der Umstand, daß die kolloidalen Lösungen im durchfallenden Lichte ganz klar erscheinen; wird jedoch ein Lichtstrahl senkrecht zum Beobachter durchgeleitet, so ist meistens eine Trübung zu beobachten.

Wie steht es nun mit dem Kleister? Wohin soll man diesen einreihen? Kleister entsteht bekanntlich dadurch, daß Stärke in warmem Wasser aufquillt; die die einzelnen Stärkekörner umgebenden Zellulosehäutchen werden gesprengt, die Stärke freigelegt und bei weiterem Erhitzen in Kleister umgewandelt. Die Jodreaktion des Kleisters zeigt dieselbe blaue Färbung wie die der Stärke. Bei der Verdunstung des Wassers bleibt jedoch eine gallertartige (leimartige) Masse zurück, die mit Stärke nichts mehr gemein hat.

Durch die Jodreaktion scheint bewiesen zu sein, daß hier von einer chemischen Veränderung der Stärke nicht die Rede sein kann, wodurch die Auffassung von einer chemischen Lösung hinfällig wird. Da aber die nach der Verdunstung des Wassers zurückbleibende gallertartige Masse mit Stärke keine Ähnlichkeit mehr hat, darf auch von einer einfachen Lösung nicht gesprochen werden.

Wenn man Kochsalz in Wasser auflöst und dieser Lösung weiter Wasser hinzufügt, so wird keine Veränderung der Substanz wahrnehmbar sein, die Masse ist nur in einem dünnflüssigeren Zustande als vorher. Wenn man jedoch zu einem Kleister, besonders erkaltetem, Wasser hinzufügt, so wird es sich nicht einmal mit ihm mischen, geschweige denn ein gleichmäßiges Ganzes bilden; man muß lange rühren, bis eine, wenigstens scheinbare Gleichmäßigkeit der Masse eintritt. Schon ein gewöhnliches Mikroskop belehrt uns, daß der Kleister nur in feiner Verteilung in dem Wasser enthalten ist. Erst nach längerem Kochen erhält man allmählich eine wirkliche Lösung, die mit Jod noch dieselbe Reaktion ergibt wie die Stärke oder der Kleister selbst. Dieser Vorgang beruht jedoch nach meiner Ansicht nicht auf einem gewöhnlichen Auflösen des Kleisters, sondern vielmehr auf der Umwandlung der Stärke des Kleisters in sogenannte lösliche Stärke, einer isomeren Verbindung (gleiche Anzahl der chemischen Elemente in einer anderen Gruppierung zueinander).

Wir wissen von früher her, daß mit Wasser angerührte Stärke beim Kochen mit starken, wenn auch sehr verdünnten Säuren leicht in lösliche Stärke übergeführt werden kann; es genügen dazu oft schon die bei der Herstellung des Dextrins in diesem verbliebenen Spuren von Säuren; auch die in der Arbeitsluft der Färbereien schwebenden Säuredämpfe sind imstande, die Stärke ohne Kochen in lösliche Stärke zu verwandeln. Jedem Appreteur ist bekannt, daß dies bei anhaltendem Kochen auch ohne andere Hilfsmittel gelingt. Dies erklärt auch, daß durch eine längere Kochung von Kleister im Wasser eine wirkliche Lösung entstehen kann, wie weiter oben erwähnt worden ist.

Gibt man zu einer mit Wasser angerührten Stärke konzentrierte Natronlauge und arbeitet die Masse tüchtig durch, so bildet sich ebenfalls ein Kleister, welcher gegen die Einwirkung des Wassers sehr widerstandsfähig ist und darum zur Ausrüstung gewisser Gattungen von Geweben benützt wird, die ihren Griff erst nach langem und wiederholtem Waschen mit warmem Wasser und Seife verlieren. Wäre der Kleister eine wirkliche Lösung der Stärke, so wäre diese Widerstandsfähigkeit unmöglich.

Verdampft man das Wasser aus dem Kleister, so bleibt, wie schon erwähnt, eine gallertartige Masse zurück, welche bei einer neuerlichen Zugabe von Wasser wieder aufquillt. Dieses Merkmal zeigt jedoch die lösliche Stärke nicht. Da aber die lösliche Stärke aus der Stärke bzw. aus dem Kleister entsteht, ohne die chemische Zusammensetzung zu verändern, so ergibt sich die logische Folgerung, daß die lösliche Stärke ohne chemische Umwandlung aus der Stärke gebildet worden ist, ebenso auch, daß der Kleister nicht eine chemische Lösung ist. Wir müssen deshalb die Annahme, daß der Kleister eine wirkliche und chemische Lösung der Stärke ist, fallen lassen.

Nun bleibt noch die kollodiale Lösung der Stärke übrig. Als solche könnten wir den Kleister wohl ansehen, wenn nicht ein

Umstand dagegen sprechen würde. Eine Leimlösung und eine Lösung von löslicher Kieselsäure zählen wir zu den kolloidalen Lösungen; verdampfen wir die Lösungsmittel, so bleiben die betreffenden Körper in ihrer unveränderten chemischen Zusammensetzung zurück. In dieser Beziehung stimmen die kolloidale und die einfache oder wirkliche Lösung überein. Aus den gleichen Gründen können wir den Kleister nicht als kolloide Lösung der Stärke auffassen.

Da also die Stärke im Kleister zu keiner der angeführten Arten von Lösungen zu rechnen ist, so ist der Schluß berechtigt, daß sie darin in einer Gestalt enthalten ist, die sich nicht durch die chemische Zusammensetzung, sondern nur durch ihre physikalischen Eigenschaften unterscheidet, daß also die Stärke im Kleister gewissermaßen eine isomere Form der eigentlichen Stärke ist, welche sich mit Wasser zu einer gallertartigen Masse, dem Kleister, vereinigt. Diese neue Stärke kann als ein Mittelprodukt zwischen Stärke und löslicher Stärke sein, ihr erstes Umwandlungsprodukt auf dem Wege zu Dextrin und Zucker.

Nun taucht unwillkürlich die Frage auf, welche von den vielen Stärkegattungen sich am besten für die Kleisterbildung eignet, beziehungsweise welche von ihnen den zum Appretieren vorteilhaftesten Kleister liefert. Für diese Betrachtung scheiden die kostspieligen Stärkearten von vornherein aus; es verbleiben sodann die Weizen-, Mais-, Kartoffel- und Reisstärke. Für die Verwendung dieser Stärkearten in Form von Kleister ist wohl der Preis ausschlaggebend.

Über die Wirksamkeit der verschiedenen Kleister herrscht in Fachkreisen noch keine Einigung. Wenn man berücksichtigt, daß die Größe der Stärkekörner einerseits von dem Wachstum der Pflanzen, von der Bodenbeschaffenheit und der während der Reife herrschenden Witterung abhängt, anderseits mit der Größe der Körner der Stärkegehalt wächst, so wird man verstehen, daß ein Kleister aus einer bestimmten Stärkesorte nicht alle Jahre die gleiche Wirksamkeit in der Appretur haben kann. So kann es auch vorkommen, daß für einen bestimmten Zweck eine Maisstärke bessere Dienste zu leisten vermag als eine Weizenstärke, während anderwärts und in anderen Jahren gerade das Gegenteil der Fall sein kann.

Im allgemeinen scheint Übereinstimmung darüber zu bestehen,

daß Weizen-, Mais- und Reisstärke eine größere Klebkraft und ein größeres Steifungsvermögen besitzen als die Kartoffelstärke, daß diese aber den dicksten Kleister, der mehr Körper nach dem Trocknen hat, liefert und dieser Kleister gegen Zersetzung durch Schimmelbildung widerstandsfähiger ist als die anderen, was wohl dadurch zu erklären ist, daß die Kartoffelstärke sozusagen frei von Kleber ist.

3. Aufschließung oder Abbau der Stärke.

Unter Aufschließung der Stärke, auch Abbau genannt, verstehen wir die Überführung der in Wasser unlöslichen Stärke in ein leicht lösliches Produkt, das zudem eine wasserklare Lösung gibt. Wenn wir Stärke mit Wasser anrühren und erhitzen, so entsteht eine gallertartige, weiße Masse von großer Klebkraft, der Kleister. Die mikroskopisch kleinen Stärkekörner quellen beim Erhitzen auf, bis die die Stärkekörner umgebenden Zellulosehäutchen platzen und der Inhalt bloßgelegt wird. Daraus entsteht der Kleister [1].

Der Kleister hat eine weiße Farbe und hinterläßt nach dem Trocknen eine hornartige gelblich-weiße Masse, die in Wasser unlöslich ist und die Farben, besonders die dunklen, trübt. Zum Appretieren der farbigen Gewebe, sowohl der buntgewebten wie bedruckten, die viel dunkelfarbige Garne oder größere Farbflächen aufweisen, ist daher der Kleister nicht ohne weiteres zu verwenden, wenn man auf ein schönes Aussehen der Gewebe Wert legt; er muß entsprechend dem Grundfarbton angefärbt werden, damit dieser nicht verändert wird. Darum wurden die buntfarbigen Gewebe früher mit einer Leim- oder Dextrinlösung appretiert. Diese ergaben jedoch einen steifen, harten Griff und waren verhältnismäßig teuer.

Da aber der steife Griff gewünscht wurde und keine anderen, ähnlich wirkenden Appreturmittel vorhanden waren, mußte man sich mit den Preisen zufrieden geben. Die Dextrinlösungen stellten sich teurer als die Leimlösungen, deshalb wurden die ersteren hauptsächlich zu Waren, die eine Mangelausrüstung erhalten sollten, verwendet, während die Leimlösungen für alle anderen Ausrüstungsarten der bunten Waren dienten. Als dann

---

[1] Siehe Näheres in dem Abschnitt „Was ist Stärkekleister?" (S. 68.)

in den 80er Jahren des vorigen Jahrhunderts die harten Ausrüstungsarten von den weichen und geschmeidigen abgelöst wurden, griff man zur löslichen Stärke, der Übergangsform zwischen Stärke und Dextrin.

Die Aufschließung der Stärke war schon in den 40er Jahren des vorigen Jahrhunderts in einzelnen Druckereien des Elsaß bekannt und scheint mittels Chlorkalk und Oxalsäure geschehen zu sein. Die Betriebe, die die Aufschließung der Stärke kannten, hielten sie so lange wie möglich geheim und konnten sich ohne Mühe in die neuen Ausrüstungsarten einleben. Schwieriger war es für diejenigen Ausrüstungsanstalten, die die Aufschließung nicht kannten und zum Dextrin greifen mußten, das nicht nur teurer als die lösliche Stärke war, sondern auch weniger Kleb- und Füllkraft besaß. Diesen Betrieben kamen die chemischen Fabriken für Schlicht- und Appreturmittel zu Hilfe, indem sie ihnen Aufschließungsmittel lieferten.

Als erste brachte die deutsche Diamalt-Gesellschaft m. b. H. in München in dem Diastafor ein solches Mittel in den Handel. Es folgten dann eine größere Zahl anderer fermentartiger Produkte. Während jedoch die Oxalsäure und wahrscheinlich auch der Chlorkalk die Stärke nur in das nächstliegende Abbauprodukt, in die lösliche Stärke, überführen, ohne besondere Vorsichtsmaßregeln beobachten zu müssen, vollzieht sich die Umwandlung der Stärke bei der Aufschließung mit fermentartigen Körpern ganz unregelmäßig, denn schon kurze Zeit nach Beginn der Aufschließung findet sich neben löslicher Stärke schon Dextrin in der Masse. Es kann auch leicht der Fall eintreten, daß in einer aufgeschlossenen Stärkemasse neben unaufgeschlossener Stärke lösliche Stärke, Dextrin und sogar schon Zucker enthalten ist.

Infolge dieses unregelmäßigen Abbaus ist es schwer, mit der Aufschließung der Stärke stets die gleichen Appreturmassen herzustellen. Mit dem Abbau der Stärke nur bis zu löslicher Stärke ist auch eine beträchtliche Ersparnis an Stärke verbunden, da jeder weitere Abbau gegen Zucker hin einen Verlust an Kleb- und Füllkraft mit sich bringt. Man hat auch versucht, die Stärke nach bekannten Verfahren mit Säuren, z. B. Salpetersäure, abzubauen und die Säure dann zu neutralisieren. Dieser Vorgang ist aber umständlich und könnte, von ungeübten Händen vorgenommen, leicht Schaden verursachen.

Es war deshalb ein Verdienst der deutschen Diamalt-Gesellschaft, daß sie mit ihrem Diastafor die Aufschließung der Stärke in die Appreturbetriebe einführte.

Die Aufschließung der Stärke mit Oxalsäure, die ich schon zu Anfang dieses Jahrhunderts empfohlen hatte, fand bei Gelehrten und Appreteuren wegen ihrer Giftigkeit keine Gegenliebe; ich hatte aber trotz jahrzehntelanger Verwendung in der Schlichterei und Appretur niemals Schwierigkeiten damit. Nun erschienen das Aktivin und die Stokotabletten, die mit der Oxalsäure die Eigenschaft gemein haben, daß sie die Stärke nur bis zu löslicher Stärke abbauen und keinerlei Vorsichtsmaßregeln notwendig machen.

Mit der Aufschließung der Stärke ist die Verwendung von Dextrin in der Appretur entbehrlich geworden, von wenigen Ausnahmen abgesehen. Selbst in den heute noch so beliebten Salzappreturmassen, zu denen das käufliche Dextrin Verwendung findet, könnte es durch die selbsthergestellte lösliche Stärke mit Vorteil ersetzt werden. Doch spielt hier, besonders bei geringen Flottenmengen die Bequemlichkeit des Arbeitens mit dem käuflichen Dextrin oft eine ausschlaggebende Rolle.

Die Aufschließung der Stärke mit dem Aktivin, den Stokotabletten und der Oxalsäure ist sehr einfach. Es gibt wohl noch einige neuere Produkte, mit denen die Aufschließung ebenfalls vorgenommen werden kann, doch sind dies die gebräuchlichsten. Genauere Angaben über die Aufschließung der Stärke finden sich in dem Abschnitt über „Die Herstellung der Appreturmassen" (S. 87). Da jedoch in manchen Fällen die Mengen der Aufschließungsmittel sich nicht nach ihrem Verhältnis zu den Stärkemengen richten, ist es für den Appreteur ratsam, von den Lieferanten die Broschüre über die Mittel genau durchzustudieren. Ein oberflächliches Lesen genügt nicht und hat schon viele nicht wieder gut zu machende Fehler, z. B. Ausschußware, verursacht.

Die Abneigung vieler Appreteure gegen diese Aufschließungsmittel ist an sich unbegründet; aber die fremdklingenden Phantasienamen erwecken leicht den Anschein, daß sie nur dazu gebraucht werden, um höhere Preise dafür zu erzielen. Man darf nicht vergessen, daß es noch viele kleine Appreturanstalten gibt, deren Leiter keine fachwissenschaftliche Schulung genossen haben und nach den Prospekten der chemischen Fabriken arbeiten müssen oder nach den Anordnungen der Betriebsbesitzer, die ebenfalls keine fachwissenschaftliche Bildung besitzen. Diese Appreteure müssen von der Echtheit und Verwendbarkeit der Aufschließungsmittel unterrichtet werden, damit sie Vertrauen dazu gewinnen.

Es gibt ferner viele Appreteure, die die Aufschließung der Stärke nur zu dem Zwecke ausführen, um eine wasserklare Lösung zu erhalten und eine Trübung der Farben zu vermeiden. Geschulte Appreteure wissen jedoch, daß das Dextrin eine viel geringere Kleb- und Füllkraft, dagegen höheren Anschaffungspreis besitzt als die Stärke. Ist aber der Appreteur imstande, die Stärke nur in der Menge und in dem Maße abzubauen, wie es für seine Zwecke erforderlich ist, so kann er auch seine Appreturmassen zweckmäßig und billig herstellen.

Der Appreteur muß nicht nur mit dem eigentlichen Abbau der Stärke vollkommen vertraut sein, sondern auch die Wirkungsweise der Abbaumittel genau kennen und in der Appreturmittelkunde gründlich bewandert sein. Er hat auch zu berücksichtigen, daß die aus den Abbauprodukten hergestellten Appreturmassen mit jedem weiteren Abbau der Stärke bis zu Zucker hin an Füll- und Klebkraft einbüßen, und daß um so mehr Stärke verwendet werden muß, je weiter der Abbau fortgeschritten ist. Dadurch verteuert sich naturgemäß die Appreturmasse. Das Dextrin als Handelsware ist nie ganz rein und kann Zucker und auch unveränderte Stärke enthalten, die beide für den Appreteur meistens unerwünscht sind; jener ist fast wirkungslos, diese trübt die dunkleren Farben.

Beim Abbau der Stärke mittels fermentartiger Abbaumittel sind mehrere Umstände, wie Temperatur, Einwirkungsdauer usw., maßgebend; daher kommt es, daß bei Nichteinhaltung der von den Lieferanten dieser Produkte herausgegebenen Vorschriften Appreturmassen von sehr verschiedener Wirkungsweise entstehen. Da also die Aufschließung der Stärke mit diesen Mitteln einer genauen Überwachung bedarf, ist leicht zu verstehen, warum in Appreturbetrieben, in denen es daran mangelt, der Abbau der Stärke sehr vernachlässigt und schließlich aufgegeben wurde, indem man lieber fertige Appreturmittel von den chemischen Fabriken bezog.

Bei sehr hell gemusterten Geweben schadet ein kleiner Gehalt an unveränderter Stärke in Form von Kleister nicht. In solchen

Fällen wird es sogar wirtschaftlicher sein, wenn man die Stärke nur zum Teil bis zu löslicher Stärke abbaut.

Man könnte dann auch zu den Fermenten greifen, da durch ein einfaches Kochen die Wirkung derselben aufgehoben wird. Auch ließe sich hier die Oxalsäure empfehlen, deren abbauende Wirkung durch eine Neutralisation verhindert wird.

C. Vorarbeiten der Appretur.

1. Das Sengen.

Früher wurden die Gewebe nur vor dem Bleichen gesengt, gefärbte dagegen erst nach dem Färben. Da jedoch in größeren Betrieben alle Rohgewebe, die zum Färben kommen, auch gebleicht werden, um reinere Farben zu erzielen, werden alle diese Gewebe gesengt. Gewebe, die durch das Färben Behandlungsweisen unterworfen werden, durch welche sie einen neuen Flaum erhalten, oder feinere Gewebe, auf deren reines Aussehen besonderer Wert gelegt wird, werden nach dem Färben nochmals gesengt.

Das Sengen verfolgt den Zweck, die vorstehenden Baumwollfaserenden durch Verbrennen zu beseitigen und der Warenoberfläche die flaumartige Beschaffenheit zu nehmen. In früheren Zeiten geschah dies ausschließlich durch rasches Führen der Gewebe über glühende Platten (Plattensenge) oder Zylinder (Zylindersenge). Die Plattensenge wird heute noch für glatte und dicht eingestellte, schwere Waren verwendet. Es ist aber einleuchtend, daß hierbei die Gewebe ungleichmäßig gesengt werden, da bei dem schnellen Lauf der Gewebe über die Platten oder Zylinder bald eine Abkühlung eintritt.

Gründlicher und gleichmäßiger wirkt die Stichflamme der Gassenge, die bei Geweben mit erhabenen Mustern (Reliefmustern), wie Jaquard- oder vielschäftigen Waren, Ripsen, Waffelbindungen, Pikee u. a., leichter in die Vertiefungen und bei schütter eingestellten Geweben in die Zwischenräume zwischen den Fäden gelangt. Aus diesem Grunde haben die Gassengen rasch Eingang gefunden. In Betrieben, denen kein Leuchtgas zu Gebote stand, hat man sich auf die Weise geholfen, daß man das Gas selbst erzeugte oder, wie es heute vielfach der Fall ist, Blaugas in eisernen Flaschen bezog.

Die Gassengen sind gegenwärtig weitaus am meisten vertreten. Das Gas muß vor seiner Verbrennung mit Luft in einem solchen Verhältnis gemischt werden, daß eine bläuliche nichtleuchtende und nichtrußende Stichflamme entsteht, um eine schlechte Ausnützung des Gases und eine Verunreinigung der Gewebe zu verhindern. Die Reglung des Gas- und Luftgemisches geschieht durch Brenner mit Gas- und Luftleitungen. Die Gleichmäßigkeit der Gasflamme wird durch gleichmäßigen Gasdruck und Dimensionierung der Gas- und Luftleitungen erzielt; die Reglung ist leicht durchführbar, weil man eine unrichtige Mischung von Gas und Luft sofort daran erkennt, daß die Flamme leuchtet.

Die Gasbrenner werden ein-, zwei- und dreireihig, entweder als Einzelbrenner oder als Ganzbrenner hergestellt. Vor dem Sengen ist es ratsam, die Waren über eine Trockentrommel laufen zu lassen, da die Flamme dann nicht auch die Feuchtigkeit zu verdampfen hat, also besser ausgenützt wird, wodurch sich das Sengen wirtschaftlicher gestaltet. In neuester Zeit werden an den Sengmaschinen Trockentrommeln vorgebaut, wodurch der Trockengang erspart wird.

Mit der Sengmaschine ist stets eine Absaugvorrichtung für die beim Sengen auftretenden schädlichen Gase verbunden, ebenso ein Funkenlöscher, um die mitgerissenen Funken alsbald nach ihrem Entstehen zu ersticken. Meistens besteht er in einem Walzenpaar, dessen untere Walze durch Wasser läuft. Eine Bürstvorrichtung reinigt die Gewebe von den verkohlten Faserenden. Die elektrische Senge, auch der neuesten Zeit entstammend, ist noch im Versuchsstadium; sie wird sich wohl bei Verbilligung des elektrischen Stromes einführen lassen. Billige Artikel, die durch den Wettbewerb derart im Preise gelitten haben, daß sie keinen Senglohn vertragen, werden weder vor, noch nach dem Färben gesengt. Wenn man aber zwei schwarze Zanellastoffe miteinander vergleicht, von denen bei sonst gleicher Ausrüstung, der eine doppelseitig je zweimal gesengt wurde, der andere ungesengt blieb, so lernt man den Wert des Sengens für das Aussehen einer besseren Ware verstehen.

2. Reinigungsmaschinen für Baumwollgewebe.

Wir sehen oft rohe Baumwollgewebe, die eine Menge „Schalen" (Reste von Samenkapseln) enthalten, die den Geweben ein unschönes und rauhes Aussehen verleihen. Bei mangelhaft geschlichteten Ketten gibt es viele Fadenbrüche, die durch Knüpfen der Enden behoben werden müssen. Ungeübte Weber oder Weberinnen verbinden die gerissenen Enden durch Knoten, die häufig sehr stark sind und längere Schwänze haben; solche Knotenschwänze stammen oft schon aus der Spinnerei, Spulerei und Zettelei oder Schärerei und müssen entfernt werden, um bei der Weiterverarbeitung andere Fehler zu vermeiden.

Alle diese Verunreinigungen werden am einfachsten durch die Schermaschinen entfernt. Diese bestehen in der Hauptsache aus einem oder zwei eisernen Walzenpaaren mit Spiralmessern, die abwechselnd rechts- und linksgängig auf die Walzen aufgezogen sind, die auch gegenläufig mit hoher Tourenzahl (bis zu 1000 U/min) angetrieben werden. Die Spiralmesser arbeiten mit einem Untermesser zusammen und das Gewebe läuft über eine Tischkante, die so an die Spiralmesser (Scherzylinder) angestellt wird, daß alle vorstehenden Verunreinigungen abgeschnitten werden, aber keine Löcher in die Ware kommen. Zu diesem Zwecke müssen die Spiralmesser und Untermesser gut geschliffen sein und die Gewebe faltenlos dem Schneidzeug zugeführt werden.

Diese Maschine wird auch derart gebaut, daß die Waren auf beiden Seiten zugleich geschoren werden, wobei weniger Warendurchgänge notwendig sind. Eine Bürstvorrichtung vor dem Einlaufen in das Schneidzeug beseitigt die lose auf dem Gewebe liegenden Unreinigkeiten, wie Flug und Staub, und trägt viel dazu bei, die Messer längere Zeit gebrauchsfähig zu erhalten, ohne geschliffen werden zu müssen. Eine zweite Bürste hinter dem Schneidzeug entfernt die abgeschorenen Schalen und Fadenenden.

Es gibt auch Bürstmaschinen, die das Gewebe nur bürsten, und zwar ein und beidseitig. Zur Reinigung dienen mitunter auch Klopfmaschinen, bei denen Holzstäbe durch Hubdaumen angehoben werden und durch Federn auf das Gewebe fallen, das über ein weitmaschig geflochtenes Schnurnetz läuft. Es ist aber stets ratsam, hinter dem letzten Schläger noch eine Bürste anzubringen, damit die Entfernung des Fluges und Staubes gründlicher vor sich gehen kann als ohne Bürsten.

3. Ein Schmierfleckenwasser.

Peinlichste Reinlichkeit und größte Sorgfalt in Appreturbetrieben bieten keinen unbedingt sicheren Schutz dafür, daß nicht von Zeit zu Zeit Flecke in die Gewebe gelangen, die beseitigt werden müssen, wenn die Waren nicht als fehlerhaft bezeichnet werden sollen. Am häufigsten stammen diese Schmierflecken von den Trockenmaschinen, in denen besonders vorgerauhte Waren während ihres Laufes durch die Maschinen stärkeren Luftströmungen ausgesetzt sind. Der den Geweben noch anhaftende Flug und Staub wird durch die Luftströmung erfaßt, herausgewirbelt und nach allen Seiten geschleudert. Er gelangt dabei an geölte Stellen und sammelt sich zu Klümpchen. Die stetigen Luftströmungen lösen diese Klümpchen von der Unterlage los und tragen sie auf das Gewebe.

Je nach der Instandhaltung der Maschinen und der Riemen haben die Schmutzflecke verschiedene Farben, vom graugelb bis zum tiefen Schwarz. Wird ein derartiger Schmierfleck nicht rechtzeitig bemerkt, so gelangt er auf eine Walze, über die das Gewebe laufen muß oder von der es mitgenommen wird, und bringt bei jedem Walzenumgang einen Abdruck auf das Gewebe. Diese Abdrücke wiederholen sich oft dutzendmale, bis der Fleck auf der Walze verschwunden ist. Ihre Entstehung läßt sich an der regelmäßigen Entfernung voneinander und an der Größe der Abstände leicht erkennen. Diese Schmutzflecke sollten daher gleich nach ihrer Bildung entfernt werden, um weiteren Schaden zu verhüten. Je höher die Temperatur beim Trocknen der Gewebe ist, um so fester haften die Flecke auf der Ware und um so schwerer lassen sie sich im allgemeinen beseitigen.

Die Beseitigung dieser Schmutzflecke bereitet dem Appreteur oft die größte Sorge. Keines der vielen Fleckwasser, die mir empfohlen und von mir erprobt worden sind, hat den gleichen Reinigungserfolg gebracht wie das unten beschriebene, dessen Verwendung zugleich äußerst billig ist. Wie ich und noch einige andere Betriebsleiter zu dem Kaufe und zur Erprobung dieses Fleckwassers gelangten, möge folgendes Geschichtchen lehren.

Kurz vor dem täglichen Arbeitsschluß meldete sich ein Herr bei mir, der mir nach Nennung seines Namens mit den Worten entgegentrat: „Trocknen Sie auch gerauhte Waren auf dem Spannrahmen?" Nachdem ich diese Frage bejaht hatte, erfolgte ein Loblied auf das Fleckwasser, das er sofort zu erproben versprach, wenn man ihm einen schon alten, festgebrannten Fleck überlasse. Aus dem Wagenschuppen wurde ein Wischlappen

Ein Schmierfleckenwasser.

hervorgeholt und die Schmutzflecke so gründlich entfernt, daß an deren Stelle weiße Flecke neben der grauen Farbe des Wischlappens sichtbar waren. Der Kauf wurde abgeschlossen, dann gingen wir in ein Gasthaus, wo ich, wie ich wußte, andere Betriebsleiter und Industrielle antraf. Sofort war mein Herr in seinem Geschäftseifer und führte mich als Zeugen ins Treffen. Als ein Betriebsleiter erklärte, daß er ein vorzügliches Fleckwasser besitze, erwiderte der fremde Herr, daß er dies bezweifle, denn sonst hätte dessen Krawatte keinen Hof um eine entfernte Fleckstelle. Alle Anwesenden betrachteten die Krawatte des Betriebsleiters und bemerkten den farbigen Hof. Da trat der fremde Herr auf ihn zu mit den Worten: „Sie entschuldigen meine Zudringlichkeit, aber erlauben Sie mir!", löste die Krawatte von dem Hemdkragen und entfernte sich. Nach wenigen Minuten trat er wieder in den Kreis der Gäste und zeigte die Krawatte in tadellosem Zustande.

Der Herr war mit seinem Geschäft zufrieden, da fast alle Anwesenden das Verfahren erwarben. Einer derselben ließ eine gebleichte Warenprobe mit Wagenschmiere eines Bauernwagens, der äußerst selten geschmiert wurde, betupfen, band die Probe einige Tage an ein Dampfrohr, bis sie fast ganz mürbe wurde. Aus dieser Probe ließen sich die Flecke so gründlich beseitigen, daß man die gereinigte Stelle nur dann erkannte, wenn man die Probe gegen das Sonnenlicht hielt. Das Verfahren blieb in einem mir unterstehenden Betriebe bis zu meinem Abgange, etwa 23 Jahre, in Verwendung und hatte sich stets bewährt. Es lautete:

In $1/2$ l Wasser werden 15 g venezianische Seife (Marseillerseife) gelöst; dieser Lösung gibt man 50 g Salmiakgeist, 10 g Terpentin und 50 g Essigäther zu und ergänzt das ganze mit kaltem Wasser auf 1 l. Die Lösung muß in einem gut verschließbaren Gefäße aufbewahrt werden, da sonst die flüchtigen Bestandteile entweichen. Vor der Benutzung wird das Fleckwasser tüchtig durchgeschüttelt. Die beschmutzte Stelle wird vermittelst eines Schwammes gut angenetzt, mit einem Stückchen der gleichen Seife eingerieben, der Stoff zwischen Daumen und Zeigefinger jeder Hand genommen und je nach der Farbe leichter oder stärker verrieben. Dieser Vorgang wird wiederholt, dann der Stoff vorerst mit warmem, dann mit kaltem Wasser ausgewaschen. Nur ganz alte und, wie man sagt, durch Hitze eingebrannte Flecke bedürfen einer nochmaligen Behandlung mit diesem Fleckwasser.

4. Die Mercerisation.

Unter Mercerisation versteht man die nach dem Erfinder, dem Engländer John Mercer, genannte Behandlung von baumwollenen Garnen und Geweben mit Ätznatron, wodurch die Baumwolle neben anderen Eigenschaften einen beträchtlich höheren Glanz erhält, der sie zweifellos seidenähnlich macht.

Die Mercerisation ist nicht etwa als Ziel studiert und angestellt worden, sondern nur ein Zufallserfolg. Sie entstand bei einem wissenschaftlichen Versuche, zu dem die Filtration von konzentrierter Natronlauge durch ein Filter aus Baumwollgewebe erforderlich war. Mercer fand, daß dieses Baumwollgewebe durch die Einwirkung der Natronlauge in der Längen- und Breitenrichtung eine beträchtliche Einbuße erlitten hatte, dabei viel geschlossener, aber dennoch durchsichtiger wurde. Er verfolgte jedoch seine Entdeckung nicht in dem heute üblichen Sinne der Glanzerzeugung, sondern nur hinsichtlich der starken Einschrumpfung und erst später zur Erzielung schönerer und lebhafterer Farben.

Aus diesen ersten Versuchen mit der Mercerisation ist dann später der so beliebt gewordene Krepppartikel entstanden. Bedruckt man nämlich ein Baumwollgewebe mit einer Gummilösung und behandelt es dann mit Natronlauge, so greift diese die bedruckten Flächen nicht an, wohl aber die ungeschützten, von der Gummilösung nicht betroffenen Stellen, an denen die Einschrumpfungen entstehen, die eine ähnliche Kreppwirkung hervorrufen, wie sie durch die Weberei erzielt wird.

Erst viel später, im Jahre 1889, kam der Engländer Löwe auf das Strecken der Gewebe während des Einschrumpfens und erkannte den dadurch erzielten hohen Glanz, scheint aber dieser Wirkung keine besondere Beachtung geschenkt zu haben. Als dann die Firma Thomas & Prevost in Krefeld im Jahre 1896 diesem Glanze eine erhöhte Aufmerksamkeit schenkte und ihn weiter verfolgte, kam die Mercerisation zur heutigen Entwicklung. Es kam nun zu Patentstreitigkeiten zwischen den Erfindern um das Urheberrecht, doch bleibt der Firma Thomas & Prevost immerhin das Verdienst, die Glanzwirkung durch die Mercerisation in die Textilindustrie eingeführt zu haben.

Nun folgte eine große Menge von Patenten über verschiedene Behandlungsweisen und Maschinen für Garne und Gewebe, die wir aber hier nicht weiter behandeln wollen, denn der Grundgedanke blieb hierbei der gleiche. Nach vielen Versuchen hat sich ergeben, daß der beste Glanz nur dann entsteht, wenn die Streckung der Baumwolle, sei es als Garn oder als Gewebe, erfolgt, wenn sie sich im Stadium des Einschrumpfens befindet. Die Streckung geht bis zu den anfänglichen Maßen, nämlich bis zum Weifenumfang der Garne bzw. bis zur ursprünglichen Länge und Breite der Gewebe.

Das Einschrumpfen wird durch verschiedene Umstände beeinflußt, z. B. durch die Temperatur und Stärke der Natronlauge. Es hat sich gezeigt, daß Natronlauge von 35° Bé bei einer Temperatur von 15—20° C die günstigsten Ergebnisse liefert. Die Dauer der Einwirkung der Lauge scheint nicht von Bedeutung zu sein. Dagegen übt die Beschaffenheit der Baumwolle einen außerordentlich großen Einfluß auf den Glanz aus. Obwohl alle Baumwollsorten mercerisiert werden können, einschrumpfen und durch die Streckung Glanz erhalten, so ist dieser doch bei jeder Baumwollsorte anders. Es ist bekannt, daß die ägyptische oder Makobaumwolle weitaus den schönsten Glanz erhält, was mit ihrem hohen Naturglanz und der großen Feinheit zusammenhängt. Man hat darum früher zum Mercerisieren ausschließlich Makobaumwolle verwendet, doch bald griff man auch zur amerikanischen, wenn es sich nicht unbedingt um einen besonders schönen Glanz handelte. Auch die Art und Stärke der Drehung der Garne scheint einen Einfluß auf den Glanz zu besitzen, so sollen sich weichgedrehte Garne aus langstapligen, gekämmten Baumwollfasern zum Mercerisieren sehr gut eignen.

Ob die Gewebe im nassen oder trockenen Zustande in die Natronlauge gelangen, bleibt sich gleich, nur muß dafür gesorgt werden, daß sie die Garne in den Geweben vollständig und gleichmäßig durchdringen kann; auch darf die Streckung der Baumwolle während des Einschrumpfens nach dem Auswaschen der Lauge nicht mehr zurückgehen.

Die Schrumpfungskraft ist so groß, daß es den Maschinenfabriken anfangs schwer fiel, die Mercerisiermaschinen so stark zu bauen, daß sie der Einschrumpfung standhalten konnten. Gar manche Maschine, hauptsächlich solche für Baumwollsträhne, mußten unter Reparatur gestellt werden, da zahlreiche Brüche vorkamen. Die Spannung der Garne oder Gewebe muß nach

Beendigung der Schrumpfungswirkung so lange andauern, bis die Natronlauge gänzlich aus ihnen entfernt ist, da man sonst eine erneute Einschrumpfung und einen Verlust des Glanzes zu gewärtigen hätte.

Erfahrungsgemäß hat auch ein vorzeitiges Absäuern der Garne oder Gewebe eine Einbuße an Glanz zur Folge, da das durch die Verbindung von Natronlauge und Schwefelsäure sich bildende Glaubersalz nachteilig auf den Glanz wirkt.

Die Durchführung der Mercerisation geschieht auf verschiedene Arten. Hierbei spielt die Vor- und Nachbehandlung der Garne oder Gewebe eine große Rolle. Es gibt Gewebearten, die zufolge ihrer sehr leichten Einstellung keiner starken Spannung unterworfen werden dürfen. Solche Gewebe werden ohne eigentliche Spannung mercerisiert, die Streckung erfolgt nur durch Streckvorrichtungen. Bei dieser Mercerisation ohne Streckung wird selbstverständlich ein bedeutend geringerer Glanz als bei starker Spannung erzielt. Er genügt jedoch in vielen Fällen, besonders wenn die mercerisierte Ware noch auf dem Riffelkalander behandelt wird, also Seidenfinish[1] erhalten soll.

Meistens werden die Garne oder Gewebe vor dem Bleichen und Färben mercerisiert; dies hat für das Färben den großen Vorteil der Farbstoffersparnis, aber auch den Nachteil, daß die Farbstoffe viel schneller, oft zu schnell, aus den Farbstoffen aufgenommen werden. Der Färber wird sich jedoch hier dadurch sichern, daß er jeweils solche Farbstoffe wählt, die sich schwerer ausziehen lassen, oder zu einem Färbeverfahren greift, das den gleichen Erfolg verbürgt.

In jedem Falle ist aber ein Sengen der Garne oder Gewebe erforderlich, wenn man einen schönen Glanz erzielen will. Gewebe werden beidseitig und nötigenfalls je zweimal gesengt.

Die weitere Vorbehandlung der Gewebe richtet sich in erster Linie nach der Art der Schlichtung. Wurden die Ketten nur so stark geschlichtet, wie es für die Weberei erforderlich war, wurden ferner zur Herstellung der Schlichte nur solche Zusätze verwendet, die sich in warmem Wasser leicht lösen lassen, so genügt oftmals ein einfaches Netzen mit einem der bekannten Netzöle, ein Waschen, um sofort mit der Laugenbehandlung beginnen zu können. Nach

---

[1] Siehe das Kapitel „Der Seidenfinish und Permanentfinish" (S. 177).

dem Waschen müssen die Gewebe gut entwässert werden, was meistens mit dem Wasserkalander geschieht. Vielfach wird die Ware vor der Laugenbehandlung getrocknet. Ein gleichmäßiger Glanz wird jedoch am ehesten erreicht, wenn naß eingegangen wird, wobei aber eine Verdünnung der Lauge zu erwarten ist, die bei trocknem Eingehen nicht stattfindet.

Werden jedoch die Kettengarne übermäßig stark geschlichtet oder erhielt die Schlichte schwer lösliche Zusätze, so muß eine gründliche Entschlichtung der Gewebe erfolgen. Das Entschlichten als eigene Behandlungsweise der Gewebe kann auf einem Jigger oder Foulard vor sich gehen. Es besteht in einem Auskochen der Gewebe mit Natronlauge, zu der die von der Mercerisation wiedergewonnene Lauge verwendet werden kann, Waschen, Behandeln mit Aktivin, Waschen und Trocknen oder Foulardieren. Diese Entschlichtung hat den großen Vorteil, daß bei der späteren Laugenbehandlung die Lauge viel reiner bleibt. Die Laugenrückgewinnung gestaltet sich dann besser, da die Schlichtezusätze schon entfernt sind. In manchen Fällen ist das Auskochen der Gewebe beim Entschlichten nicht einmal notwendig und genügt ein einfaches Auskochen der Gewebe mit Aktivin, z. B. auf dem Jigger; dann wird einige Stunden aufgerollt und zugedeckt liegen gelassen, hierauf gut auswaschen.

Zu einem ganz gleichmäßigen, fleckenlosen Färben der mercerisierten Gewebe ist eine tadellose Mercerisation unerläßlich; diese verlangt eine ebenfalls gleichmäßige Durchdringung der Lauge durch die Garne der Gewebe, die nur bei gut gereinigten Waren möglich ist. Sparsamkeit in der Vorbehandlung zur Mercerisation ist daher in Anbetracht der zu gewärtigenden Fehlerquellen ein ganz verfehlter Standpunkt, der sich bitter rächen kann.

Die Behandlung der Gewebe mit Lauge, die Streckung, das Waschen, Säuern und wieder gründlich Waschen erfolgte anfänglich in getrennten Arbeitsgängen auf dem Jigger. Da aber die Streckung auf dem Spannrahmen erst nach fast vollständiger Beseitigung der Natronlauge stattfinden konnte, war der Glanz der Waren verhältnismäßig gering, denn die Streckung konnte nicht in der gewünschten Weise geschehen. Dem rastlosen Streben der Maschinenindustrie gelang es jedoch, Maschinen zu bauen, mit denen die ganze Mercerisation in einem Arbeitsgange sich bewerkstelligen läßt. Dadurch wurde die Mercerisation auf eine breite Grundlage gestellt und zu einer Massenfabrikation, welche der wirtschaftlichen Bedeutung der Baumwolle angemessen ist.

Die Mercerisation der Garne, d. h. die Tränkung mit Natronlauge und die nachfolgende Behandlung gehen in ähnlicher Weise vor sich wie bei Geweben, nur daß die Garne keiner Entschlichtung bedürfen. Doch ist ein Sengen stets zu empfehlen, da der Glanz dann viel schöner wird. Zur Reinigung der Garne ist ein gutes Auskochen mit Natronlauge aus denselben Gründen ratsam, wie bei der Vorbehandlung der Gewebe. Nach dem Auskochen werden die Garne tüchtig gewaschen und ausgeschleudert. Auf jeden Fall ist das Auskochen dem einfachen Netzen vorzuziehen, das auch hier auf das folgende Färben einen großen Einfluß ausübt. Eine gute Reinigung der Garne vor der Mercerisation ist hier noch viel mehr notwendig und ratsamer als das Netzen.

Die Behandlung der Garne mit Natronlauge und die Streckung, dann das Waschen, Säuern und nochmalige Waschen geschieht heute ebenfalls in einem Arbeitsgang. Nach dem Waschen wird geschleudert, dann nach Bedarf gebleicht oder gefärbt.

Die gebleichten und gefärbten Garne werden zur Erhöhung des Glanzes noch auf der Lüstrier- oder Chevilliermaschine behandelt; die Strähne gelangen zwischen zwei heizbare Walzen, von denen die eine drehbar ist. Das Drehen der Strähne ruft stärkere Reibungen der Garne unter sich hervor und dies verursacht die Erhöhung des Glanzes. Bei manchen Lüstriermaschinen erreicht man einen schöneren Glanz durch das Bürsten der Garne, die zwischen zwei heizbaren Walzen oder einer solchen und einer Führungswalze umgezogen werden.

Vor dem Lüstrieren werden die Garne mit einer Appreturmasse behandelt, die aus aufgeschlossener Stärke und einem Appreturöl besteht. Diese Appreturmasse muß aber so dünn gehalten sein, daß man sie in den fertigen Garnen nicht leicht wahrnehmen kann.

Die Appreturausrüstung der gebleichten und gefärbten mercerisierten Gewebe ist außerordentlich mannigfaltig. Zur Erzielung des sogenannten Permanentfinish[1] wurden zahlreiche Patente in allen Kulturländern nachgesucht und erteilt. In Fällen, bei denen

---

[1] Siehe das Kapitel „Der Seidenfinish und Permanentfinish" (S. 177).

es sich nicht um ganz hochwertige Gewebe handelt, werden die mit einer leichten Appreturmasse aus aufgeschlossener Stärke Gummi oder Dextrin und Zugabe der erforderlichen Menge eines Appreturöls oder einer Appreturseife behandelt, auf dem Spannrahmen getrocknet, auskühlen gelassen, eingesprengt und durch einen Vielwalzenkalander geleitet, der mindestens eine heizbare Walze haben muß. Teuere Waren werden auch mit Beetleausrüstung gewünscht.

Am häufigsten werden bessere Gewebe, die einen höheren Ausrüstungspreis vertragen, mit dem Riffelkalander behandelt, der den sogenannten Seidenfinish ergibt. (Über diese Behandlungsweise der mercerisierten Gewebe siehe den Abschnitt Seidenfinish.)

Mercerisierte Gewebe werden vielfach auch mit Seidengriff verlangt. Dieser der Naturseide eigentümliche, krachende, knirschende Griff wird erhalten, wenn man die nach dem Färben oder Bleichen gut gespülten Gewebe auf einem Jigger durch ein Seifenbad nimmt, das etwa 5—8 g Marseillerseife in einem Liter enthält und darin bei 30° C etwa 15 Minuten lang behandelt. Dann wird es, ohne zu spülen, gut abgepreßt und durch eine kalte, frische Flotte, die 5—8 g Milchsäure enthält, genommen, abgepreßt und getrocknet. Will man der Ware einen volleren, besseren Griff geben, so setzt man zu der Seifenlösung etwas Appreturöl oder auch, wenn erforderlich, eine geringe Menge Gelatine zu. Zur Erzielung eines stark knirschenden Griffes der mercerisierten Gewebe soll ein Zusatz von Kartoffelstärke, selbstverständlich auch nur in geringer Menge, zum Seifenbade sehr zweckdienlich sein. Bei gefärbten Geweben muß man selbstverständlich darauf Bedacht nehmen, ob die Farben die Seifen- und Säurebehandlungen vertragen; ist dies nicht der Fall, so ist eine andere Auswahl der Farbstoffe zu treffen oder müssen die Behandlungen unterbleiben.

5. Die Herstellung der Appreturmassen.

In verschiedenen Abschnitten dieses Buches, wie ,,Aufschließung oder Abbau der Stärke", ,,Was ist Stärkekleister?" ,,Die Füllappreturen" und ,,Ungleichartiger Ausfall der Appreturausrüstungen" ist angedeutet, welche Fehler bei der Herstellung der Appreturmassen gemacht werden, welche Folgen sie für den

Ausfall der Ausrüstungen haben können und wie sie zu vermeiden sind.

Jeder Appreteur muß sich darüber im klaren sein, welche Haupteigenschaften die ihm zur Verfügung stehenden Appreturmaterialien besitzen, damit er die Appreturmassen so herstellen kann, wie er sie für seine Zwecke benötigt. Er darf nicht unbekannte Appreturmittel, die ihm von irgendeiner Seite empfohlen werden, verwenden, ohne sich zu überzeugen, was für Eigenschaften sie für sich allein oder in Verbindung mit mehreren anderen nach dem Appretieren der Ausrüstung verleihen. Nur eine solche Arbeitsweise ist eines Appreteurs würdig.

In dieser Hinsicht steht es in vielen Appreturbetrieben noch sehr schlimm. Vielfach wird der Appreteur von der Hauptbetriebsleitung absichtlich in Unkenntnis über neue Appreturmittel gelassen, die er anwenden soll, aber dennoch gezwungen, damit zu arbeiten. Dies kommt sogar in Appreturbetrieben vor, die an Buntwebereien angegliedert sind, deren Leitung mit den Belangen der Appretur nicht vertraut ist, dennoch aber die Appreturmittel selbst einkauft. Dies geschieht rein kaufmännisch, nach dem billigsten Angebot, ohne Rücksicht auf den Gebrauchswert zu nehmen oder zu prüfen, ob der Warenausfall mit dem Preise in Einklang zu bringen ist.

Oft auch wird der Appreteur gehindert, mit dem Verkäufer zu sprechen, der ihm wertvolle Angaben machen könnte, die dem Betriebe zum Nutzen gereichen würden. Warum dies immer noch möglich ist, konnte ich niemals ergründen. Statt Schulung Verharren in der Unkenntnis! Wie oft kommt es vor, daß dem Appreteur ein Appreturmittel von guter Beschaffenheit, später jedoch dasselbe Appreturmittel von weit schlechterer Beschaffenheit zugewiesen wird, ohne daß er hiervon in Kenntnis gesetzt werden kann, da der Einkäufer selbst nichts davon weiß.

Der Appreteur nimmt nun in beiden Fällen für dieselbe Appreturmasse die gleiche Menge des Appreturmittels; die unvermeidliche Folge davon ist dann ein ungleicher Ausfall der Ausrüstung. Hierfür wird aber nicht der Einkäufer zur Rechenschaft gezogen, sondern der Appreteur, weil an seiner Arbeit der Fehler zutage tritt.

Läßt sich der Einkäufer vom Vertreter einer chemischen Fabrik überreden, ein neues Produkt wegen seiner „ausgezeichneten" Eigenschaften zu kaufen, so ist er aber gleichwohl nicht imstande, den Appreteur darüber zu unterrichten. Dieser ist dann aufs Probieren angewiesen; er stellt die Appreturmasse nach seinem Gutdünken her, indem er das neue Mittel zusetzt und kocht. Nach dem Erkalten zeigen sich Ausscheidungen, die der Appreteur im guten Glauben hinnimmt, daß diese zum Wesen des Appreturmittels gehören, und er appretiert damit.

Nach dem Trocknen der appretierten buntfarbigen Gewebe sind nun die Farben stellenweise stark verschleiert; die Ware ist Ausschuß.

Nun geht eine Beschwerde an den Lieferanten des Appreturmittels, der jedoch einem anderen Zusatzmittel die Schuld bemißt, von dessen Verwendung der Vertreter ausdrücklich abgeraten hatte. Der Einkäufer erinnert sich wohl daran, hütet sich aber, etwas zu sagen, um nicht die Schuld auf sich zu lenken.

Derartige Fälle ereignen sich in vielen Appreturbetrieben sehr häufig, wie die Anfragen in den Fachzeitschriften beweisen. Welche Unklugheiten wurden in den Appreturbetrieben beim Erscheinen des Diastafors im Handel begangen, trotz der wirklich belehrenden Broschüre über die Verwendung dieses Appreturmittels zur Aufschließung der Stärke. An das Arbeiten mit dem Thermometer war man nicht gewöhnt, das Beobachten der Dauer und Merkmale der Kochung gab es früher auch nicht und so verstärkte sich der Widerstand der Reinpraktiker gegen die Verwendung des Diastafors, und zwar mit Unrecht und zum Schaden des Betriebes. Nur der Außerachtlassung aller in der Broschüre enthaltenen Angaben über die Kochung der Appreturmassen war es zuzuschreiben, daß ein Appreteur Appreturmassen von verschiedener Dichte erhielt, nur nicht die für die beabsichtigte Ausrüstung erforderliche.

Von den chemischen Fabriken werden Appreturmittel angeboten, die sich unzweifelhaft für bestimmte Ausrüstungsarten ganz gut eignen und auch vielfach unentbehrlich sind, wogegen dieselben Hilfsstoffe in einem anderen Betriebe für dieselbe Ausrüstungsart gänzlich versagen. Die Ursache dieser Erscheinung liegt sicherlich in der Anwendung, in der Ermittlung der Zusätze, des Mengenverhältnisses und der gegenseitigen Wirkung; der

Appreteur muß wissen, ob sie sich in ihrer Wirkung nicht gegenseitig stören oder aufheben, so daß eines von beiden oder beide auszuschalten sind.

Andererseits können zwei Hilfsstoffe sich unterstützen, so daß der Appreteur auf billigste Weise zum Ziel gelangt. Hierzu bedarf der Appreteur einer Schulung, die nur wenige durch Erfahrung und Versuche erreichen. Das Lesen von Büchern und Fachzeitschriften sowie der Besuch von Fachschulen liegt nicht nur im Interesse des Appreteurs, sondern auch, was allzuhäufig übersehen wird, im Interesse des Gesamtbetriebes. Beim Einkaufen der Appreturmittel ziehe man auch den Appreteur zu Rate, denn selbst der ungeschulte Appreteur kennt den Wert der ihm aus der Erfahrung bekannten Appreturmittel besser als der Kaufmann. Dadurch, daß man dem Appreteur einen Teil der Verantwortung bereits beim Einkauf der von ihm zu verwendenden Appreturmittel überträgt, wird sein Selbstbewußtsein und sein Geschäftsinteresse gehoben, wodurch er nicht nur ein dienendes Glied, sondern ein wertvoller Mitarbeiter des Unternehmens wird.

6. Kochapparate.

Es ist bemerkenswert, daß man zum Kochen der Appreturmassen heute noch alle Vorrichtungen verwendet, die je in den Handel kamen, vom einfachsten Kupferkessel mit offenem oder geschlossenem Feuer durch Holz oder Kohle bis zum geschlossenen, kippbaren, isolierten Kupferkessel mit Wasserkühlung und mechanischem Rührwerk bei geringem Dampfdruck sowie bei höherem Dampfdruck. Dazwischen liegt eine Menge von Bauarten: der einfache Holzbottich mit hölzernem, von Hand bewegtem Rührstab und direkter Dampfheizung, der aus der Färberei und Drukkerei übernommene Kupferkessel mit hölzernem Rührstab, dann der gleiche Kessel kippbar gemacht, mit mechanischem Rührwerk, Wasserkühlung und mit einfachem oder Doppelboden versehen, um mit direktem oder indirektem Dampf oder mit beiden Dampfarten zu kochen. Weiter kamen einfache Blechkessel mit mechanischem Rührwerk und direkter Dampfheizung in den verschiedensten Ausführungen zur Verwendung.

Die Erklärung für diese Tatsache liegt darin, daß alle diese

Apparate gewisse Vorteile besitzen, die sie für bestimmte Verhältnisse als am besten geeignet erscheinen lassen.

Ein kleiner Appreturbetrieb, der über keinen Dampf verfügt, kann nicht im Holzbottich kochen; er ist auf Feuer angewiesen und muß deshalb einen Kupferkessel verwenden, die er mit Holz oder Kohle heizen kann. Der Holzbottich hat vor den Kupferkesseln den nicht zu unterschätzenden Vorteil, daß seine Anschaffungs- und Unterhaltungskosten sehr gering sind und die fertiggestellte Appreturmasse leichter warm gehalten werden kann, da seine Wärmeausstrahlung geringer als die des Kupferkessels ist.

Wenn man nur direkten Dampf zur Verfügung hat, so muß man dafür Sorge tragen, daß nicht zu viel Kondenswasser in den Kochapparat gelangt, da es die Appreturmasse verdünnt. Diese Gefahr liegt nahe, wenn der Dampfkessel geringen Dampfdruck (Niederdruckkessel), kleinen Dampfraum sowie enge und lange Dampfleitungsrohre hat. In solchen Fällen beugt man einer zu starken Ansammlung von Kondenswasser im Kochapparat vor, indem man in die Dampfleitung unmittelbar vor dem Einlaßventil des Dampfes in den Apparat einen Wasserabscheider einbaut, der das zufließende Wasser ableitet.

Weiß der Appreteur aus Erfahrung, wieviel Kondenswasser während einer bestimmten Zeit zufließt, so kann er dieses an sich wertvolle Wasser dadurch ausnützen, daß er schon von vornherein der Appreturmasse entsprechend weniger Wasser zusetzt. Allerdings ist der Wasserzulauf nicht immer ganz gleichmäßig und läßt sich nicht immer im voraus genau bestimmen. Ich konnte gar oft beobachten, daß Appreteure bei einem unerwarteten Zufluß von Kondenswasser den Kochbottich nicht nur überfließen ließen, sondern sogar Appreturmasse wegschütteten, die sonach unbenützt blieb.

Durch diese Gedankenlosigkeit ergab sich nicht nur eine starke Verdünnung der Appreturmasse, sondern auch eine nutzlose Vergeudung von Appreturmasse und Zusätzen. Die unbeabsichtigte Verdünnung hatte ferner eine Beeinträchtigung der Ausrüstung zur Folge, da die Gewebe selbstverständlich weniger griffig ausfielen und ein nochmaliges Appretieren erforderlich machten. Erfahrungsgemäß aber ist durch ein wiederholtes Appretieren selten die verlangte Ausrüstung richtig zu treffen. Man sieht also, welche Folgen durch eine unbeabsichtigte Verdünnung der Appreturmasse entstehen [1].

Diese Mängel hat man durch Anwendung von indirektem Dampf beseitigt, dessen Kondensat nicht in die Appreturmasse gelangen kann, sondern abgeleitet wird. Diese Art der Kochung benötigt aber mehr Aufwand an Dampf (Wärme) und Zeit; deshalb kocht man die Appreturmasse mit direktem Dampf an und setzt das weitere Kochen mit indirektem Dampf fort. Das raschere Ankochen ist bei der gegenwärtigen Verringerung der Arbeitszeit nicht hoch genug einzuschätzen, da die menschlichen Arbeitskräfte und die Maschinen besser ausgenützt werden können.

Das mechanische Rührwerk und auch das Umrühren der Appreturmasse mit der Hand ersetzt man durch Anbringung eines Injektors an der Eintrittsstelle des Dampfes in die Appreturmasse. Die diesem Apparate entströmenden Dampfbläschen führen eine so gründliche und gleichmäßige Durchmischung der Appreturmasse mit den Zusätzen herbei, wie sie nicht leicht von einem Rührwerk überboten wird. Das Kochen mit dem Injektor geht außerdem fast geräuschlos vor sich, was in größeren Betrieben von großem Vorteil ist.

Der vollkommenste Kochapparat ist wohl der **Hochdruckkochkessel** oder **Autoclav**. Dieser Kessel ruht, wenn er von größerem Inhalte ist, auf einem festen, eisernen Gestell; bei kleinerem Inhalte wird er an einer Wand in einer solchen Höhe befestigt, daß er noch leicht bedient werden kann. Der Kessel ist aus Kupferblech hergestellt und für den üblichen Dampfdruck von 5 atü geprüft. Größere Kessel besitzen ein Mannloch zur Einbringung der Appreturmasse und Zusätze; bei kleineren Kesseln werden diese vermittelst eines Trichters durch ein mit einem Hahn verschließbares Rohr eingebracht. Oben befindet sich ein Sicherheitsventil und ein Manometer zur Einhaltung des Dampfdruckes im Innern des Kessels. An der Seite sind in verschiedenen Höhen je nach der Höhe des Kessels 1—2—3 Probierhähne angebracht, um Proben des Kesselinhaltes entnehmen und auf ihre Beschaffenheit prüfen zu können.

Durch einen am Boden des Kessels befindlichen, weiten Ablaß-

---

[1] Siehe auch den Abschnitt über „Ungleichartiger Ausfall der Appreturausrüstungen" (S. 220).

hahn kann man den dickflüssigen Kesselinhalt entweder in den Appretiertrog oder in ein Aufbewahrungsgefäß entleeren oder nach der Reinigung des Spülwassers ablaufen lassen. Durch Dampfdruck kann der Kesselinhalt in eine größere Höhe gebracht und durch ein seitliches Dampfeinlaßventil mit direktem oder indirektem Dampf gekocht werden. Das Sicherheitsventil dient zugleich zur Entlüftung des Kessels, wenn nicht ein Entlüftungsventil vorhanden ist.

Dieser Kessel hat den großen Vorteil der raschen Kochung und einer großen Dampfersparnis, da kein Dampf entweichen kann. Dagegen erfordert er größere Anschaffungskosten; auch kann man die Kochung nicht überwachen, was besonders bei der Aufschließung der Stärke mit einem fermentartigen Produkt ein großer Nachteil ist. Wenn auch Probierhähne vorhanden sind, die jederzeit eine Probenahme von Appreturmassen ermöglichen, so entspricht die entnommene Probe doch nicht genau der Temperatur und der Beschaffenheit der im Kessel enthaltenen Appreturmasse, da diese beim Durchlaufen durch die kleinen Röhrchen sich abkühlt und verdickt.

Wenn man sich ferner das starke Wärmeleitungsvermögen des Kupferblechs vor Augen hält, so erscheint es verständlich, daß sich die Appreturmasse im Kesselinnern verhältnismäßig schnell abkühlt. Will man nun mit stets heißer Appreturmasse appretieren, so ist es unvermeidlich, sie mit indirektem Dampfe auf der gewünschten Temperatur zu erhalten.

Der im folgenden beschriebene Kochapparat ist von diesem Nachteil frei. Es ist der geschlossene Kupferkessel mit niedrigem Dampfdruck, der auf seinem ganzen Umfange mit einer dicken Isolierschicht umgeben ist. In solchen Kesseln läßt sich die Appreturmasse erfahrungsgemäß zwei Tage hindurch in heißem Zustande erhalten. Der Kessel ist ebenfalls aus dickerem Kupferblech hergestellt, um einem leichteren Dampfdrucke von etwa $1/2$—1 atü mit Sicherheit widerstehen zu können. Der Kochapparat ist oben mit einem Mannloch ausgestattet, dessen Deckel mit einer dicken Isolierschicht versehen ist, die zumeist aus Korkabfällen besteht.

Dieser Apparat eignet sich besonders für Appreturbetriebe mit Tagesarbeitspartien, die mit der gleichen Appreturmasse behandelt werden können. Das sind entweder mittlere Betriebe mit einer geringen Zahl von Gewebegattungen oder größere Betriebe. Nach dem Fertigkochen benötigt die Appreturmasse den ganzen Tag keine Dampfzufuhr mehr, auch wenn immer heiß appretiert werden soll. Dadurch ergibt sich eine größere Dampfersparnis. Neben bzw. über dem Mannloch, aber in der Mitte, ist noch eine Rührvorrichtung vorhanden, die vermittelst eines konischen Räderpaares in Bewegung gesetzt werden kann.

Auf der einen Seite des Kochapparates ist eine Förderpumpe für die Appreturmasse vorhanden. Die Rohrleitung wird auf Wunsch mit einem Sicherheitsüberlaufventil versehen, das, wenn der Appretiertrog genügend mit Appreturmasse gefüllt ist, in Tätigkeit tritt und die von der Pumpe geförderte Appreturmasse wieder in den Kochapparat zurückleitet. Die Heizung kann mit direktem und indirektem Dampfe erfolgen. Während der ganzen Kochdauer bleibt das Rührwerk in Tätigkeit und wird ausgeschaltet, wenn die Appreturmasse fertiggestellt ist. Der Mannlochdeckel liegt nur lose während des Kochens im Mannloch, um den Vorgang bei der Kochung überwachen zu können. Dies ist ein besonderer Vorteil gegenüber dem Hochdruckkochkessel, der besonders bei der Aufschließung der Stärke zur Geltung kommt.

Da dieser Kochapparat unter geringerem Drucke steht als der Hochdruckkochkessel, kann das Kupferblech weitaus schwächer sein, wodurch sich die Anschaffungskosten vermindern, oder man kann mit den gleichen Anschaffungskosten einen Kochapparat von größerem Inhalte kaufen, dessen Inhalt zum Appretieren einer Tagespartie ausreicht, während man beim Hochdruckkessel zweimal kochen muß. Billige Kochapparate bestehen aus einem Holzbottich, der sonst die gleichen Armaturen erhält. Der Holzbottich verhindert auch eine allzuschnelle Abkühlung der Appreturmasse; diese behält jedoch die Wärme nicht in dem Grade wie der isolierte Kupferkessel.

Die umständliche Arbeitsweise des Hochdruckkessels kommt nicht so zur Geltung, wenn die Aufschließung mit Aktivin, Stokotabeletten oder mit Oxalsäure vorgenommen wird, da hierbei die Überwachung des Vorganges nicht so notwendig ist [1]. Man

---

[1] Vgl. die Abschnitte „Aufschließung oder Abbau der Stärke" (S. 73) und „Die Herstellung der Appreturmassen" (S. 87).

kann sogar länger kochen als notwendig ist, da der Abbau nur bis zu löslicher Stärke geht.

Der erfahrene Appreteur wird bald wissen, wie lange er eine bestimmte Menge von Appreturmasse von bekannter Zusammensetzung zu kochen hat, bis sie jene Beschaffenheit erreicht, die für eine gegebene Ausrüstung der Gewebe notwendig ist. Für die Ausrüstungen von Geweben mit unabgebauten Stärkeappreturmassen, wie z. B. die rohen, gefärbten, gebleichten und einige buntgewebte und bedruckte Gewebegattungen, kann der Hochdruckkessel immerhin noch gute Dienste leisten; aber die im Verhältnis zum Rauminhalt hohen Anschaffungskosten waren der allgemeinen Einführung in die Appreturbetriebe im Wege. Er stammt noch aus der Zeit, wo der isolierte Kupferkessel und auch die Aufschließung der Stärke mit fermentartigen Produkten unbekannt war.

Dagegen ist er für die Herstellung von Moos-, Algen- oder Flechtengallerten am Platze, da diese sich unter höherem Drucke leichter, schneller und gründlicher verkochen lassen als unter geringerem Drucke. Dies gilt aber nur für das Verkochen kleinerer Mengen; für größere Mengen müßte der Hochdruckkessel einen so großen Rauminhalt besitzen, daß die Anschaffungskosten seine Verwendung unmöglich machen.

Das Rührwerk hat die Aufgabe, eine möglichst schnelle und innige Vermischung der Zusätze vorzunehmen. Die einfachste Rührvorrichtung bestand aus zwei durch eine größere Zahl von Eisenstäben miteinander verbundenen Eisenschienen, die in der Mitte an einer Achse befestigt waren, welche durch ein konisches Zahnräderpaar in kreisende Bewegung versetzt wurde. Zur indirekten Heizung wurde anfangs eine Dampfschlange benützt, die aber beim Ansetzen und Abnehmen des Dampfzuleitungsrohres Zeitverlust und bei der Reinigung des Kessels Schwierigkeiten verursachte. Darum stattete man die Kochgefäße mit einem Doppelboden aus, dessen Zwischenraum mit direktem Dampfe geheizt wurde. Das zwischen den beiden Kupferböden sich bildende Kondenswasser wird durch einen Kondenswasserableiter abgeführt. Zum schnelleren Ankochen dient ein in die Appreturmasse hineinreichendes Rohr für direkten Dampf. Mit indirektem Dampfe kann die Appreturmasse auch warm gehalten werden.

Diese Kochgefäße werden zweckmäßig so hoch angeordnet, daß

die Appreturmasse durch den am Boden eingelassenen Ablaßhahn unmittelbar in den Appretiertrog geleitet werden kann. Damit beim Erkalten der Appreturmasse keine Stockung eintritt, wird das Ablaufrohr in einem ziemlich großen Gefälle gelegt. Der durch den Doppelboden reichende Ablaufhahn gab vielfach Veranlassung zu Reparaturen und verstopfte sich leicht durch erkaltende, dickflüssige Appreturmassen, was leicht zu Störungen beim Appretieren führte. Zudem war das Entleeren und Reinigen des Kessels mit Schwierigkeiten verbunden.

Alle diese Nachteile führten zum Baue der kippbaren Appreturkocher. Da war jedoch bei mechanischen Rührwerken eine Schwierigkeit zu überwinden, da die festgelagerten Rührvorrichtungen ein Kippen der Kessel nicht zuließen. So erhielten die Kochapparate schließlich folgende Einrichtung.

Oberhalb eines kräftigen Holz- oder Eisengerüstes ist die Transmissionswelle angebracht, die vermittelst eines Kegelräderpaares die Rührvorrichtung betätigt. Der kupferne, innen verzinnte Kessel hat einen Doppelboden. Die Heizung geschieht mit direktem und indirektem Dampfe. Ist die Appreturmasse fertiggekocht, so wird durch Lösung der oberhalb des Kessels befindlichen Kupplung das Rührwerk herausgenommen, worauf der Kessel gekippt und entleert werden kann. Das Kippen erfolgt durch Drehung eines Handrades mittels eines Schneckentriebes für größere Kessel, während für kleinere Kessel ein Handgriff ausreicht. Der eine Zapfen des Kippringes ist hohl und steht mittels Stopfbüchse mit der Dampfleitung in Verbindung.

Mit der Einführung des Diastafors und der fermentartigen Aufschließungsmittel wurde eine Wasserkühlung notwendig. Nach der Vorschrift der Deutschen Diamaltgesellschaft m. b. H. in München, der Lieferantin des Diastafors, werden alle Stärkesorten und Mehle, mit Ausnahme der Kartoffelstärke, erst durch kurzes Aufkochen mit Wasser zu einer Vorlösung gebracht; das Diastafor wird erst dann zugesetzt, wenn der erhaltene Kleister wieder auf 65° C abgekühlt ist. Um die hierzu erforderliche Zeit abzukürzen, leitet man in einen Doppelboden Kühlwasser ein, nachdem das Dampfanlaßventil geschlossen worden ist. Wenn die Abkühlung auf etwa 68° C angelangt ist, kann mit der Aufschließung der Stärke begonnen werden. Ist die gewünschte Dünnflüssigkeit erreicht, so läßt man den Dampf wieder in den Doppelboden einströmen, um den weiteren Abbau der Stärke zu unterbinden, indem das Ferment abgetötet wird.

Bei der Wahl eines Kochapparates spielt die Menge und Zusammensetzung der herzustellenden Appreturmassen eine große Rolle. Man muß berücksichtigen, daß in den Appreturbetrieben die verschiedenartigsten Zusammensetzungen vorkommen, die sich nicht nach einer Schablone verkochen lassen. Man wählt dann einen Kochapparat, der für die meisten Fälle geeignet ist. Nur größere Appreturbetriebe können mehrere Kochapparate anschaffen, die der Zusammensetzung der Appreturmassen gemäß eingerichtet sind.

7. Das Anfärben der Appreturmassen.

Der Appreteur kommt häufig in die Lage, seine Appreturmassen anfärben zu müssen, teils um den fertigen Waren ein gefälligeres Aussehen zu verleihen und sie leichter verkäuflich zu machen, teils um die Ware durch Ersparnis des Farblohns zu verbilligen. In Fällen, wo es weniger auf die Echtheitseigenschaften der Farben als auf Wohlfeilheit ankommt, wie z. B. bei Innendekorationen für Festlichkeiten, beruht die ganze Färbung der rohen oder gebleichten Waren auf einem Appretieren mit einer gefärbten Appreturmasse. Hier besteht der ganze Farblohn nur in den Kosten für die Farbstoffe.

Wenn wir für ungefärbte Gewebe, besonders in dunkleren Farbtönen eine Leim- oder Dextrinlösung von stärkerem Leim- beziehungsweise Dextringehalt oder eine Appreturmasse, die mit Stärke oder selbst auch aufgeschlossener Stärke hergestellt worden ist, verwenden, läßt es sich nicht vermeiden, daß nach dem Trocknen ein, wenn auch noch so leichter Schleier über den Farben zu liegen scheint.

Dies beruht auf dem Umstande, daß die genannten Appreturmassen nach dem Verdunsten des Wassers beim Trocknen keine feste wasserklare farblose Masse zurücklassen. Dieser Rückstand hat stets einen Farbton, der in weiß-gelb oder grau-weiß spielt. Bei helleren Farben ist diese Trübung der Farben weniger auffallend, dennoch ist es ratsam, beim Appretieren solcher Gewebe sich angefärbter Appreturmassen zu bedienen. Durch eine derartige Anfärbung wird nicht nur eine Trübung der Farben vermieden, sondern diese selbst noch gehoben, geschönt.

In früheren Zeiten hielt man die Leim- und Dextrinlösungen für vorzüglich geeignet zum Appretieren dunkler gefärbter Gewebe; man dachte keinesfalls an eine Anfärbung, da die Kundschaft an leichte Trübungen der Farben gewöhnt war. Dies ist aber anders geworden, die Geschmacksrichtung der Kundschaft hat sich verfeinert und dieser Tatsache muß der Appreteur gerecht werden, indem er alle für unigefärbte Gewebe bestimmten Appreturmassen anfärbt.

Nach dem Bleichen haben die Gewebe kein schönes Weiß, wie wir es unter dem Namen blütenweiß kennen, sondern es hat stets einen gelblichen Schein. Um diesen gelblichen Schein durch ein Blütenweiß zu ersetzen, werden die Appreturmassen angeblaut. Aber auch alle bedruckten und bunt gewebten Stoffe mit größeren, zusammenhängenden Flächen von Weiß werden angeblaut, um dieses zu schönen und besser aus dem Muster hervortreten zu lassen. Für Gewebe aus ganz minderwertigen Garnen werden die Appreturmassen besonders stark angeblaut, und zwar mit einer Körperfarbe von guter Deckkraft, die die Farbe der Rohgarne möglichst gut überdeckt.

Seitdem die weicheren Ausrüstungsarten die früheren harten verdrängt haben, ist man in den Appreturen von den Leim- und Dextrinlösungen abgegangen, und zwar schon aus wirtschaftlichen Gründen, und zur Verwendung von Stärke übergegangen. Besonders gut hat sich auch die Gallerte von Karragheenmoos zur naturellen Ausrüstung von gefärbten und gebleichten Geweben, die also keiner stärkeren Druckbehandlung nach dem eigentlichen Appretieren unterworfen werden müssen, bewährt.

Die Stärke findet als solche oder in Form von Mehl in der Appretur fast keine Verwendung mehr, sie muß in eine andere Form übergeführt werden, nämlich Kleister. Dieser hat die unangenehme Eigenschaft, daß er nach dem Trocknen die Farben trübt und die Gewebe schwer verkäuflich macht. Man hat wohl in der Aufschließung der Stärke ein Mittel gefunden, um die Farben nicht zu trüben, aber erstens entsteht durch den Abbau der Stärke ein Verlust an Klebkraft, der um so größer ist, je weiter der Abbau nach Zucker hin fortgeschritten ist; zweitens läßt es sich nicht vermeiden, daß bei unigefärbten Geweben doch eine leichte Trübung der Farben vorkommt, die bei einer sachgemäßen Anfärbung der Appreturmassen vermieden wird. Es ist also in den meisten

Fällen wirtschaftlicher, die gefärbten Gewebe mit angefärbten Appreturmassen zu appretieren.

Das Anfärben der Appreturmassen geschieht naturgemäß am besten mit einer der Grundfarbe naheliegenden Farbe, die etwas dunkler gehalten wird, als die Appreturmasse zufolge des Kleisters und vielleicht anderer Zutaten erfordern würde. Durch diesen Farbenüberschuß soll die Grundfarbe gehoben werden. Als Anfärbemittel für die Appreturmassen eignen sich im allgemeinen die sogenannten Körperfarben, da sie eine gute Deckkraft besitzen; die Grundfarben erscheinen voller und satter als bei Farbstoffen, die die trübenden Elemente der Appreturmassen nicht zu überdecken vermögen. Ich verstehe unter Körperfarben alle jene Farben, die in den gefärbten Garnen als feste Körper abgelagert sind, ob dies nun durch die Farbstoffe selbst, z. B. Ultramarin, Indigo, Chromgelb u. a., geschieht oder ob sie sich als feste Farblacke, wie Türkischrot, Blauholzschwarz u. dgl., in den Garnen vorfinden.

Andere Farben dagegen, wie die von den direktfärbenden Farbstoffen herstammenden, färben diese Elemente nur leicht an und lassen sie fast oder ganz durchsichtig erscheinen, so daß ihre Färbung doch noch zur Geltung gelangen kann. Aus dieser Gruppe der Farbstoffe findet für grau und schwarz vielfach das Diphenylschwarz, für blau substantive Farbstoffe, aber auch basische, wie Methylenblau, Methylviolett, Anwendung, die jedoch ohne Gerbstoffbeizung sehr lichtunecht sind und sich für eine längere Lagerung der Gewebe im Lichte nicht eignen. Diese Farbstoffe werden meistens nur wegen ihres billigen Preises und ihrer großen Ausgiebigkeit verwendet.

Für gelbe oder braune Anfärbemittel sind die, in den verschiedensten Tonabstufungen erhältlichen Ockersorten und Chromgelb als Körperfarbstoffe sehr gut geeignet; doch finden auch eigens für diesen Zweck hergestellte Holzfarbstoffe vielfache Benützung. Als schwarz ist das altbewährte Blauholzschwarz besonders gut zum Anfärben von Appreturmassen, da es die Grundfarbe am meisten hebt und sie voll macht. Für grün fand früher das Chromoder Guignelgrün in der Appretur vielfach Verwendung; es wurde ebenso wie alle anderen Körperfarben mit Albumin fixiert. Für Rot kam meistens nur Mennige in Betracht, doch werden alle Appreturmassen, die für grüne oder rote Grundfarben bestimmt sind, gegenwärtig mit den entsprechenden neueren Farbstoffen angefärbt.

Zum Anfärben der Appreturmassen muß auch, wie schon eingangs erwähnt, das Bläuen der gebleichten Waren gerechnet werden, um ihnen den gelblichen Schein zu nehmen und ein blaustichiges Weiß zu geben. Hierzu wird neben Ultramarin auch pulverförmiges oder in Oxalsäure gelöstes Berlinerblau sowie die schon besprochenen anderen blauen Farbstoffe, in neuester Zeit auch Indanthrenblau, empfohlen. Dieses Blau zählt auch zu den Körperfarben, hat vorzügliche Echtheitseigenschaften, doch dürfte sich seine Anwendung für gewöhnliche gebleichte Gewebe wegen des hohen Preises nicht eignen; es wäre aber für Spezialzwecke, z. B. für feinste Gewebe und Spitzen, am besten zu empfehlen.

Das weitaus am meisten verwendete Ultramarin, das fast in allen Tonabstufungen von graublau bis rot im Handel ist, eine ausgezeichnete Deckkraft besitzt, billig und sehr lichtecht ist, hat nur den einen Nachteil, daß es sehr säureempfindlich ist und sich selbst durch sehr verdünnte Mineral- und andere Säuren unter Ausscheidung von Schwefel zersetzt. Durch diese Ausscheidung wird jedoch der Zweck des Bläuens, den gelblichen Schein der gebleichten Gewebe zu verdecken, vereitelt. Zum Glück hat man es aber hier nie mit sauer reagierenden Appreturmassen zu tun, vielmehr mit alkalischen.

Bei alkalisch reagierenden Appreturmassen darf man aber auch das pulverige Berlinerblau nicht verwenden, da es sich selbst durch äußerst schwach alkalisch reagierende Appreturmassen unter Ausscheidung von gelbem Eisenhydroxyd zersetzt. Aus diesem Grunde wird es wohl trotz seiner vollen, satten Farbe nicht öfters verwendet.

Der Indigo, beziehungsweise das daraus hergestellte Indigokarmin, das als Bläuungsmittel empfohlen wird, verleiht den gebleichten Geweben einen grünen, dem Indigoblau in helleren Farben eigenen Ton, der manchenorts sehr unerwünscht ist.

Die oben besprochenen mineralischen Körperfarben dienen jedoch nicht allein als Anfärbemittel für die Appreturmassen, sondern haben auch den Vorteil, daß sie zufolge ihres höheren spezifischen Gewichtes als Beschwerungsmittel dienen und zum Undurchsichtigmachen der Gewebe beitragen. Würde eine Stärkeappreturmasse nur mit einem substantiven, direktfärbenden Farbstoffe angefärbt, dann mit ihr die Poren eines leicht eingestellten Gewebes gefüllt, so müßte das Gewebe trotz dieser Füllung wenn nicht durchsichtig, so doch durchscheinend bleiben, da der nur leicht angefärbte Kleisterrückstand ebenfalls durchscheinend oder durchsichtig ist. Diese beiden Eigenschaften werden aber durch die Anwesenheit von festen Körpern in diesem Kleisterrückstand zerstört, was gar oft für die Verkäuflichkeit einer Ware eine wesentliche Rolle spielt.

D. Das Appretieren.

1. Das Auftragen der Appreturmassen.

Eine der wichtigsten Arbeiten des Appreteurs ist das richtige Auftragen der Appreturmassen auf die Gewebe, da von dieser Behandlungsweise der Ausfall der Waren abhängig ist. Mit der gleichen Appreturmasse kann man bei den verschiedenen Auftragsverfahren voneinander abweichende Ausrüstungen erhalten, die gar nicht miteinander verglichen werden können. In früheren Zeiten nahmen die Appreteure, damals auch Zurichter genannt, die Gewebe durch einen hölzernen Trog oder Bottich, in dem sich eine größere Menge von, aus gegohrenem Mehl gebildeten Kleister befand und wanden sie mit der Hand aus. Dieses Auswringen ganzer Stücke war jedoch eine sehr mühselige und zeitraubende Arbeit, die man dadurch erleichterte, daß man den appretierten und längsgefalteten Warenstrang durch einen hölzernen, später messingenen Ring zog, um die überschüssige Appreturmasse abzustreifen.

Diese Arbeitsweise hatte aber einen ungleichmäßigen Ausfall der Ausrüstungen zur Folge. Um diese Ungleichmäßigkeit auszugleichen, wurden die Gewebe zwei bis dreimal durch den Ring gezogen, und zwar mit und ohne vorherige Tränkung mit Appreturmasse. Erst in neuerer Zeit, als die Anzahl der zu appretierenden Gewebe sich mehrte, vereinfachte man das Abstreifen der Appreturmasse durch Anwendung der Stärkmaschinen, bei denen die Appreturmasse fortlaufend auf die Gewebe gebracht und zwischen zwei Walzen vom Überschuß befreit wurde. Hierzu diente ein in einem hölzernen Gestell angebrachtes Quetschwalzenpaar, von denen die obere ein Walzentuch (Bombage) besaß, um den Druck elastischer zu gestalten. Die obere Walze konnte durch Hebel und Gewichte an beiden Seiten regelbar belastet werden, wie es die Ausrüstung und die Beschaffenheit der Appreturmasse erforderlich machten. Unterhalb dieses Walzenpaares befand sich ein durch Zahnstangen und Zahnräder heb- und senkbarer hölzerner, tiefer Trog zur Aufnahme der Appreturmasse, das Gewebe wurde mittels zwei bis drei Leitwalzen durch die Appreturflüssigkeit geführt.

Dieser Trog diente hauptsächlich zum Appretieren mit Füll- und stärker beschwerenden Appreturmassen, die nur sehr schwer in die Gewebe eindringen können, die Leitwalzen gestatteten der Ware, einen längeren Weg durch die Appreturflüssigkeit zu machen, um dieser Zeit zum Eindringen zu lassen. Vor dem Walzenpaar und dem Trog war ein Ausbreiter angebracht, um die Gewebe faltenlos in die Maschine einzuführen und aufzurollen. Für dünnflüssigere Appreturmassen, die von den Geweben leicht aufgenommen werden, ferner für heiße Appreturmassen wird der tiefe Trog durch einen seichten ersetzt, der ähnlich gebaut ist wie die Chassis bei den Druckmaschinen, doch besitzen sie für gewöhnlich zwei Leitwalzen am Boden des Behälters.

Beim Appretieren kann die Ware auf verschiedene Art durch die Maschine genommen werden, man spricht dann von Links-, Rechts- und Vollappretur. Die linke Seite wird nur bei gemusterten Geweben mit Appreturmasse versehen, bei Rechtsappretur die rechte Seite und bei Vollappreturen findet eine Durchtränkung statt, wie es beim Appretieren im tiefen Trog der Fall ist. Darüber, welche Seite appretiert werden soll, entscheidet meistens die Beschaffenheit der Farben, die Bindung des Gewebes und das Aussehen der linken Seite. Am gebräuchlichsten ist die Linksappretur, dann die Vollappretur, am seltensten die Rechtsappretur; diese kommt besonders bei einseitig gerauhten Geweben in Anwendung, um den Flor durch die Appreturmasse nicht allzusehr zu beeinträchtigen.

Bei der Linksappretur wird die Ware mit der rechten Seite nach oben durch das Walzenpaar geführt, bei der Rechtsappretur mit der linken Seite. Die Stücke laufen hierbei vom Ausbreiter unmittelbar zwischen das Walzenpaar, während sie bei Vollappretur durch den Trog gehen. Die Leitwalzen halten die Gewebe in der Appreturmasse, damit sie sich stets gleichmäßig mit Appreturmasse beladen. Die dritte höherliegende Leitwalze hat den Zweck, daß die Gewebe einen längeren Weg durch die Appreturmasse zurücklegen und mehr Appret aufnehmen.

Bei den Links- und Rechtsappreturen läuft die untere Walze zum Teil in der Appreturmasse und überträgt diese auf das Gewebe, die obere Walze preßt sie in das Gewebe hinein und quetscht den Überschuß ab. Bei der Vollappretur reicht die untere Walze nicht in die Appreturmasse hinein, sondern das Gewebe nimmt diese auf und wird vom Walzenpaar ausgequetscht.

Diese Art des Appretierens hat für gewisse Zwecke den Nachteil, daß die Gewebe nur soviel Appreturmasse aufnehmen, wie ihrer natürlichen Saugfähigkeit entspricht. Handelt es sich darum, den Geweben durch die Ausrüstung ein genau vorgeschriebenes Mehrgewicht zu geben, so greift man zum Appretieren mit der Rakel (Rakelappretur). Hierzu bedient man sich einer gravierten Walze, die in die Appreturmasse eintaucht und je nach der Tiefe und Ausdehnung der Gravur eine entsprechende Menge aufnimmt, während der Überschuß durch ein auf der Oberfläche anliegendes Lineal, die sogenannte Rakel, abgestreift wird.

Da man die Zusammensetzung der Appreturmasse kennt, läßt sich durch das Gewicht oder die Anzahl Liter genau ermitteln wieviel ein Gewebe durch das Appretieren an Gewicht zugenommen hat. Es läßt sich dann auch leicht berechnen, wieviel feste Körper die Appreturmasse enthalten muß, um mit einer gegebenen gravierten Walze ein bekanntes Mehrgewicht (Beschwerung) zu erzielen. Dies ist oftmals von großem Vorteil.

Der Beschaffenheit des Walzenüberzuges der Druckwalze ist eine besondere Beachtung zu schenken, da hiervon die Auftragung abhängt. Gerade bei Rechtsappreturen von gefärbten oder bedruckten Waren ist dies notwendig, um zu bestimmen, wie tief die Appreturmasse in das Gewebe eindringt. Ein zu weicher, sehr elastischer Überzug und seichte Gravur bringt die Appreturmasse mehr auf die Oberfläche der Gewebe, was bei vielen, hauptsächlich dunkleren Farben nicht immer erwünscht ist. Um ein Verschleiern der Farben zu vermeiden, muß die Appreturmasse in das Innere der Gewebe hineingepreßt werden, die Oberfläche soll möglichst frei bleiben. Dies ist mit härteren, weniger elastischen Überzügen und tieferen Gravuren leichter möglich als bei weichen, bei denen die Walzen mehrere Lagen der Bombage aufweisen.

Nach dem Appretieren werden die Gewebe aufgerollt und getrocknet. Dies geschah früher in der Trockenhänge, später auf der Trommeltrockenmaschine oder auf dem Spannrahmen. Neuerdings werden die Stärkmaschinen den Trockenmaschinen und auch den mechanischen Trockenhängen vorgebaut.

Bei der Herstellung der Appreturmassen für die Rakelappreturen ist weiter zu berücksichtigen, daß die Rakeln und Gravuren durch grobkörnige, mineralische oder erdige Körper sehr schnell abgenützt werden und oft erneuert werden müssen. Derartige Appreturmittel dürfen daher nur in äußerst fein verteiltem Zustande in die Appreturmasse gelangen. Wenn sie dann noch vor dem Kochen mit den anderen Zusätzen mit Wasser angeteigt werden, so ist es stets ratsam, diese Teigmassen durch ein feinmaschiges Sieb zu schlagen und erst dann den anderen Zusätzen beizufügen.

Die Stärkmaschinen unterscheiden sich nur wenig voneinander, höchstens durch die Zahl der Walzen und die Beschaffenheit des Baustoffes. Die neueren Maschinen sind meistens mit direktem Antrieb versehen. Auf Wunsch werden die Stärkmaschinen auch mit Friktionsverfahren ausgerüstet, um die Appreturmasse leichter und ausgiebiger in die Gewebe zu bringen. Ihre Wirkung beruht auf der verschiedenen Umfangsgeschwindigkeit der Walzen. Hierdurch wird bewirkt, daß besonders konsistente, stark beschwerende Füllappreturen, wie z. B. für Buchbinderleinen und ähnliche Gewebe, in die Poren der Gewebe hineingerieben werden und auch einen festeren Halt bekommen. Früher fand die **Friktionsstärkmaschine** viel häufigere Anwendung als heute, wo es sich mit Ausnahme von Futterstoffen und wenigen anderen Spezialartikeln in der Baumwolle mehr um leichtere Ausrüstungsarten handelt. Diejenigen Appreturbetriebe, die im Trockenturm oder in mechanischen Hängen trocknen, können die Friktionsstärkmaschine entbehren, da ihnen diese Trocknungsarten mehr Vorteile bieten. Die wirkliche Leistung einer Friktionsstärkmaschine wird in Fachkreisen zweifellos überschätzt.

Als Rakelappretur wird vielfach auch ein Appretierverfahren bezeichnet, das von oben her durch einen, die ganze Länge eines hölzernen Appretiertroges einnehmenden Schlitz Appreturmasse auf ein Gewebe laufen läßt, das in gespanntem Zustande sich unterhalb des Troges fortbewegt. Oberhalb des Gewebes befinden sich zwei Rakeln, die den Überschuß an Appreturmasse von demselben abstreifen. Zur besseren Spannung des Gewebes zwischen den beiden Rakeln ist unterhalb des Gewebes eine Holzleiste angebracht, die es zwischen den Rakeln nach aufwärts drückt. Für leichte einseitige Appretur genügt eine Rakel, hinter welcher man die konsistente Appretur auf das Gewebe bringt, das beim Durchlauf den Appret gemäß dem Abstande der Rakel aufnimmt.

Das Auftragen von Appreturmassen auf Gewebe kann auch mit der Einsprengmaschine erfolgen. Es kann sich hier selbstverständlich nur um dünnflüssige Appreturmassen handeln, die beispielsweise bei den Düseneinsprengmaschinen die Düsen nicht verstopfen können. Die Ausrüstung der baumwollenen Zanellas verlangt nur einen milden, aber doch etwas vollen Griff, der ihm durch einfaches Einsprengen mit einer Lösung, die neben einer geringen Menge Kartoffelsirup noch etwas Appreturöl enthält, gegeben wird. Diese beiden Appreturmittel bewirken ein Aufquellen der Garne, die voller werden, ohne daß der Griff durch das folgende Mangeln merklich leidet. Da der Kartoffelsirup wasseranziehend wirkt, schützt er die Gewebe vor dem Austrocknen, wodurch der volle Griff erhalten bleibt. Auch Matratzen- und Korsettstoffe von erster Qualität werden häufig mit der Einsprengmaschine appretiert, auch die Zusätze dienen dem gleichen Zweck wie bei der Ausrüstung der Zanellas. Die Matratzen- und Korsettstoffe von genannter Beschaffenheit werden jedoch nach dem Einsprengen gebeetelt.

2. Die Appretierverfahren.

Wie auch in dem Abschnitt ,,Appreturausrüstung nach vorgelegtem Muster" (S. 150) erwähnt wird, hat die Angabe von Verfahren zum Ausrüsten der verschiedenen Gewebegattungen nur den Zweck, eine Richtschnur zu geben. Um die Versuche zu erleichtern, sind bei den Verfahren dort, wo es wünschenswert erschien, auch die genauen Einstellungen der betreffenden Gewebegattungen in Breite der Waren, Ketten- und Schlußgarne angeführt. Auf Grund des Vergleiches dieser Einstellungen mit denen der Versuchsstücke wird es einem halbwegs tüchtigen Appreteur gelingen, die richtige Zusammensetzung der Appreturmassen zu treffen. Ich habe eine Auswahl unter den verschiedenartigsten Gewebegattungen getroffen und beginne mit einer Rohbaumwollware, der gebleichte, gefärbte und schließlich bunt gewebte und bedruckte Gewebe folgen sollen.

Die rohen, gebleichten und gefärbten Gewebe erhalten ausnahmslos die sogenannten Stärkeappreturmassen, deren wichtigster Bestandteil ein reiner Stärkekleister ist, in dem die Stärke noch nicht in lösliche Stärke und ihre weiteren Abkömmlinge abgebaut worden ist [1]. Das Appretieren mit Stärkekleister geschieht aus wirtschaftlichen Gründen zur Ersparnis an Stärke, die ihre Kleb- und Füllkraft zur Gänze beibehält. Um den Einfluß der weißen Farbe des getrockneten Kleisters auf das Aussehen der Ware zu beseitigen, wie bei den gefärbten Geweben, oder dieses Aussehen zu verbessern, zu verschönern, wird die Appreturmasse entsprechend angefärbt [2]. Es sei hier noch angeführt, daß die Herstellung der Stärkeappreturmassen sich nach den Grundsätzen richtet, die in dem Abschnitt über „Die Herstellung der Appreturmassen" erläutert wurden. Die Verfahren sind möglichst kurz gefaßt und nur dort, wo es wünschenswert erschien, ausführlicher behandelt. Auch die maschinelle Behandlung der Gewebe vor und nach dem eigentlichen Appretieren ist ebenfalls nur kurz angegeben, da sie in den betreffenden Abschnitten ausführlicher besprochen wird, z. B. „Sengen", „Mercerisieren", „Mangeln", „Beeteln" usw.

Verfahren 1. Ausrüsten von rohen Bettleinen (groben Bauernleinen).

Einstellung: 160 cm Warenbreite; 2070 Fd. Kette roh Nr. 10, Schuß Nr. 12 roh, 18 Fd. auf 1 cm. In 100 Liter fertiger Appreturmasse sind enthalten:

6 kg Weizen- oder Maisstärke,
1 „ Kartoffelstärke,
¼ „ Talg.

Spielt die Farbe des Rohgewebes zu sehr ins Grau- oder Gelbweiß, so empfiehlt es sich, zum Schönen der Ware noch etwa 25 g Ultramarinblau zuzusetzen. Appretieren und trocknen auf dem Spannrahmen, auskühlen lassen, kalandern ohne weiteren Druck als nur den der Druckwalze eines leichten Kalanders; dann dublieren und

---

[1] Genauere Angaben finden sich in dem Abschnitt „Was ist Stärkekleister?" (S. 73.)

[2] Siehe den Abschnitt über „Das Anfärben der Appreturmassen" (S. 97).

Die Appretierverfahren. 107

legen; da die Rohware noch keinen Eingang erlitten hat, kann das Appretieren und Trocknen auch auf einer Trommeltrockenmaschine erfolgen.

Verfahren 2. Ausrüsten von gebleichten Bettleinen.

Einstellung: 160 cm Warenbreite; 3520 Fd. Kette Nr. 20; Schuß Nr. 20, 15 Fd. auf 1 cm.

Auf der rechten Seite sengen, dann bleichen. In 100 Liter Appreturmasse sind enthalten:

8 kg Weizen- oder Maisstärke,   ½ kg Talg,
2 „ Kartoffelstärke,   25 g Ultramarin.
3 „ China clay,

Beidseitig durch den Trog appretieren, auf Spannrahmen trocknen, auskühlen lassen; dann leicht einsprengen, kalt kalandern und gut mangeln; dublieren und legen.

Verfahren 3. Ausrüsten von gebleichtem, leichtem Kaliko.

Einstellung: 70 cm Warenbreite, 2216 Fd ; Kette Nr. 36; Schuß Nr. 42, 21 Fd. auf 1 cm.

Beidseitig sengen und bleichen. In 100 Liter Appreturmasse sind enthalten:

10 kg Weizen- oder Maisstärke,   ¼ kg Türkischrotöl oder ein anderes
2 „ Kartoffelstärke,   Appreturöl
½ „ Talg,   5 „ China clay,
   35 g Ultramarin.

Beidseitig appretieren auf der Friktionsstärkmaschine, trocknen auf dem Spannrahmen oder einer mechanischen Hänge mit Ausbreitvorrichtung für die erforderliche Breite der Ware. Nachdem die Ware gut ausgekühlt ist, einsprengen, über Nacht gut zugedeckt liegen lassen, dann mangeln, dublieren und legen.

Verfahren 4. Ausrüsten von Shirting.

Einstellung: 90 cm Warenbreite, 2700 Fd.; Kette Nr. 30; Schuß Nr. 36, 20 Fd. auf 1 cm.

Sengen und bleichen.

In 100 Liter fertiger Appreturmasse sind enthalten:

11 kg Weizen- oder Maisstärke,   ¼ kg Stearin,
2 „ Kartoffelstärke,   4 „ China clay,
¼ „ Talg,   35 g Ultramarinblau.

Die auf dem Wasserkalander vorbehandelte Ware wird auf der Friktionsstärkmaschine einseitig appretiert, auf Spannrahmen getrocknet; auskühlen lassen, einsprengen, über Nacht oder während 6 Stunden gut zugedeckt liegen lassen, leicht kalandern, dann mangeln nach Bedarf. Dublieren (falls dies gewünscht wird) und legen. Soll die Ware gepreßt (gut geschlossen) erscheinen, so kann an Stelle der Mangelbehandlung ein heißes Kalandern unter schwerem Drucke treten. Dublieren und legen.

Verfahren 5. Ausrüsten von Chiffon.

Einstellung: 80 cm Warenbreite; 3300 Fd., Kette Nr. 30; Schuß Nr. 50, 48 Fd. auf 1 cm.

Sengen und bleichen. In 100 Liter Appreturmasse sind enthalten:

8 kg Weizen- oder Maisstärke,	400 g Talg,
2 ,, Kartoffelstärke,	100 g Monopolseife,
10 ,, China clay,	35 g Ultramarin.
400 g Stearin,	

Beidseitig appretieren durch den Trog, trocknen auf der Trommeltrockenmaschine, auskühlen lassen und kalandern; dublieren und legen.

Verfahren 6. Ausrüsten von gebleichten Damast-Tischzeugen.

Einstellung: 110 cm Warenbreite; 3100 Fd., Kette Nr. 20; Schuß Nr. 16, 27 Fd. auf 1 cm.

Sengen und bleichen. In 100 Liter Appreturmasse sind enthalten:

8 kg Weizen- oder Maisstärke,	¼ kg Stearin,
1 ,, Kartoffelstärke,	50 g Borax,
¼ ,, Monopolseife,	25 g Ultramarin.
½ ,, Talg,	

Linksseitig appretieren, auf der Trommeltrockenmaschine trocknen, damit das Muster besser hervortritt; auskühlen lassen, einsprengen und leicht mangeln oder beeteln; dann dublieren und legen. Wenn es der Preis der Ware erlaubt, kann an Stelle des Mangelns ein Beeteln treten, wodurch das Musterbild erhabener erscheint.

Die Appretierverfahren.

Verfahren 7. Ausrüsten von grau gefärbtem Kattun.

Einstellung: 70 cm Warenbreite, 1550 Fd., Kette Nr 24; Schuß Nr. 26, 20 Fd. auf 1 cm.

In 100 Liter fertiger Appreturmasse sind enthalten:

8 kg Weizen- oder Maisstärke,   ½ l Appreturöl,
1½ ,, Kartoffelstärke,   25 g Diphenylschwarz R.

Appretieren durch den Trog; trocknen auf Spannrahmen, auskühlen lassen und kalandern; legen

Verfahren 8. Ausrüsten von grauem Organtin.

Einstellung: 104 cm Warenbreite, 2520 Fd., Kette Nr. 36; Schuß, Nr. 40, 29 Fd. auf 1 cm.

In 100 Liter Appreturmasse sind enthalten:

8 kg Weizen- oder Maisstärke,   300 g Monopolseife,
3 ,, Kartoffelstärke,   5 kg China clay,
600 g Olivenöl,   30 g Diphenylschwarz R.
300 g Talg

Appretieren durch den Trog und trocknen auf dem Spannrahmen; dann wieder appretieren durch den Trog und trocknen in der Hänge. Ist keine Hochhänge vorhanden, so wird das erste Mal auf dem Spannrahmen getrocknet unter Berücksichtigung des Einganges beim zweiten Trocknen, das auf der Trommeltrockenmaschine erfolgt. Nach dem zweiten Trocknen auskühlen lassen, einsprengen, über Nacht oder während 6 Stunden gut zugedeckt liegen lassen, dann mangeln nach Bedarf, dublieren und legen. Das zweite Trocknen in der Hänge bringt eine Geschlossenheit der Ware und einen besseren Halt der Appreturmasse in den Maschen der Gewebe mit sich, wie sie von keinem anderen Ausrüstungsverfahren mit den gleichen Kosten erreicht werden.

Verfahren 9. Ausrüsten von schwarzem Organtin.

Einstellung wie vorhin. In diesem Falle wird das Füllmittel China clay weggelassen, da sich das Anfärben desselben bis auf Schwarz viel teurer stellen würde als der Ersatz durch Weizenstärke.

Hier kommen auf 100 Liter Appreturmasse:

10 kg Weizen- oder Maisstärke,   300 g Monopolseife und Anfärben
3 ,, Kartoffelstärke,   mit
600 g Olivenöl,   30 g Diphenylschwarz R.
300 g Talg

Sonst werden die schwarzen Organtine in gleicher Weise wie die grauen behandelt.

Verfahren 10. Ausrüsten von schwarzem Glanz-Croisé.

Einstellung: 70 cm Warenbreite, 2000 Fd., Kette Nr. 20; Schuß Nr. 16, 18 Fd. auf 1 cm.

Während bei den Ausrüstungsarten nach den Verfahren Nr. 7, 8 und 9 ein Sengen nicht erforderlich war, da es sich um billige Massenartikel handelte, müssen diese Waren gesengt werden, da der Glanz durch die abstehenden Baumwollfasern stark beeinträchtigt würde. Die Ware wird daher vor dem Färben beidseitig gesengt. Aus demselben Grunde wie beim Verfahren Nr. 9 entfällt hier die Verwendung von China clay; dafür wird mehr Stärke genommen.

In 100 Liter Appreturmasse sind enthalten:

14 kg Weizen- oder Maisstärke,   100 g Borax,
3 ,, Kartoffelstärke,   1 kg Blauholzextrakt, 30^0 Bé,
$1/2$,, Marseillerseife, $1/4$,, Querzitron 30^0 Bé,
$1/2$,, Stearin,   100 g Kupfervitriol,
$1/2$,, Talg,   50 g Chromsaures Natron.

Appretiert wird zweimal auf der Friktionsstärk- oder der Rakelstärkmaschine, das erste Mal trocknen auf dem Spannrahmen unter Berücksichtigung des Einganges beim zweiten Trocknen auf der Trommeltrockenmaschine. Für das Trocknen gilt das gleiche, was beim Verfahren Nr. 8 für die Hänge ausgeführt worden ist. Nach dem zweiten Trocknen läßt man auskühlen, sprengt die Ware gut ein, läßt wieder über Nacht oder 6 Stunden gut zugedeckt liegen und schickt die Ware zweimal durch einen Friktionskalander und mangelt schließlich. Verträgt es der Preis der Ware, so kann nach dem Friktionieren noch ein Beeteln erfolgen, wodurch die Köperbindung wieder gehoben wird und die Ware ein viel schöneres Aussehen erhält. An Stelle des Friktionskalanders leistet auch ein vielwalziger Kalander mit mehreren Papierwalzen gute Dienste, da die Pressung der Köperbindung nicht so stark ist und dennoch ein schöner Glanz erzielt wird. Diese neuen vielwalzigen Kalander

Die Appretierverfahren. 111

haben darum die Friktionskalander vielfach mit Vorteil ersetzt. Schließlich wird dubliert und gelegt.

Verfahren 11. Ausrüsten von schwarzem Cloth.

Einstellung: 140 cm Warenbreite, 3920 Fd., Kette Nr 40; Schuß Nr. 42, 35 Fd. auf 1 cm.

Diese Waren verlangen, wenn sie ein tadelloses Aussehen erhalten sollen, bei allen Behandlungen eine besonders große Sorgfalt. Zunächst werden sie zweimal auf jeder Seite gesengt, um alle von den Garnen abstehenden Baumwollfasern sicher zu entfernen. Wenn die Waren eine hellere Farbe erhalten sollen, erfordern sie vor dem Färben zumindest eine Halb-, besser aber eine Vollbleiche. Je satter, blumiger die Farbe ist, desto schöner wird das Aussehen der Ware ausfallen. Schon aus diesem Grunde werden für die Grundfarben und zum Anfärben der Appreturmassen für diese Cloths heute noch vielfach die alten Holzfarbstoffe verwendet. Sogar das Anilinoxydationsschwarz kommt hier noch zur Geltung, da diesem, sowie dem alten Blauholzschwarz keines der neuzeitlichen Schwarz an blumigem Aussehen nahe kommt. Wenn jedoch mit den neueren schwarzen Farbstoffen die Grundfarbe gefärbt wird, so sollte wenigstens die Appreturmasse mit dem Blauholzschwarz angefärbt werden, da es eine sehr gute Deckkraft besitzt.

Hinsichtlich der Appreturmasse sind die Wünsche der Kundschaften außerordentlich mannigfaltig. Bei der gleichen Wareneinstellung werden kräftige, mittlere und selbst ganz weiche Griffungen verlangt. Für die genannte Einstellung wird folgende Appreturmasse empfohlen. In 100 Liter fertiger Appreturmasse sind enthalten:

8 kg Weizen- oder Maisstärke,   1 kg Blauholzextrakt 30° Bé,
1 ,, Kartoffelstärke,   ¼ ,, Querzitronextrakt 30° Bé,
¼ ,, Stearin,   100 g Kupfervitriol,
¼ ,, Bienenwachs,   50 g Chromsaures Natron.
¼ ,, Marseillerseife,

Appretiert wird durch den Trog und getrocknet auf dem Spannrahmen, wobei darauf geachtet werden muß, daß die Köperbindung stets gleichlaufend bleibt und keine Zerrung eintritt. Damit der etwas matte Seidenglanz erhalten wird, ist ein gründliches Auskühlen der Ware nach dem Trocknen unerläßlich; bei diesen

Cloths leisten besonders die an den mechanischen Hängen in neuerer Zeit angebrachten Kühlvorrichtungen gute Dienste. Aber auch das Einsprengen der Ware muß ganz gleichmäßig geschehen und bei dem folgenden Liegen der aufgerollten und gut zugedeckten Ware über Nacht oder mindestens über 6 Stunden muß Gewähr für ein gleichmäßiges Durchfeuchten der Ware vorhanden sein. Dann wird die Ware warm ohne besonderen Druck kalandert und gebeetelt, so daß die Köperbindung stark hervorgehoben wird. Die gleichen Gewebegattungen werden auch mit dem bekannten Seidenfinish versehen, der mit dem Riffelkalander erhalten wird. In diesem Falle wird die angegebene Appreturmasse durch eine ganz schwache Gummi-, Leim- oder Karragheenmooslösung, der etwas Glyzerin beigegeben ist, ersetzt. Andere Ausrüstungsarten der Cloths werden nach dem Sengen merceriert, dann gefärbt und gummiert, wie oben angegeben und noch mit oder ohne Riffelkalander behandelt, in letzterem Falle aber gebeetelt. Nun werden die Waren dubliert und gelegt.

Verfahren 12. Ausrüsten von gerauhtem Barchent.

Einstellung: 70 cm Warenbreite, 1496 Fd., Kette Nr. 36; Schuß Nr. 12, 21 Fd. auf 1 cm.

Vor dem Färben wird die Ware dreimal auf der linken Seite vorgerauht und dann gefärbt, was gegenwärtig meistens mit substantiven Farbstoffen erfolgt, früher ausschließlich mit Blauholz. Nach dem Färben wird mit einer Appreturmasse behandelt, die in 100 Liter enthält:

6 kg Weizen- oder Maisstärke, 25 g Diphenylschwarz zum An-
2 ,, Kartoffelstärke,   färben der Appreturmasse.
200 g Talg,

Rechtsseitig appretieren und trocknen auf dem Spannrahmen, dann in 2—3 Durchgängen durch die Rauhmaschine aufrauhen, dann aufrollen.

Verfahren 13. Ausrüsten von braunem, schwarzem und grauem Molton.

Einstellung: 64 cm Warenbreite, 1480 Fd., Kette Nr. 24; Schuß, Nr. 8, 30 Fd. auf 1 cm.

Diese Waren werden beidseitig je 3—4 mal vorgerauht, dann gefärbt. Um den Eingang der Waren in der Breitenrichtung durch das Rauhen aufzuheben, werden sie durch eine aufgeschlossene

Stärkelösung genommen, auf dem Spannrahmen, der entsprechend dem noch folgenden Eingang in der Breite beim Nachrauhen eingestellt ist, getrocknet, mehrmals links und rechts je ein- bis zweimal nachgerauht und aufgerollt. Die Stärkelösung wird derart hergestellt, daß auf 100 Liter Lösung 2 kg Kartoffelstärke mit 40 g Aktivin aufgeschlossen werden. In manchen Betrieben wird dieses Appretieren ganz unterlassen, dafür aber die Waren in der Breite, in der Ketten- und Schußdichte so eingestellt, daß sie nach dem Rauhen gerade die erforderliche Breite besitzen. Der durch das Rauhen erzielte Breiteneingang der Waren bzw. die dadurch bedingte breitere Einstellung derselben ergibt sich aus der Erfahrung. Welches von den beiden Verfahren, mit oder ohne Appretieren, besser ist, lehrt in den einzelnen Fällen die Kostenberechnung.

Verfahren 14. Ausrüsten von Blauleinen.

Einstellung: 70 cm Warenbreite, 1490 Fd., Kette Nr, 24; Schuß Nr. 12, 24 Fd. auf 1 cm.

Es handelt sich hier ausschließlich nur um indigoblau gefärbte Waren zu Arbeiterkleidern und Arbeiterschürzen. Nach dem Färben werden die Waren mit einer Appreturmasse behandelt, die in 100 Liter enthält:

8 kg Kartoffelstärke, mit $\;\;\;$ ¾ l Appreturöl und
80 g Aktivin aufgeschlossen, dann $\;\;\;$ 10 g Methylenblau R zugegeben.

In manchen Betrieben wird die Appreturmasse nicht angefärbt, da man von der Voraussetzung ausgeht, daß richtig aufgeschlossene Stärke die Grundfarbe Indigoblau nicht trüben könne Dies ist gewissermaßen richtig, da die Trübung einer Farbe ein ziemlich dehnbarer Begriff ist und die Erfahrung in der Appretur bei der Vergleichung eines appretierten mit einem unappretierten Gewebe gelehrt hat, daß durch eine leichte Anfärbung mit einem basischen blauen Farbstoff, die Appreturmasse die Grundfarbe sogar bedeutend verschönern kann. Aus diesem Grunde habe ich alle Blauleinenappreturmassen angefärbt. Die Kosten der Anfärbung sind so gering, daß sie im Vergleich zur Verschönerung der Grundfarbe gar nicht ins Gewicht fallen.

Vielfach wird zum Ausrüsten der Blauleinen auch eine Salzappreturmasse nach folgendem

Verfahren 15

verwendet, die jedoch neben den gewöhnlichen Bittersalzappreturzusätzen [1] noch etwas Leim und Karragheenmoosgallerte enthält.
In 100 Liter fertiger Appreturmasse sind enthalten:

    8 kg Sirup,   2 kg Leim, die Gallerte von
10 ,, Bittersalz,   0,6 ,, Karragheenmoos,
  3 ,, Dextrin,   10 g Methylenblau.

Diese Appreturmasse ist zwar etwas umständlicher herzustellen, gibt jedoch der Ware eine größere Füllung, die manchenorts sehr erwünscht ist. In beiden Fällen, ob nach dem Verfahren 14 oder 15 appretiert wird, trocknet man auf dem Spannrahmen und kalandert nach dem Abkühlen nur mit dem Druck der Druckwalze eines leichten Kalanders, damit kein Glanz auf der Ware erzeugt wird. Meistens wird die Ware langgelegt, selten dubliert.

Verfahren 16. Ausrüsten von hellbödigem Oxfordartikel.

Einstellung: 76 cm Warenbreite, 2900 Fd., Kette Nr. 30; Schuß Nr. 12, 18 Fd. auf 1 cm.

Die Schönheit des Aussehens der fertigen Ware hängt vielfach nur von der guten Beschaffenheit der Ketten- und Schußgarne ab; sie dürfen nicht zu hart gedreht sein, damit sie sich durch die Kalander leicht pressen lassen, um Geschlossenheit zu erzielen, ohne zu viel Glanz in der Ware zu erhalten. Da die Waren an und für sich von guter Beschaffenheit sind, bedürfen sie nur einer leichten Appreturmasse; zufolge ihrer hellen Ausmusterung kann reiner Kleister in Verbindung mit einem Fettkörper Verwendung finden, ohne daß eine Verschleierung der Farben zu befürchten ist.
In 100 Liter fertiger Appreturmasse sind enthalten:

    5 kg Weizen- oder Maisstärke   ¼ l Appreturöl

Appretieren und trocknen auf dem Spannrahmen, auskühlen lassen, dämpfen und kalandern mit geheizter Stahlwalze. Auf Pappdeckel aufwickeln.

Verfahren 17. Ausrüsten von dunkelbödigem Oxford.

Einstellung: 76 cm Warenbreite, 2520 Fd., Kette Nr. 26; Schuß Nr. 30, 30 Fd. auf 1 cm.

In 100 Liter fertiger Appreturmasse sind enthalten:

---

[1] Vgl. den Abschnitt über „Die Salzappreturen" (S. 124).

6 kg Kartoffelstärke, mit 3 kg Sirup und
70 g Aktivin aufgeschlossen, dann ¼ l Appreturöl
zugegeben und nochmals aufgekocht.
Appretieren und trocknen auf dem Spannrahmen, auskühlen lassen und warm kalandern ohne stärkeren Druck.

Verfahren 18. Ausrüsten von gestreiften Arbeiterblusen.

Einstellung: 76 cm Warenbreite, 2140 Fd., Kette Nr. 20; Schuß Nr. 20, 24 Fd. auf 1 cm.
In 100 Liter fertiger Appreturmasse sind enthalten:

5 kg Weizenstärke,
5 ,, Sirup,
¼ ,, Appreturöl.

Appretieren und trocknen auf dem Spannrahmen, auskühlen lassen und kalandern ohne stärkeren Druck.

Verfahren 19. Ausrüsten von Jone-Hemdenstoff geköpert.

Einstellung: 78 cm Warenbreite, 2260 Fd., Kette Nr. 24; Schuß Nr. 16, 25 Fd. auf 1 cm. Dies ist ein leicht griffiger, aber etwas voller Hemdenstoff, der sich angenehm trägt. Da er ebenfalls von heller Ausmusterung ist, kann zur Appreturmasse unaufgeschlossener Stärkekleister Verwendung finden. In 100 Liter fertiger Appreturmasse sind enthalten:

4 kg Weizen- oder Maisstärke, 3 kg Sirup,
1 ,, Kartoffelstärke, ½ l Appreturöl.

Appretieren und trocknen auf dem Spannrahmen, auskühlen, dämpfen und heiß kalandern mit leichtem Kalander. Aufwickeln auf Pappdeckel.

Verfahren 20. Ausrüsten von Inletts.

Einstellung: 78 cm Warenbreite, 2140 Fd., Kette Nr. 24; Schuß Nr. 30, 30 Fd. auf 1 cm.
Der Verwendungszweck des Inletts verlangt in erster Linie Geschlossenheit der Ware, die meist schon durch die dichtere Einstellung in Kette und Schuß hervorgerufen wird, also keine besonders starke Füllung notwendig macht. In 100 Liter fertiger Appreturmasse sind enthalten:

10 kg Kartoffelstärke, mit 5 kg Sirup und
120 g Aktivin aufgeschlossen, dann ½ l Appreturöl
zugegeben und nochmals aufgekocht.

Appretieren und trocknen auf dem Spannrahmen, auskühlen lassen, einsprengen und unter starkem Drucke heiß kalandern.

Bessere Einstellungen von Inletts werden auch mercerisiert und durch den Riffelkalander genommen. Andere werden nach dem Appretieren, wie eben angegeben, und nach dem heißen Kalandern noch gebeetelt oder gemangelt, wie es eben die Preislage erlaubt.

Verfahren 21 u. 22. Ausrüsten von Züchen (naturelle Ausrüstung).

Einstellung: 118 cm Warenbreite, 3620 Fd., Kette Nr. 24; Schuß Nr. 26, 27 Fd. auf 1 cm.

Hier möchte ich zwei Verfahren angeben, und zwar

Verfahren 21.

mit einer Salzappreturmasse nach dem Abschnitt „Die Salzappreturen" in einer Stärke von 15^0 Bé und

Verfahren 22,

wobei bei gleicher Einstellung aufgeschlossene Stärke zur Verwendung gelangt. In 100 Liter fertiger Appreturmasse sind enthalten:

10 kg Kartoffelstärke, mit	dann noch die Gallerte von
120 g Aktivin aufgeschlossen,	0,6 kg Karragheenmoos und
	¼ l Appreturöl

zugegeben und das Ganze aufs neue aufgekocht. Diese Appreturmasse hat vor der Salzappreturmasse von 15^0 Bé den besonderen Vorzug der bedeutend größeren Füllung unter Beibehaltung des weichen Griffes der naturellen Ausrüstung. Sie ist daher dort zu empfehlen, wo es sich um eine größere Füllung handelt. Bei beiden Verfahren wird auf Spannrahmen appretiert und getrocknet; dann auskühlen lassen, dämpfen und leicht kalandern, da diese Ausrüstung keinen Glanz verlangt.

Etwas umständlicher ist die vielfach gewünschte Mangelausrüstung, selbst bei der gleichen Einstellung, wie vorhin angegeben worden ist.

Verfahren 23.

Die schlesischen Buntwebereien, die sich mit der Herstellung von **Züchen in Mangelausrüstung** befaßten, hatten früher, zum Teil wohl auch jetzt noch ihr eigenes Appreturverfahren, das sie streng geheim hielten oder wenigstens halten wollten. Aber es

Die Appretierverfahren. 117

wäre für manchen besser gewesen, wenn sie ihr Verfahren durch andere Wettbewerber in der Anfertigung der Waren hätten ausführen lassen und für sich ein besseres gewählt hätten. So fand ich ein Verfahren vor, das ein seltsames Gemisch der verschiedenartigsten Appreturmittel aus älterer und neuester Zeit darstellte, deren Zusammensetzung keine Spur von fachmännischem Geiste aufwies. Es erschien mir, als ob je ein neues Appreturmittel von einer Reihe von chemischen Fabriken wahllos in ein älteres Verfahren hineingezwängt worden wären, nur um stets neue Vorteile in einer Appreturmasse zu vereinigen, ohne zu berücksichtigen, ob ein Zusatz nicht etwa die Wirkung eines anderen aufzuheben vermöge.

Die Mangelausrüstung soll den Geweben das Gepräge von Leinenwaren geben, kalten, etwas vollen Griff, aber nicht papierig, und Leinenglanz. Bei der angegebenen Einstellung bedürfen sie keiner besonderen Füllung. Der kalte Griff wird weniger durch flüssige Öle oder Fette, als vielmehr durch Fettkörper von höherem Schmelzpunkte erhalten; hierfür würde sich Paraffin besonders gut eignen. Da ich aber das Paraffin aus der Appretur gänzlich verdrängt wissen möchte, um wegen seiner außerordentlich schweren Entfernbarkeit keine Schwierigkeiten bei anderen Ausrüstungen zu erhalten, habe ich das Paraffin durch die Stearine und Seifen ersetzt. Eine Appreturmasse für Züchen mit Mangelausrüstung setzt sich folgendermaßen zusammen. In 100 Liter sind enthalten:

8 kg Kartoffelstärke, mit	¼ kg Stearin,
120 g Aktivin aufgeschlossen,	¼ ,, Monopolseife und
dann mit	¼ ,, Bienenwachs weiter gekocht.

Wenn es sich um buntgewebte Waren, wie in diesem Falle, handelt, bei denen auf den Breiteneingang vor dem Appretieren nicht zu achten war, so eignen sich für die Trocknung die Trommeltrockenmaschinen besser als die Spannrahmen, da ihre Trocknung dem Ausfall der Waren entgegenkommt und ihn unterstützt. Nun muß in der Weberei darauf Rücksicht genommen werden, daß die Waren bei dieser Trocknung einen, wenn auch unter Umständen geringen Eingang in der Breitrichtung aufweisen. Nach dem Trocknen läßt man auskühlen, sprengt die Ware ein, läßt gut zugedeckt über Nacht oder 6 Stunden liegen, damit die Feuchtigkeit gleichmäßig durchziehen kann, kalandert mit größerem Drucke und mangelt nach Bedarf; dublieren und legen.

Verfahren 24. Ausrüsten der einseitig gerauhten Flanelle.

Einstellung: 75 cm Warenbreite, 2184 Fd., Kette Nr. 24; Schuß Nr. 14, 25 Fd. auf 1 cm.

Diese Waren werden in kräftiger und gelinder Füllung gewünscht. Für die erstere Ausführung bedarf es deshalb einer anderen Appreturmasse als bei der letzteren; es sollen deshalb beide angegeben werden.

Um einen weichen, wolligen Griff zu erhalten, ist es ratsam, auch die rechte Seite etwas anzurauhen. Dies darf jedoch nur in einem solchen Grade geschehen, daß diese Seite bei der Übersicht einen leichten Flor aufweist, ohne jedoch als gerauht zu erscheinen; auch darf eine Verschleierung des Musters nicht eintreten. Diesen Zweck erreicht man mit einer Schmirgelmaschine oder in Ermanglung einer solchen mit einer alten fünfwalzigen Rauhmaschine, bei der man jedoch nur eine Walze schwach angreifen läßt. Dann wird die Ware auf der linken Seite 3—4 mal, je nach dem gewünschten Flor und der Drehung der Schußgarne, gerauht [1]. Nach dem Rauhen wird appretiert mit einer Appreturmasse, die sich folgendermaßen zusammensetzt. In 100 Liter sind enthalten (bei kräftiger Füllung):

6 kg Kartoffelstärke, mit	500 g Karragheenmoos,
90 g Aktivin aufgeschlossen,	¼ l Appreturöl,
dann die Gallerte von	100 g Kochsalz

zugegeben und das Ganze nochmals aufgekocht. Der Zusatz von Kochsalz erfolgt zu dem Zwecke, um die Ware gegen Austrocknen zu schützen und ihr stets den wolligen Griff zu erhalten.

Eine ganz weiche Ausrüstung wird mit

Verfahren 25

erreicht. Die Appretur setzt sich aus

    8 kg Sirup, der Gallerte von
    700 g Karragheenmoos und
    ¼ l Appreturöl

zusammen und wird ebenfalls 100 Liter abgestellt.

---

[1] Vgl. den Abschnitt über „Die Rauherei im allgemeinen" (S. 153).

Da der Sirup auch wasseranziehend wirkt, entfällt hier die Verwendung von Kochsalz. Darauf folgt appretieren und trocknen auf Spannrahmen, bei dessen Einstellung ein neuer Breiteneingang durch das Nachrauhen zu berücksichtigen ist. Auskühlen lassen, dämpfen, leicht kalandern, 2—3 mal nachrauhen, dann dekatieren und aufrollen.

Verfahren 26. Ausrüsten von leichten doppelseitigen Flanellen.
Einstellung: 75 cm Warenbreite, 2184 Fd., Kette Nr. 26; Schuß Nr. 20, 25 Fd. auf 1 cm.

Auf jeder Seite 3—4 mal vorrauhen[1], dann appretieren mit einer Appreturmasse, die in 100 Liter enthält:

5 kg Kartoffelstärke, mit	700 g Karragheenmoos,
75 g Aktivin aufgeschlossen,	¼ l Appreturöl und
dann die Gallerte von	100 g Kochsalz

zugegeben und erneut aufgekocht.

Nach dem Appretieren trocknen auf dem Spannrahmen (siehe auch das beim Verfahren 24 Erwähnte).

Nach dem Trocknen auskühlen lassen, dämpfen, leicht kalandern und auf jeder Seite 2—3 mal nachrauhen, dann dekatieren und aufrollen.

Im Handel erscheinen auch verschiedene Gattungen von Flanellen unter dem Namen Sportflanelle mit den mannigfaltigsten Einstellungen in Kette und Schuß sowie im Aussehen des Flors. Manche dieser besser eingestellten Gewebe erhalten als Appreturmasse nur eine schwache Karragheenmoosgallerte oder auch nur eine schwache Lösung von Monopolseife. Die Wünsche der Kundschaft in bezug auf das Aussehen des Flors sind sehr verschieden; manche geben sich mit dem Flor zufrieden, den die neuzeitlichen 30- und 36 walzigen Rauhmaschinen bei sachgemäßer Bedienung und entsprechender Beschaffenheit der Ketten- und Schußgarne zu erzeugen vermögen, andere verlangen einen filzartigen, kurzen Flor, den die Filzmaschinen zu liefern imstande sind. Bei der Ausrüstung der Flanelle sind deshalb die Wünsche der Kundschaften und demzufolge die Auswahl der Ausrüstungsmaschinen eine sehr ernste Frage für den Appreteur.

---

[1] Siehe näheres in dem Abschnitt über „Die Rauherei im allgemeinen" (S. 153).

Verfahren 27. Ausrüsten der feinen Zephire.

Einstellung: 80 cm Warenbreite, 2610 Fd., Kette Nr. 100/2; Schuß Nr. 80, 56 Fd. auf 1 cm.

Wenn es die Farben erlauben, werden die Gewebe beidseitig gesengt und gut ausgewaschen. Wurden dieselben mit übermäßig geschlichteten Kettengarnen gewebt, so muß noch eine Entschlichtung erfolgen. Auf dem Wasserkalander entwässern, dann appretieren mit einer Appreturmasse, die in 100 Liter enthält:

| 5 kg Kartoffelstärke, mit | $\frac{1}{4}$ kg Stearin und |
| 70 g Aktivin aufgeschlossen, dann | $\frac{1}{8}$ kg Monopolseife |

zugegeben und das Ganze neu aufgekocht.

Auf dem Spannrahmen oder der Trommeltrockenmaschine appretieren und trocknen, auskühlen lassen, einsprengen und auf einem mehrwalzigen Kalander scharf durchnehmen; dann dublieren und aufwickeln.

Verfahren 28. Ausrüsten der feinen Damenblusenstoffe für den Sommer.

Einstellung: 120 cm Warenbreite, 3590 Fd., Kette Nr. 20 im Boden, Nr. 30/2 im Streifen (Zierfäden); Schuß Nr. 24, 26 Fd. auf 1 cm.

In 100 Liter Appreturmasse sind enthalten: die Gallerte von

800 g Karragheenmoos		300 g Karragheenmoos
4 kg Sirup	oder nur	3 kg Sirup
$\frac{1}{4}$ l Appretüröl		$\frac{1}{8}$ l Appretüröl

Appretieren und trocknen auf dem Spannrahmen, auskühlen lassen, dämpfen und leicht kalandern. Dann dekatieren, dublieren, legen und pressen.

Verfahren 29. Ausrüsten der gerauhten Damenblusenstoffe.

Einstellung: 70 cm Warenbreite, 1726 Fd., Kette Nr. 30 im Boden, Nr. 16 im Streifen (Zierfäden); Schuß Nr. 14, 22 Fd. auf 1 cm.

Auf der rechten Seite leicht schmirgeln, dann linksseitig 4—6 mal rauhen und appretieren mit folgender Appreturmasse.

In 100 Liter sind enthalten: die Gallerte von

1,2 kg Karragheenmoos $\quad$ $\frac{1}{4}$ l Appretüröl

Auf dem Spannrahmen appretieren und trocknen, auskühlen lassen, dämpfen und 2—3 mal aufrauhen; dann dekatieren und aufwickeln.

Diese Damenblusenstoffe für den Sommer und Winter werden ebenfalls in den verschiedenartigsten Einstellungen in Kette und Schuß hergestellt; die Ausrüstungen weichen auch sehr voneinander ab, da sie schon durch die oft sehr eigenartigen Bindungen stark beeinflußt werden. Der Appreteur ist daher häufig gezwungen, die Appreturmasse während einer Arbeitspartie durch Zugabe von stärkerer oder schwächerer Appreturmasse zu verändern.

Verfahren 30. Ausrüsten von Damastmöbelstoffen.

Einstellung: 112 cm Warenbreite, 4008 Fd., Kette Nr. 20; Schuß Nr. 24, 42 Fd. auf 1 cm.

In 100 Liter Appreturmasse sind enthalten:

6 kg Kartoffelstärke, mit
90 g Aktivin aufgechlossen,
dann noch die Gallerte von

1 kg Karragheenmoos und
3 kg Sirup

zugegeben und das Ganze frisch aufgekocht.

Appretieren und trocknen auf dem Spannrahmen, auskühlen lassen, dämpfen und leicht kalandern, damit das Muster nicht gedrückt wird.

Verfahren 31. Ausrüsten von Hosenzeugen.

Einstellung: 60 cm Warenbreite, 2130 Fd., Kette Nr. 16; Schuß Nr. 16/2, 17 Fd. auf 1 cm.

In 100 Liter Appreturmasse sind enthalten:

12 kg Kartoffelstärke, mit
180 g Aktivin aufgeschlossen, dann

5 kg Sirup und
¼ l Appreturöl

zugegeben und aufs neue aufgekocht.

Appretieren und trocknen auf dem Spannrahmen, auskühlen lassen und leicht kalandern.

Verfahren 32. Ausrüsten von Matratzendrell.

Einstellung: 118 cm Warenbreite, 3616 Fd., Kette Nr. 16; Schuß Nr. 16, 23 Fd. auf 1 cm.

In 100 Liter Appreturmasse sind enthalten:

4 kg Weizen- oder Maisstärke
1 kg Kartoffelstärke
5 kg Sirup

Appretieren und trocknen auf dem Spannrahmen, auskühlen

lassen, dämpfen oder einsprengen und leicht kalandern. Bessere Einstellungen, deren Preis es erlaubt, werden gebeetelt, damit der Köper scharf hervortritt.

Verfahren 33 und 34. Ausrüsten von Kleiderkattun.

Einstellung: 70 cm Warenbreite, 1960 Fd., Kette Nr. 36; Schuß Nr. 42, 27 Fd. auf 1 cm.

Gewöhnliches Verfahren: In 100 Liter Appreturmasse sind enthalten:

10 kg Kartoffelstärke, mit	2 kg Sirup und
150 g Aktivin aufgeschlossen, dann	$\frac{1}{4}$ kg Appreturöl

zugegeben und nochmals aufgekocht.

Appretieren und trocknen auf der Trommeltrockenmaschine, auskühlen lassen und kalandern nach Bedarf.

Die gleiche Ware nach Verfahren 33 in Satinausrüstung.

In 100 Liter Appreturmasse sind enthalten:

12 kg Kartoffelstärke, mit	$\frac{1}{4}$ kg Marseillerseife,
150 g Aktivin aufgeschlossen, dann	$\frac{1}{4}$ kg Bienenwachs
$\frac{1}{4}$ kg Stearin,	

zugegeben und das Ganze nochmals aufgekocht.

Auf der Trommeltrockenmaschine appretieren und trocknen, auskühlen lassen, einsprengen und gut zugedeckt über Nacht liegen lassen; dann auf einem mindestens fünfwalzigen Kalander mit geheizter Stahlwalze scharf kalandern. Nach dem Legen noch pressen.

Verfahren 35. Ausrüsten der Blaudrucks.

Einstellung: 70 cm Warenbreite, 1260 Fd., Kette Nr. 12; Schuß Nr. 10, 15 Fd., auf 1 cm.

In 100 Liter fertiger Appreturmasse sind enthalten:

16 kg Kartoffelstärke, mit	500 g Stearin,
200 g Aktivin aufgeschlossen, dann	100 g Borax und etwas
500 g Marseillerseife	Ultramarin oder Methylenblau

zum leichten Anfärben zugegeben und das Ganze nochmals aufgekocht. Auf der Friktionsstärkmaschine appretieren, trocknen auf der Trommeltrockenmaschine, auskühlen lassen, einsprengen und gut zugedeckt über Nacht liegen lassen, dann kalandern und mangeln nach Bedarf. Nach dem Legen wird noch gepreßt.

Die Kleidermodestoffe der Druckerei der Neuzeit werden in ganz ähnlicher Weise ausgerüstet wie die Modestoffe der Buntweberei nach Verfahren 28 und 29.

Verfahren 36. Ausrüsten der Kunstseidengewebe.
Obwohl die Kunstseide nicht zu den hier in Betracht kommenden Geweben gezählt werden kann, soll sie doch kurze Erwähnung finden, da mancher Appreteur von Baumwollgeweben in die Lage kommen wird, sich mit ihr beschäftigen zu müssen. An und für sich könnten die Kunstseidengewebe in der Appretur wie die Baumwollgewebe behandelt werden, doch verlangt die verminderte Naßfestigkeit eine besondere Sorgfalt in der Appretur. Es muß Vorsorge getroffen werden, daß die Gewebe beim Appretieren selbst wie auch beim Trocknen keiner stärkeren Spannung unterworfen werden. Es dürfen jedoch auch keine Zusätze zur Appreturmasse Verwendung finden, die imstande wären, den Glanz der Kunstseide irgendwie zu beeinträchtigen.

Aus diesem Grunde wurden bis vor kurzer Zeit zum Appretieren der kunstseidenen Gewebe nur Gelatine und als weichmachender Zusatz Glyzerin verwendet. Die Erfahrung hat aber gelehrt, daß mit Aktivin in richtiger Weise aufgeschlossene Stärke den Glanz der Kunstseide nicht im geringsten zu beeinträchtigen vermag, besonders wenn die Menge der angewandten Stärke gering ist. Nun verlangt das Kunstseidengewebe schon in Anbetracht seiner Verwendungsweise im Gebrauche keine Füllung, sondern nur einen gewissen Halt, der ihm mit einer ganz leichten Appreturmasse zur Genüge verliehen werden kann. Da jedoch in der Bleicherei, Färberei und Druckerei sowie in der darauffolgenden Ausrüstung trotz aller Vorsicht ein Breiteneingang unvermeidlich ist, der durch Strecken nicht mehr ausgeglichen werden kann, müssen die Kunstseidengewebe breiter gewebt werden.

Eine Appreturmasse für Kunstseide stellt sich folgendermaßen zusammen: für 200 Liter fertiger Stammflotte werden 20 kg Kartoffelstärke mit 250 g Aktivin gründlich verkocht, bis die Masse vollständig wasserklar geworden ist; dann setzt man noch 40 g kalz. Soda und 500 g Appreturöl hinzu und kocht nochmals auf. Von dieser Stammflotte werden auf 100 Liter Appreturmasse 3—7 Liter genommen und bei 30—40° C appretiert, unter möglichst geringer Spannung und Temperatur auf dem Spannrahmen oder einer mechanischen Hänge getrocknet. Die Waren werden gewöhnlich dubliert und gewickelt. An Stelle der Appreturbehandlung wird die Ware auch vielfach nur mit einer Flotte eingesprengt, die etwas mehr von der Stammflotte zugeteilt erhält, als vorhin angegeben worden ist. Nach dem Einsprengen läßt man die Gewebe aufgerollt und gut zugedeckt über Nacht liegen, damit sich die Einsprengflotte überall gleichmäßig durchziehen kann; sodann trocknet und behandelt man wie oben angegeben worden ist.

3. Die Salzappreturen.

Unter Salzappretur hatte man früher eine Appreturflotte verstanden, die aus Wasser, Dextrin, Bittersalz und Kartoffelsirup sammengesetzt war. Sie entstand und kam zur Verwendung, als die weichen Ausrüstungsarten die alten, harten, aus Leim- und Dextrinlösungen bestehenden für bedruckte und buntgewebte Waren zu verdrängen begannen. In gewöhnlichen Appreturbetrieben war jedoch kein Fettkörper zum Weichmachen bekannt, der sich in diesen dünnflüssigen Appreturflotten nicht ausgeschieden hätte. Nur in solchen Appreturbetrieben, die an Druckereien oder Türkischrotfärbereien angegliedert waren, kannte man die Emulgierung des Türkischrotöls in feinster Verteilung, selbst im Wasser. Das Türkischrotöl ist ein Produkt aus Rizinusöl und Schwefelwasser, was für die Zwecke der Appretur jedoch geheim gehalten wurde.

Im Stärkekleister schieden sich wohl manche leicht schmelzbare oder flüssige Fette nicht aus; aber das Aussehen der farbig gemusterten Gewebe würde durch eine solche Appreturmasse infolge der Trübung der Farbe stark beeinträchtigt werden.

Man suchte nach einem Verfahren, das diesen Übelstand nicht aufwies und sich womöglich noch billiger stellt. Die Lösung fand man darin, daß man einen Teil des Dextrins in den reinen Dextrinlösungen durch billigere Köper ersetzte, welche ebenfalls die Farben nicht trübten und den Geweben dennoch die notwendige Weichheit und Fülle gaben.

Als erstes Ersatzmittel kam das Bittersalz entweder für sich allein oder in Verbindung mit Chlormagnesium und Glaubersalz zur Verwendung. Letztere Salze hatten den Zweck, durch Wasseranziehung den Griff der Waren weicher zu gestalten. Man hat wohl in den Lehrbüchern der Chemie das Glaubersalz nicht

Die Salzappreturen.

als wasseranziehend bezeichnet, doch scheint sich dies nicht auf das für technische Zwecke im Handel befindliche zu beziehen, da dieses erfahrungsgemäß sogar stark wasseranziehend sein kann. Dies ist wohl den Unreinigkeiten zuzuschreiben, als welche das Chlormagnesium und das Chlorkalzium anzusehen sind.

Da das Chlormagnesium stark wasseranziehend wirkt, darf es nicht in zu großen Mengen verwendet werden, damit der gewünschte weiche Griff nicht durch übermäßige Feuchtigkeitsaufnahme zu lappig und weich wird.

Man hat längere Zeit hindurch die Verwendung von Chlormagnesium zum Appretieren von Geweben, die auf einer Trommeltrockenmaschine getrocknet werden sollen, als schädlich bezeichnet. — In Büchern und Fachzeitschriften wiederholen sich stets die Mahnungen gegen die Verwendung dieses Salzes, da sich angeblich in der großen Hitze der Trockentrommeln aus dem leicht zersetzbaren Chlormagnesium freie Salzsäure abspaltet, die ein Morschwerden der Gewebe zur Folge haben kann. Nun haben aber neuere, eingehende wissenschaftliche Versuche ergeben, daß selbst bei einer Temperatur von 250° C nur etwa 2% dieses Salzes sich zersetzt und bei Temperaturen unter 120° C im allgemeinen keine Zersetzung eintritt. Bei den Trockentrommeln kommen Temperaturen über 120° C nicht vor, so daß von einem Morschwerden der Gewebe als Folge der Verwendung von Chlormagnesium zu den Appreturmassen keine Rede sein kann. Wie wäre es sonst möglich, daß Appreturbetriebe jahrzehntelang zu ihren Salzappreturen Chlormagnesium verwendeten, ohne jemals auch nur die geringsten Schwierigkeiten zu haben? Die vorgekommenen Fälle des Morschwerdens dürften auf andere Ursachen zurückzuführen sein.

Als Ersatzmittel von Dextrin wurde auch Kartoffelsirup verwendet, der neben einer schwach wasseranziehenden Wirkung, wie sie bei den meisten Ausrüstungen gerade erwünscht wird, noch eine größere Füllkraft besitzt, die ihn sehr beliebt gemacht hatte. Da dieser Füllwirkung jedoch der Körper fehlt, bleibt sie nach dem eigentlichen Appretieren und Trocknen nur dann in den Geweben, wenn diese bei den folgenden Behandlungen keinem stärkeren Drucke unterworfen werden. In dieser Beziehung gleicht der Sirup Moos- und Algengallerten, die ebenfalls des Körpers entbehren.

Ein weiterer Nachteil des Sirups ist der, daß er in größeren Mengen die Kalanderwalzen klebrig macht, wodurch diese alle

Unreinigkeiten der durchlaufenden Gewebe an sich ziehen und einen schmierigen Überzug erhalten, der das Weiß und helle oder glänzende Farben verschleiert. Auch das Klebrigwerden der Rauhkratzen hat er zur Folge, wodurch sich zwischen den Zähnen eine klebrigfeste Masse von Flug und Staub ansetzt, die die Elastizität der Zähne herabmindert [1].

Die weichmachende Wirkung des Sirups suchte man durch Fettkörper zu erzielen, jedoch ohne besondere Erfolge, da diese in Gegenwart von Salzen leicht unlösliche Metallseifen bildeten, die nach ihrer Ausscheidung aus den Appreturmassen nicht nur eine Trübung der Farben herbeiführten, sondern auch helle Flecken auf den Geweben erzeugten. Aber auch harte, also kalk- und magnesiareiche Betriebswasser verursachen mit diesen Fettkörpern durch Bildung von Kalk- und Magnesiaseifen den gleichen Fehler. Erst als die chemischen Fabriken für Appreturmittel Ölpräparate in den Handel brachten, die in salzhaltigen Appreturmassen keine Ausscheidungen erzeugten, konnte man vom Kartoffelsirup als weichmachendem Appreturmittel Abstand nehmen. Es fand nur noch als Füllmittel in geringeren Mengen Verwendung.

Manchenorts wurde als weichmachendes Mittel Glyzerin verwendet, doch stellt sich dieser Körper im Verhältnis zu seiner Wirkung sehr teuer. Mit der Zeit änderte sich die Zusammensetzung der Salzappreturen immer mehr durch Einführung verschiedener neuer Produkte der chemischen Fabriken, bis sie ihren eigentlichen Charakter als Salzappreturflotten fast ganz einbüßten, was jedoch für manche Ausrüstungsarten von Vorteil war.

Die Salzappreturflotten fanden schnell Eingang in die Appreturbetriebe, hauptsächlich in solche, die sich mit der Ausrüstung von buntgewebten oder bedruckten Geweben befaßten. Diese Appreturflotten trüben die Farben nicht und haben noch andere nicht zu unterschätzende Vorteile. Es gibt Farben, die ein heißes Appretieren nicht vertragen, sie färben ab oder „bluten"; in buntgewebten oder bedruckten Geweben würden die unechten Farben auf die weichen Stellen oder helle Farben ausbluten und unreine Muster ergeben. Die Salzappreturflotten können aber kalt an-

---

[1] Siehe näheres im Abschnitte über „Die Rauherei im allgemeinen" (S. 153).

Die Salzappreturen.

gewendet werden, so daß das Ausbluten unterbleibt und die Muster rein bleiben.

Ein weiterer Vorteil dieser Flotten besteht darin, daß ihre Stärke, d. i. der Anteil der einzelnen Zusätze, sich leicht mit dem Aräometer ermitteln läßt. Auf diese Weise lassen sich die Flotten nach Wunsch verstärken oder mit Wasser verdünnen, was an Hand von Tabellen in allen Aräometergraden von 1—2° Bé leicht möglich ist. Über 20° Bé hinaus wird wohl kaum eine Salzappreturflotte verwendet.

Eine andere Tabelle zeigt an, mit wieviel Wasser eine bestimmte Menge Appreturflotte verdünnt werden muß, damit sie um je 1° Bé weniger wiegen, und wieviel von jedem Appreturmittel zugegeben werden muß, damit das Aräometer um 1° Bé steigt. An einem für den Kochbottich angefertigten Maßstab kann man beim Eintauchen in die Flotte ablesen, wieviel Liter im Bottich enthalten sind. Es ist aber stets darauf Bedacht zu nehmen, daß die Messungen oder Wägungen mit dem Aräometer bei annähernd gleichen Temperaturen vorgenommen werden, um keine Fehler zu erhalten [1].

Die Salzappreturen haben auch Nachteile, die manchen Appreturbetrieb veranlaßten, von ihnen wieder Abstand zu nehmen, denn der Vorteil der leichten Löslichkeit kann zum Nachteil werden. Da alle Zusätze leicht löslich sind, genügt schon ein Einweichen eines mit einer Salzappreturflotte appretierten Gewebes in warmes Wasser, um sämtliche Zusätze zu entfernen. Diese Eigenschaft macht sich besonders bei reibunechten Farben fühlbar, da sie sich nach Entfernung der Appreturmasse, die ihnen Schutz gegen die Reibungen bot, leicht aus den Gewebestücken herauswaschen lassen.

Ein auffallendes Beispiel hierfür liefert das Waschen zweier Gewebeproben, die viel indigoblaue Fäden enthalten, wenn man die eine mit einer Salzappreturflotte, die andere mit löslicher Stärke appretierte. Bei gleichzeitigem Waschen beider Proben wird die erstere viel heller ausfallen als die letztere. Der durch Eintauchen in warmes Wasser sofort ungeschützt bleibende Indigo wird durch die Reibung beim Waschen leichter aus den Geweben

---

[1] Vgl. den Abschnitt über „Ungleichartiger Ausfall der Appreturausrüstungen" (S. 220).

entfernt als die weniger leicht entfernbare lösliche Stärke, die der Farbe während der Waschbehandlung Schutz bot.

Durch Klagen der Kundschaften über die Unechtheit des Indigoblaus in bunten Geweben sah ich mich einst veranlaßt, von der Salzappretur abzustehen und zu löslicher Stärke überzugehen. Diese dehnte ich auch auf Gewebe aus, die ganz wasch- und reibechte Farben enthielten. Das Indigoblau besteht nämlich nicht aus einer wirklichen Anfärbung der Garne, sondern ist eine Anhäufung von unendlich vielen, mikroskopisch kleinen Farbkügelchen in und um die Garne. Zu diesen Farbstoffkügelchen haben jedoch die Baumwollfasern keine besondere Anziehungskraft, sondern nur die natürliche Anhaftungskraft, die allen Körpern, ob fest, flüssig oder gasförmig, eigen ist.

Wenn die Reibung beim Waschen größer als diese Anhaftungskraft ist, so werden die Farbstoffkügelchen, wenn sie nicht durch andere Körper vor den Wirkungen dieser Reibungen geschützt sind, von den Garnen losgerissen. Dies trifft im besonderen zuerst die außerhalb der Garne abgelagerten Farbstoffteilchen, da die im Innern der Garne befindlichen von deren Außenflächen gegen die Reibungen geschützt sind. Appretiert man nun mit einer schwer löslichen Appreturmasse, so umhüllt sie die Farbstoffteilchen und schützt diese so lange, bis die Appreturmasse entfernt ist.

Da sich nun die lösliche Stärke schwerer löst als das Dextrin und die anderen Zusätze zur Salzappreturmasse, so ist erklärt, daß die Farben reibechter sind, wenn man die Gewebe mit löslicher Stärke appretiert als mit einer Salzappretur. Dieses Verhalten des Indigoblau erklärt auch, warum sich beim ersten Waschen mehr Farbstoffteile ablösen als bei den folgenden. Man kann dies deutlich auch daran erkennen, daß der Farbton anfangs mehr verblaßt als bei den folgenden Wäschen.

Ein weiterer Nachteil der Salzappreturen ergibt sich durch die übermäßige Verwendung von Salzen. Ein Überschuß an Salzen wird schon aus Sparsamkeit genommen, da sie bedeutend billiger sind als andere Appreturmittel, die Anspruch auf Füllkraft machen. Wie in dem Abschnitt über ,,Vermeintliches und wirkliches Morschwerden der Gewebe durch stark bittersalzhaltige Appreturmassen" (S. 240) ausführlicher erwähnt wird, kann bei der übermäßigen Verwendung von Salzen ein scheinbares, kein wirkliches Morschwerden entstehen. Dies erkennt man daran, daß nach Entfernung der Salze durch Einweichen der Gewebe in warmem Wasser die Festigkeit wieder vollständig zurückkehrt.

Nun ist Dextrin kein billiges Appreturmittel, sondern teurer als die selbst hergestellte lösliche Stärke, die zudem auch eine größere Füll- und Klebkraft besitzt als Dextrin. Dextrin läßt sich im Appreturbetrieb in reinem Zustande noch viel schwerer herstellen als im großen, denn selbst dieses ist mit unlöslicher Stärke und Zucker, wenn auch in geringen Mengen, vermischt. Baut man die Stärke mit irgend einem Ferment in der Appretur im kleinen ab, so entstehen neben dem Dextrin noch die genannten Nebenprodukte in einem Mengenverhältnis, das von der Sorgfalt abhängig ist, mit der der Abbau der Stärke überwacht wurde. Danach kann die Appreturmasse und der Ausfall der Waren nach dem Appretieren sehr verschieden sein. Nun leistet die lösliche Stärke hinsichtlich der Reinhaltung der Farben dieselben Dienste wie das Dextrin, ist aber billiger und hat eine größere Füll- und Klebkraft.

Hält man sich diese Eigenschaften vor Augen, so wird es als selbstverständlich erscheinen, statt Dextrin die lösliche Stärke zu verwenden, die jeder Appreteur ohne Überwachung selbst herstellen kann. Wird Stärke mit Aktivin oder mit Stokotabletten abgebaut, so entsteht nur lösliche Stärke, wogegen beim Abbau mit Fermenten Nebenprodukte entstehen. Der Appreteur hat es daher in der Hand, stets die gleiche Appreturmasse herzustellen. Seit dem Erscheinen dieser Mittel, die die Stärke nur bis zu löslicher Stärke abbauen, sind die früheren Salzappreturflotten immer mehr verdrängt oder wenigstens das Dextrin durch lösliche Stärke ersetzt worden. Die größere Füll- und Klebkraft derselben hat auch den Zusatz von Salzen ganz oder zum Teil entbehrlich gemacht, so daß die Bezeichnung „Salzappretur" nicht mehr zutreffend erscheint.

4. Die Füllappreturen.

Wir haben in dem Abschnitt über den Begriff der Appretur gelesen, daß ihre Aufgabe nur darin bestehen sollte, die natürlichen Eigenschaften der Gewebe auf das vorteilhafteste zur Geltung zu bringen, ihnen ein gefälligeres Aussehen zu verleihen und sie für ihre Bestimmung geeignet zu machen. Es gibt aber auch Gewebe, deren Beschaffenheit durch die Appretur wesentlich verbessert wird, weil es der Zweck, dem sie dienen sollen, erfordert. Von einer Verfälschung kann hierbei nicht die Rede sein, weil die Käufer genau wissen, daß die Ware nicht mit der Fülle gewebt sind, in der sie sich darstellen.

Es handelt sich fast ausschließlich um eine größere Steifheit, die mit Baumwolle allein nur dann erreicht werden kann, wenn die Ware sehr dicht gewebt würde, wodurch sie sich aber unverhältnismäßig teuer stellen würde. Die steif appretierte Ware erfüllt diesen Zweck ebenfalls und läßt sich viel billiger erzeugen. Hierzu gehören gewisse Gattungen von Futterstoffen zur Erhaltung der Form bei Herren- und Damenkleidern, Buchbinderleinen, Hutfutter u. a. m., aber auch Frauenkleiderstoffe selbst, z. B. zu Volkstrachten, wie plissierte Faltengewebe, die man in sehr dichter Einstellung nicht herstellen könnte.

Es bedarf hierzu eines leicht eingestellten Rohgewebes, das mit einer eigenartigen Appreturmasse nach dem Schwarzfärben appretiert werden muß, um dann in der einfachsten Weise geglättet und in ganz enge Falten gelegt zu werden. Die Käuferinnen kennen diese Ware und wissen, daß sie ein leichtes Leinengewebe ist und die Röcke nach längerem Tragen schütterer werden. Es liegt also selbst bei diesen Geweben keine Täuschung vor, wenn sie mit einer viel dickeren Appreturmasse, als es sonst üblich ist, behandelt werden.

Zum Appretieren solcher Gewebe verwendet man neben Stärkekleister anorganische Füllmittel; man bezeichnet ihn dann als **Füllappreturmasse** und die Ausrüstung als **Füllappretur**.

Bei der Zusammensetzung dieser Appreturmassen muß ein besonderes Augenmerk darauf gerichtet werden, daß sie die Maschen der Gewebe nicht nur vollständig ausfüllen, sondern auch fest haften. Dies wird teils dadurch erreicht, daß man die Füllmittel durch stärker klebende Stoffe unter sich und mit dem Gewebe verbindet, teils durch eine geeignete maschinelle Nachbehandlung der appretierten Gewebe.

Als Klebmittel dient fast ausschließlich die Stärke in Form von Kleister, in dem die Stärke höchstens noch in der nächsten Abart gegen Zucker hin enthalten ist. Der Kleister wirkt jedoch nicht nur als Klebmittel, sondern besitzt auch eine gute Füllkraft.

Als sonstige Füllmittel kommen nur China clay und Talkum zur Verwendung, da sie trotz größerer Füll- und Deckkraft keinen be-

Die Füllappreturen.

sonders harten Griff ergeben und sich auch billig stellen. Soll mit dem Füllen auch eine Erhöhung des Gewichtes erreicht werden, so greift man zu Schwerspat, Gips und Metallsalzen. China clay und Talkum fühlen sich im reinen Zustande fettig an und bedürfen daher weniger Zusätze an Fettstoffen.

Als Beispiel für eine Füllappreturmasse soll hier eine solche für ganz leichte Futterstoffe in grauer Farbe angegeben werden, wie sie als unterer Besatz für Damenkleiderstoffe dienen Bei diesen Kleiderbelegen kommt es besonders auf ein gutes Haften der Appreturmasse in den Poren der Gewebe an. Ein derartiger Futterstoff hat folgende Einstellung in Kette und Schuß: auf 102 cm graues Croisé 2520 Kettenfäden Nr. 36 und 20 Schußfäden Nr. 40 auf 1 cm. Zum zweimaligen Appretieren benötigt man 2300 Liter Appreturmasse, in der enthalten sind:

165 kg Weizen- oder Maisstärke. (Je nach der Preislage derselben kann die eine oder die andere gewählt werden.)
60 kg Kartoffelstärke,

12 l Olivenöl,
7 kg Talg,
7 ,, Marseillerseife,
90 ,, China clay,
650 g Diphenylschwarz.

Das China clay wird wie üblich vorerst mit wenig Wasser zu einem dicken Brei angerührt und dann mit 100 Liter Wasser verrührt. Ergibt sich, was bei richtigem Anteigen nicht vorkommen darf, daß sich in dem Brei noch unverrührte Kügelchen von China clay befinden, so wird er durch ein feinmaschiges Sieb geschlagen und dann mit den Fettkörpern Olivenöl, Talg und Marseillerseife so lange gekocht, bis sich beim Stehenlassen keine Fettkörper mehr ausscheiden. Dies ist ein Zeichen, daß alle Fettstoffe, die unlöslich sind, vom China clay aufgenommen worden sind.

Dieser Brei wird nun der ebenfalls angeteigten und mit Wasser verdünnten Stärke und dem fehlenden Wasser zugegeben, der Farbstoff in gelöstem Zustande beigemischt und das Ganze tüchtig aufgekocht. Ein mechanisches Rührwerk ist bei dieser Menge von Appreturmasse unbedingt notwendig Das Kochen mit indirektem Dampfe dauert so lange, bis die Masse ein glasiges Aussehen erhalten hat. Steht kein indirekter Dampf zur Verfügung, so muß auf das Zuströmen von Kondenswasser Bedacht genommen, d. h. die Wassermenge vor dem Kochen entsprechend geringer bemessen werden. Das Appretieren erfolgt im Trog, der ziemlich tief zu wählen ist.

Das Trocknen erfolgt am besten auf der Spann-, Rahm- und Trockenmaschine, um den durch das Bleichen oder Färben erlittenen Verlust in der Breitenrichtung auszugleichen. Hierbei ist zu berücksichtigen, daß die Gewebe bei den folgenden Arbeitsgängen ebenfalls einen Verlust in der Breite erleiden. Wie groß dieser Verlust ist, kann hier nicht angegeben werden, da er von der Art der Behandlung und ihrer Ausführung abhängig ist.

Nach dem Trocknen wird wieder im Trog appretiert und, wenn eine mechanische Hänge zur Verfügung steht, in dieser möglichst langsam getrocknet. Vorzügliche Dienste leistete bei dieser Art der Ausrüstung die alte Hochhänge, die in Luft- und Warmhänge geteilt war. Die Appreturmasse erhielt durch diese Hängen eine so große Haftfähigkeit für die Gewebe, wie er von den neuzeitlichen Trockenmaschinen nicht mehr erreicht worden ist. Aus diesem Grunde haben Besitzer alter Hochhängen diese zum Ausrüsten von Füllappreturen beibehalten. Allerdings ist die Produktion sehr gering und von der Witterung abhängig.

Gegenwärtig wird die Hochhänge durch die mechanische Hänge ersetzt. Jede Trocknungsart, die mit lebhaften Luftströmungen wirkt oder einen störenden Zug auf die Ware ausübt, beeinträchtigt das Anhaften der Appreturmasse in den Maschen der Gewebe. Den Halt der Appreturmasse sucht man vielfach dadurch zu verstärken, daß man die Waren vor dem ersten Appretieren durch einen Wasserkalander laufen läßt, da sie die Appreturmasse leichter aufnimmt und festhält, als wenn trocken appretiert wird. Je mehr Zeit die Appreturmasse hierzu hat, um so besser ist ihr Halt in der Ware.

In manchen Appreturbetrieben wird mit der Friktionsstärkmaschine oder vermittelst der Rakel appretiert, um die Appreturmasse fester in die Gewebe hineinzubringen, damit sie nicht schon im Verlaufe der Appreturvorgänge wieder aus den Maschen herausfällt.

Nach dem Trocknen läßt man die Ware auskühlen. Dies geschieht am besten und gleichmäßigsten durch die von manchen Maschinenfabriken an die Trockenmaschinen angebrachten Kühl- oder Anfeuchtvorrichtungen, die den Halt der Appreturmasse festigen. Wenn keine Anfeuchtvorrichtung vorhanden ist, wird die Ware eingesprengt, kalandert und gemangelt oder nur gemangelt. Manche Appreturbetriebe ersetzen diese Behandlung durch einen oder zwei Gänge durch einen schweren Friktionskalander. Feinere Gewebe, die die Croisébindung in Kette und Schuß deutlich sichtbar erhalten sollen, gehen durch die Beetlemaschine.

Alle diese Behandlungsarten richten sich nach den Wünschen der Kundschaft. Hat eine Ware nach dem zweiten Trocknen noch einen etwas zu harten Griff, so erhält das Einsprengwasser einen Zusatz von einem leicht löslichen Ölpräparat, im anderen Falle, wenn der Griff zu weich sein sollte, einen Zusatz von Leimwasser. Diese Gewebegattungen werden dann meistens noch dubliert und, in Buchform gelegt, in den Handel gebracht.

5. Wasserdichtmachen von Geweben.

Der Begriff „wasserdicht" wird verschiedenartig aufgefaßt, je nach dem Zwecke, den das wasserdicht zu machende Gewebe erfüllen soll. An die Wasserdichtheit einer Wagenplane werden ganz andere Anforderungen gestellt, als an die eines Jäger- oder Touristenmantels. Bei ersterer können und müssen die Maschen der Gewebe vollkommen geschlossen werden, bei einem Mantel dagegen dürfen sie es nicht, da die Luft durch die Poren der Gewebe durchstreichen soll. Wir sprechen daher im praktischen Leben von einer wirklichen Wasserdichtheit und verstehen darunter eine vollständige Undurchlässigkeit des hohlgelegten Gewebes gegen eine bestimmte Menge Wasser. Selbst bei tagelangem Stehenlassen soll kein Tropfen Wasser durch das Gewebe hindurchfallen können. Diese Eigenschaft wird nur bei wenigen Gewebegattungen, wie Wagenplanen oder Zeltstoffen verlangt.

Bei Kleidungsstücken wird dies aus gesundheitlichen Rücksichten nicht beansprucht. Die Kleidungsstücke sollen wasserabstoßend wirken, dem Regen wenigstens für wenige Stunden standhalten können; sie müssen jedoch porös, luftdurchlässig sein, um eine Luftbewegung zwischen dem Körper und der Außenluft zu ermöglichen. Man sollte in solchen Fällen nicht von „wasserdicht", sondern von „wasserabstoßend" sprechen und nur bei vollkommener Wasserundurchlässigkeit von „wasserdicht" sprechen. Diese Wasserdichtheit wollen wir jedoch aus unserer Betrachtung ausschließen, da sie nicht in das Gebiet der Appretur gehört, sondern einen besonderen Zweig der Textilveredlung darstellt.

Immerhin sollten, auch in Laienkreisen, die Begriffe „wasserdicht" und „wasserabstoßend" scharf auseinander gehalten werden.

In der guten alten Zeit gab es Kleiderstoffe, allerdings nur aus Wolle, deren Einstellung in Kette und Schuß so dicht war, daß sie auch wasserabstoßend wirkten, ohne einer besonderen Behandlung unterworfen zu sein. Es gab jedoch auch Baumwoll- und Leinengewebe mit sehr dichter Einstellung für Zelte und Rucksäcke, die langandauernd wasserabstoßend wirkten; die Garne wurden mit Pflanzenfarbstoffen gefärbt, und zwar in Strähnform. Da diese Farbstoffe, wie Catechu, Blauholz u. a., teerhaltig waren, trugen sie zur Wasserundurchlässigkeit sehr viel bei.

Das Färben mit den Holzfarbstoffen ist nicht mehr zeitgemäß; dafür ist eine eigene Behandlung notwendig geworden, um die Gewebe wasserabstoßend zu machen. Man verkannte die Wirkung des Teers in diesen Holzfarbstoffen, die den neuen — nicht zum Vorteil der Hersteller der wasserdicht zu machenden Gewebe — weichen mußten. Ich besitze noch einen Rucksack aus der guten alten Zeit, der immer noch stärker wasserabstoßend wirkt als selbst gute neue, ohne jemals neu imprägniert worden zu sein.

Wenn die Verfahren sich in engen Preislagen bewegen sollen, so wird auch nur ein geringerer Grad von Wasserdichtheit bzw. Wasserabstoßung gefordert, z. B. bei manchen Zelt- und Rucksackstoffen. Da aber gerade solche Gewebe den Einflüssen der Witterung stark unterworfen und einem raschen Verschleiße ausgesetzt sind, werden sie schon in der Weberei entsprechend dicht hergestellt. Es genügt dann oft ein einfaches Wasserdichtmachungsverfahren.

Eines der einfachsten und meist angewendeten Verfahren ist eine Behandlung mit essigsaurer Tonerde und darauffolgendes Seifen. Die Ware wird auf dem Jigger gut ausgekocht oder, wenn die Kettengarne stärker geschlichtet waren, mit Aktivin entschlichtet und gründlich gewaschen. Auf derselben Färbemaschine behandelt man die Ware mit einer Flotte von 8° Bé starker essigsaurer Tonerdelösung, 50° C warm. Nun folgt ein Seifen mit einem Seifenbad, das in 100 Liter 8 kg Marseillerseife enthält; 50° C warm durchnehmen, leicht waschen und trocknen. Es hat sich nur fettsaure Tonerde gebildet, die wasserabstoßend wirkt.

Dieses grundlegende Verfahren wurde aber zur Erzielung einer größeren Wasserdichtheit mehrfach geändert, beziehungsweise ver-

vollkommnet. So wurde gefunden, daß die Bildung der Tonerdeseife dauerhafter wird, wenn man nach dem Seifenbade auf das essigsaure Tonerdebad zurückgeht und diesem ein zweites Seifenbad folgen läßt, also das Verfahren wiederholt. Der Streit, ob es nicht besser wäre, das Wasserdichtmachen in umgekehrter Reihenfolge auszuführen, ist noch nicht entschieden.

Da die essigsaure Tonerdelösung sich leicht zersetzt, wird sie meistens selbst hergestellt nach dem Verfahren von P. Heermann: 7,2 kg Bleizucker werden in 7,2 Liter kochendem Wasser gelöst; dann anderseits 9,6 kg schwefelsaure Tonerde in 7,2 Liter kochendem Wasser gelöst und zur ersten Lösung gebracht. Nach dem Absetzen und Filtrieren durch ein feinmaschiges Tuch wird die erhaltene essigsaure Tonerde auf 8° Bé mit Wasser verdünnt. Die essigsaure Tonerde kann auch durch Auflösen von 16,5 kg schwefelsaure Tonerde, Ausscheiden des Tonerdehydrates durch eine Lösung von 5,5 kg kalz. Soda und Auflösen des Filterrückstandes in 5 Liter Essigsäure erhalten werden.

Es wurde weiter empfohlen, die mit der fettsauren Tonerde beladenen Gewebe noch durch ein Tanninbad zu nehmen, um sie gegen den Regen widerstandsfähiger zu machen. Ein anderes Verfahren des Wasserdichtmachens beruht auf der Verwendung des Chromleims, der bekanntlich selbst längerem Kochen mit Sodalösung widersteht und in hohem Maße wasserabstoßend wirkt. In 100 Liter Wasser werden (nach der Leipziger Monatschrift für Textilindustrie 1927) 3 kg Leim gelöst, dann die Lösung von 250 g chromsaures Natron unter Umrühren zugesetzt.

Ein anderes Verfahren lautet: Man bereitet ein Bad aus 10 kg animalischem Leim, welcher 24 Std. vorher in kaltem Wasser eingeweicht wird, und 10 kg Kalialaun in 150—200 Liter Wasser. Diese Mischung wird $1/4$ Stunde gekocht, in den Jigger geleitet, auf 45—50° C eingestellt und die Ware langsam durchgenommen, vermittelst der Quetschwalzen ausgepreßt und auf der Trommeltrockenmaschine oder Hänge getrocknet. Hierauf gelangt sie in ein zweites Bad aus 10 kg Tannin, 4 kg Wasserglas und 150 bis 200 Liter Wasser, das auf 45—50° C erwärmt wird. Nach langsamem Passieren durch das Bad wird abgequetscht, um die überflüssige Mischung abzupressen, getrocknet und zum Schlusse kalandert oder gepreßt.

Man erhält auf diese Weise ein vollkommen wasserdichtes Gewebe bei vollständiger Erhaltung der Luftdurchlässigkeit. Die Hauptsache bei diesen Imprägnierungen ist, daß das Gewebe genügend lange in den einzelnen Bädern verweilt, zu welchem Zwecke ein recht langsamer Gang des Imprägnierjiggers erforderlich ist. Ebenso müssen die Leitwalzen, über welche das Gewebe nacheinander streicht, so eingerichtet und in einer solchen Anzahl vorhanden sein, daß das Gewebe möglichst lange Zeit im Bade läuft. Auf dem gewöhnlichen Jigger wird die Dauer des Verweilens im Bad durch eine größere Anzahl von Passagen (Hin- und Hergänge) erreicht. Wesentlich ist es auch, daß die Bombage der Quetschwalze sehr gut und der Druck recht gleichmäßig eingestellt ist.

Dieses einfache Verfahren gibt wohl sehr stark wasserabstoßende Imprägnierung; eine vollkommene Wasserdichtheit erhält man aber nur dann, wenn das Gewebe bereits dicht gewebt ist, denn ohne eine vollständige Geschlossenheit der Poren des Gewebes ist eine vollkommene Wasserdichtheit nicht zu gewärtigen.

Für Zelt- oder Rucksackstoffe, von denen keine Luftdurchlässigkeit, aber möglichste Wasserdichtheit verlangt wird, wurde folgendes Verfahren empfohlen: Eine größere eiserne emaillierte Pfanne wird über das Herdfeuer (nie über das offene Feuer) gestellt; 10 Liter Leinöl werden hineingegeben. Wenn das Feuer auf Fingerwärme gebracht ist, gibt man in eine Porzellanreibschale soviel warmes Leinöl, daß man 120 g Bleiglätte darin gut verreiben kann; wenn diese gut verrieben ist, setzt man sie dem Öl in der Pfanne zu. Nun nimmt man nochmals Öl aus der Pfanne (die Zugabe von Bleiglätte schadet nicht) und verreibt darin in der Porzellanschale noch 120 g Umbra, setzt auch dieses der Pfanne zu, rührt tüchtig um und treibt das Ganze zum Kochen. Man kocht 18 Stunden unter öfterem Umrühren fort, darf aber nicht so stark heizen, daß die Masse überläuft, weil sonst das Ganze sofort ein Flammenmeer würde, das sehr schwer durch Sand zu löschen wäre. Die fertige Imprägnierungsmasse läßt man soweit abkühlen, daß man die Finger beim Verarbeiten nicht verbrennt; dann streicht man die Masse auf das über Rahmen oder Stangen gespannte Gewebe und läßt dieses an der Luft und Sonne trocknen. Imprägniert man beide Gewebeseiten, so erhält man ein vollkommen wasser- und luftdichtes Gewebe. Stückwaren läßt man durch die Klotzmaschine laufen und preßt zwischen den Quetschwalzen gut ab, trocknet aber auch in der Lufthänge, bei rotierendem Haspel oder in der Sonne bei wiederholtem Umziehen des Stückes.

Auch dieses Verfahren bedarf einer dicht gewebten Ware. Weniger dicht eingestellte Gewebe werden, mit diesem Verfahren behandelt, wohl wasserabstoßend, aber nicht wasserdicht sein.

An Stelle der Tonerdeseifen werden auch andere Metallseifen, wie Kupfer- und Zinkseifen, empfohlen; ferner Verfahren, die an die Stelle der Seifenlösung eine Tannin- oder Wasserglaslösung setzen; in ersterem Falle handelt es sich am Schlusse der Behandlung um unlösliche gerbstoffsaure Tonerde, in letzterem um unlösliches Tonerdesilikat.

In neuester Zeit wird auch die Viskose als Mittel zum Wasserdichtmachen empfohlen. Doch leidet dieses Verfahren an dem Übelstand, daß es sich zu teuer stellt. Wenn wir aber die Begriffe wirkliche „Wasserdichtheit" und „Wasserabstoßung" trennen und uns vor Augen halten, daß es der Appreteur fast nur mit wasserabstoßenden Geweben zu tun hat, so ist das zuerst angeführte Verfahren das beste, weil es den Zweck erfüllt und dennoch billig in der Ausführung ist, weshalb es auch so viel angewendet wird.

6. Feuersichermachen von Geweben.

Der Ausdruck „Feuersichermachen von Baumwollgeweben" ist nicht wörtlich zu nehmen, da es ein unbedingtes Feuersichermachen nicht gibt. Dieser Ausdruck ist schon im Altertum bekannt gewesen und durch Überlieferung erhalten geblieben. Neuerdings wird immer mehr der Ausdruck „flammensicher" gebraucht, der der Wahrheit näher kommt. Die pflanzlichen Fasern sind organischer Natur und können daher dem Feuer auf die Dauer nicht widerstehen. Diese Tatsache war bereits im Altertum bekannt; man beschränkte sich denn auch darauf, nur die schlimmste Gefahr abzuwenden und die Verbreitung des Feuers durch die Flammen zu verzögern, indem man die Gewebe und auch Holz mit unverbrennbaren Körpern anorganischer Natur bestrich. Die so behandelten Gewebe verkohlten nur, so daß die Fortpflanzung des Feuers durch die Flammen verhindert wurde. Die Bezeichnung „Flammensichermachen" ist also berechtigt. Dem Feuer am meisten ausgesetzt sind: Theaterkulissen, Vorhänge, Dekorationen für Vergnügungsstätten, feinere Kleidungsstücke in öffentlichen

Gaststätten, in denen noch offenes Licht oder offene Heizungen vorhanden sind. Im Altertum erkannte man diese Gefahr sehr bald und bestrich die gefährdeten Gewebe und andere Gegenstände mit einer Alaunlösung.

Die Imprägnierungsmittel müssen möglichst vollständig in die Garne eindringen; je gründlicher dies geschieht, desto langsamer geht die Verkohlung vor sich. Die Entflammbarkeit der pflanzlichen Faserstoffe ist größer als die der tierischen; unter den pflanzlichen verbrennt die Kunstseide am leichtesten, ihr zunächst kommt die Baumwolle.

Um die Farben nicht zu verdecken oder zu trüben, mußten solche Körper gefunden werden, die bei gleicher Feuersicherheit wasserklare Lösungen ergaben. Diese fanden sich zwar leicht, aber man verlangt von den Flammenschutzmitteln noch andere Eigenschaften. Sie sollen in löslicher Form in die Gewebe gebracht werden können, sollen sich nach der Verdunstung der Lösungsmittel oder zufolge einfacher chemischer Einwirkungen in den Geweben ablagern und alle einzelnen Baumwollfasern, aus denen das Gewebe besteht, mit einem flammensicheren Überzug versehen. Man verlangt ferner, daß sie aus den Geweben nicht leicht entfernbar sind, sondern so fest darin haften, daß sie selbst wiederholtem Waschen widerstehen.

Die Feuersicherheit beruht einesteils darauf, daß die Garne einen feuersicheren Überzug erhalten, andernteils darauf, daß sie sich bei größerer Hitze zersetzen und unverbrennbare Gase, wie Kohlensäure, Ammoniak usw. bilden, die bei ihrer Entwicklung den Sauerstoff der umgebenden Luft verdrängen und den Flammen entziehen, so daß diese ersticken. Ferner gibt es Stoffe, die in der großen Hitze schmelzen und dann die Garne mit einem feuersicheren Überzug versehen, hierher gehören Ammoniaksalze, Chloride des Kalziums, Magnesium, Phosphate, Wolframsalze und Borate. Diese Salze sind in Wasser leicht löslich und haben daher den Nachteil, daß sie schon beim ersten Waschen der Gewebe in das Schmutzwasser übergehen, so daß nach jedesmaligem Waschen eine neue Imprägnierung notwendig ist. Sie eignen sich daher nur zum Imprägnieren von Geweben, die nicht gewaschen zu werden brauchen.

Sollen jedoch Gewebe dauernd flammensicher gemacht werden, so bedarf es dazu Stoffe, die in Wasser unlöslich sind und auch dem

Reiben beim Waschen widerstehen. Da diese Körper unlöslich sind, nicht ohne weiteres demnach in das Innere der Garne gebracht werden können, ist es notwendig, ihre Bildung erst in den Garnen vorzunehmen, indem man die Gewebe mit wasserlöslichen Körpern imprägniert und diese durch geeignete Mittel in unlösliche Körper umwandelt.

Von den vielen Vorschlägen und Patenten zum Flammensichermachen von Geweben erscheint mir als das beste das von Perkins erfundene Verfahren, das er in einem Vortrage auf dem internationalen Kongreß für angewandte Chemie in New York bekanntgegeben hat. Zu seinen Versuchen wählte er einen Baumwollflanell, der infolge des Flors ungemein leicht entflammbar ist und schon oft Unglücksfälle dieser Art veranlaßt hat. Nach Perkins wird die Flanellprobe durch eine zinnsaure Natronlösung von ungefähr 27° Bé so hindurch geleitet, daß sie vollkommen damit getränkt ist. Sie wird dann gewalzt, um den Überschuß an Lösung auszuquetschen, über geheizten Kupfertrommeln getrocknet und durch eine Ammoniumsulfatlösung von ungefähr 10° Bé geleitet, worauf sie abermals gewalzt und über Kupfertrommeln getrocknet wird. Außer dem gefällten Zinnoxyd enthält der Stoff nunmehr Natriumsulfat, das mittels Wasser ausgewaschen wird, worauf der Stoff getrocknet und in gewöhnlicher Weise behandelt wird.

Der Vortragende legte einen alten, vier Jahre lang getragenen Baumwollunterrock vor, der 25mal mit der Hand und 35mal mit der Maschine gewaschen war, ohne seine Flammensicherheit einzubüßen. Die zarten Farben sollen keinen Schaden erleiden, die Festigkeit soll sogar erhöht werden. Von der Handelskammer in Manchester ausgeführte Versuche haben dargetan, daß die Zugfestigkeit der Flanelle durch die Einführung des Zinnsalzes um nahezu 20% erhöht wurde.

Diese Versuche wurden hauptsächlich für die Herstellung wasserdichter Stoffe ausgeführt, hierbei ergab sich, daß die Wasserdichtheit sich mit der Zeit verliert. Weitere Versuche unter der Verwendung des elektrischen Stromes zeigten, daß ein bleibender Effekt bei der Zinnsäure-Natronbehandlung nur dann sicher zu erwarten ist, wenn die Chemikalien durch den elektrischen Strom in das Innere der Fasern befördert werden. Das gleiche Verfahren hat sich auch beim Flammensichermachen von baumwollenen Geweben bewährt. Die Chemikalienlösungen werden nach der „Deutschen Färber-Zeitung" 1925 in gleicher Weise, wie sie bei der Natriumstannatmethode beschrieben wurde, zur Anwendung gebracht. Um aber das Eindringen der Natriumstannatlösung (zinnsaures Natron) in die Kapillaren der Fasern zu bewirken, wird gleichzeitig ein elektrischer Strom durch Lösung und Gewebe geschickt.

Die Reaktionen stellen eine Kombination chemischer und elektrochemischer Vorgänge dar und liefern ein Produkt, dessen Feuerfestigkeit von viel größerer Dauer ist als nach den gewöhnlichen chemischen Verfahren. Das feste Zinndioxyd wird in derselben Weise im Innern der Baumwollfasern niedergeschlagen und füllt sie aus, wie es die wasserdichtmachenden Hilfsstoffe beim sogenannten Tate-Prozeß tun.

In Fällen, wo es nicht auf eine dauernde Flammensicherheit ankommt, sondern nur auf eine einmalige, oder, wenn die Gewebe nach 1—3 Waschungen wieder flammensicher gemacht werden, sind folgende Verfahren zu empfehlen: 1. In einer Flotte, die vom Gewichte der Waren 20% Alaun und 20% wolframsaures Natron enthält, werden die Gewebe eine Stunde behandelt und ohne zu spülen getrocknet. 2. In 75 Liter Wasser werden 20 kg Borax, 9 kg Bittersalz oder in 6 kg Chlorammonium, 1200 g Borax, 640 g Kochsalz gelöst, dann mit einer entsprechenden Menge aufgeschlossener Stärke gemischt, aufgekocht und appretiert.

7. Werdegang eines doppelseitig gerauhten, buntgewebten Baumwollflanells.

Es dürfte selbst in Textilkreisen wenige geben, die die geistige und körperliche Arbeit, die zur Fertigung eines bunt gewebten oder bedruckten Gewebes erforderlich sind, zu würdigen verstehen. Die meisten sind wohl mit einem oder mehreren Teilbetrieben vertraut, aber nur wenige beherrschen alle Abteilungen. Es dürfte daher von allgemeinem Interesse sein, die Herstellung eines doppelseitig gerauhten, bunt gewebten Baumwollflanells zu verfolgen.

Hierbei ließ ich mich von dem Bestreben leiten, einen Flanell zu besprechen, der eine möglichst große Zahl von Arbeitsgängen und ein großes Maß an technischem Wissen und Können erfordert.

Doppelseitig gerauhter, buntgewebter Baumwollflanell. 141

Der doppelseitig gerauhte Baumwollflanell ist ein billiger Ersatz für Wollflanelle und soll die Merkmale der Wolle zum Ausdruck bringen. Bereits das Garn muß eine entsprechende Beschaffenheit aufweisen, da sonst der Leiter des Betriebes selbst bei bestem Wissen und Können, mit den besten Arbeitern und der besten maschinellen Einrichtung nicht imstande ist, einen Flanell nach Wunsch herzustellen. Da das Gewebe in der Rauherei eine große Anzahl von Passagen durchmachen muß, werden die Garne stark in Mitleidenschaft gezogen, die Ketten und Schußgarne müssen daher von bester Beschaffenheit sein, um diese kräftige Behandlung auszuhalten.

Ein hart gedrehtes Garn läßt sich schlecht rauhen, es gibt keinen schönen Flor. Ist das Schußgarn zu weich gedreht, so kann es leicht zerreißen oder wird so geschwächt, daß die Verbindung mit dem Kettengarn und damit die Festigkeit des Gewebes beeinträchtigt wird. Die Weberei wird bei der Bestellung der Ketten- und Schußgarne an die Spinnerei eng begrenzte Anforderungen stellen müssen. Garne aus langstapeliger Baumwolle lassen sich infolge der vielen Windungen der Fasern schwer rauhen, kurzstapelige Baumwolle würde sich bei schwächerer Drehung leicht aus dem Gewebe ziehen lassen. Am besten eignet sich ein Gemisch von Surate und amerikanischer Baumwolle im ungefähren Verhältnis von 2 : 3, je nach der Stapellänge. Die Drehung der Kettengarne muß bei tadelloser Schlichtung ein anstandsloses Verweben und dennoch einen schönen Flor ermöglichen.

Den eigentlichen Flor muß das Schußgarn bilden, dessen Drehung hinreichend stark sein muß, um gegen die Wirkung der Rauhkarden widerstandsfähig zu sein, damit sie nicht zerreißen und den Zusammenhalt mit den Kettengarnen nicht verlieren.

Sparsamkeit ist hier nicht angebracht, da der Verlust in Form von Ramschware größer ist als die ersparten Garnkosten. Der Mehraufwand für besseres Garn beträgt höchstens ein bis zwei Pfennig für 1 m fertiger Ware. Dieser geringfügige Preisunterschied spielt angesichts der großen Beeinträchtigung der Qualität keine Rolle, wie sich in einem praktischen Fall erwiesen hat. In einem Betriebe, in dem man beim Schußgarn zu sparen versuchte, handelte es sich beim Einkauf um einen Preisunterschied von 4 Pfg. je kg; das billigere Garn ergab eine Ramschware von 20% im Vergleich zu Garnen von mittlerer Wertigkeit und 30% bei

Garnen von guter Beschaffenheit. Die etwas gering eingestellten Gewebe wollten keinen Flor geben, und als dieser durch ein schärferes Angreifen der Rauhkarden erzwungen werden sollte, zerriß das Schußgarn stellenweise, wodurch Löcher in den Geweben entstanden.

Selbstverständlich gehört zur Erzielung eines tadellosen Flors auch eine entsprechende Ketten- und Schußdichte sowie Garnnummer. Beim Mustern der Flanelle muß beachtet werden, daß sich manche Farben, z. B. das Türkischrot, wegen seines reichen Ölgehaltes, nicht gut rauhen lassen und daher auch nur in geringer Anzahl vertreten sein sollen, insbesondere nicht in größeren Viereckflächen. Die zu färbenden Garne dürfen nur mit solchen Farbstoffen gefärbt werden, welche gar nicht oder nur in ganz geringem Grade abfärben, denn sie trüben die benachbarten hell gefärbten, glänzenden oder gebleichten Garne und auch den Flor, was das Aussehen der Ware stark beeinträchtigt.

Die zweiseitig gerauhten Baumwollflanelle müssen auch ein häufiges Waschen vertragen können, daher muß der Färber möglichst echte Farben verwenden, damit der Flor und der Flanell unansehnlich erscheinen. Die Indanthren- und ähnliche Farbstoffe der Neuzeit setzen den Färber jederzeit in den Stand, allen Wünschen in bezug auf Echtheit der Farben gerecht zu werden, sofern ihm die Farblöhne bewilligt werden. Aber auch in diesem Punkte wird nur allzu oft übel angebrachte Sparsamkeit geübt, selbst bei sogenannten Qualitätswaren.

Ob das Färben in Strähnform, in der Flocke (loser Wolle), Kardenband, Kopsen oder Kreuzspulen vor sich geht, hat auf den Ausfall der Flanelle keinen Einfluß. Für Qualitätswaren ist nach meinen Erfahrungen das Färben der Garne in Strähnform vorzuziehen. In diesem Falle werden die Kettengarne in Strähnform geschlichtet, dann gespult. Wird in der Flocke oder im Kardenband gefärbt, so können die Ketten- und Schußgarne wie in der Rohweberei entweder zuerst geschlichtet und dann geschärt, auch zuerst geschärt und dann geschlichtet werden. Die gefärbten Kopse gelangen von der Färberei in den Lagerraum und von hier in die Weberei. Die Kreuzspulen und die großen Drosselspulen machen ein Umspulen auf Schußkopse erforderlich.

Hinsichtlich der Strähnfärberei treffen wir auf zwei Behandlungsarten der Kettengarne, nämlich die Strähn- und die Breitschlichterei. Die Strähnschlichterei bedingt zwei Arbeitsgänge, d. s. Schlichten in Apparaten und Schären oder Zetteln auf den Weberbaum, wogegen bei der Breitschlichterei Schären, Zetteln, Schlichten und Aufbäumen in einem Arbeitsgang vor sich gehen.

Jede dieser Behandlungsarten der Kettengarne hat ihre Vor- und Nachteile. Die Breitschlichterei verlangt lange, die Strähnschlichterei dagegen begnügt sich mit kleinen Kettenlängen, im allgemeinen gilt für alle Schlichtungsarten folgendes: Um die Rauhereibehandlung nicht unnötig zu erschweren, dürfen die Kettengarne in der Schlichterei nicht übermäßig mit Schlichte beladen, sondern es soll nur so stark geschlichtet werden, daß ein glattes Verweben möglich ist. Zu starkes Schlichten verzögert und erschwert die Rauhbehandlung, nützt die Rauhkarden rasch ab, besonders wenn die Schlichte eine größere Menge von harten, anorganischen Füllmitteln, wie Schwerspat, Chlorzink, Bittersalz u. dgl. enthält. Eine einfache Schlichte für die Breitschlichterei, die allen Anforderungen der Weberei Genüge leistet, hat folgende Zusammensetzung: in 850 Liter fertiger Schlichte sind enthalten:

40 kg Kartoffelstärke, 200 g Kochsalz und
600 g Aktivin, 1 l Türkischrotöl.

Die vorerst mit wenig Wasser angeteigte und dann mit dem noch übrigen Wasser versetzte Stärke wird mit den anderen Zusätzen so lange gekocht, bis die Masse klar und dünnflüssig geworden ist. Durch das Kochen mit Aktivin geht die Stärke in die „lösliche Stärke" über, die die Farben nicht trübt. Die Zugabe von Kochsalz als wasserziehendes Mittel bewahrt die Kettengarne vor dem Austrocknen und das Öl macht die Garne geschmeidig. Diese beiden Schlichtezusätze verhindern, daß die Dehnbarkeit der Rohgarne durch die Schlichtung eine allzu große Einbuße erleidet.

Für die Strähnschlichterei muß die Schlichte etwas stärker gehalten sein als für die Breitschlichterei, da die Garne nach dem Schlichten vor dem Bäumen noch gespult und geschärt werden müssen und stärker beansprucht werden als die breitgeschlichteten Ketten.

Eine Schlichte für Strähnschlichterei enthält in 380 Liter fertiger Schlichte

30 kg Kartoffelstärke, 160 g Kochsalz und
450 g Aktivin, 0,8 kg Türkischrotöl.

Schon in der Schärerei oder Zettlerei muß getrachtet werden, daß die Kettengarne anstandslos, ohne Verkreuzungen durch die Schlichtmaschine gehen können. Etwaige Fehler können in der Schlichterei durch einen tüchtigen Schlichter wohl etwas gebessert werden, bevor die Kette aufgebäumt wird; nachher ist es zu spät und muß der Weber für die Fehler der Vorbereitungsabteilungen büßen. Es ist leicht begreiflich, daß jede Verkreuzung beim Ablauf vom Kettenbaum im Webstuhl die Reibung der Kettengarne wesentlich erhöht und die Entstehung von Webfehlern fördert.

In der Breitschlichterei muß dafür gesorgt werden, daß die Schlichtmaschine stets in gutem Zustande ist; besonders das Schlichttuch. Ein schlechtes Schlichttuch verursacht leicht Verkrustungen der Garne durch die Schlichte; auch beim Stillstand der Maschine entsteht Krustenbildung. Diese hat in der Rauherei Ungleichmäßigkeiten in der Florbildung und fehlerhafte Ware zur Folge. Am schlimmsten ist es, wenn sich die Krustenbildung häufig wiederholt, wie es bei öfterem Abstellen der Maschine und noch mehr bei schadhaften Schlichttüchern vorkommt. Sind Löcher in dem Schlichttuch oder schlägt die Druckwalze, so wiederholt sich die Krustenbildung bei jedem Walzenumfang.

Gegen häufige Stillstände der Schlichtmaschine hilft nur ein gutes Kettengarn und ein guter Schlichter, der seine Arbeit und seine Maschine genau kennt und Störungen zu beheben weiß, ohne die Maschine abzustellen. In anderen Fällen ergibt sich die Vermeidung der Krustenbildung durch die Art ihrer Entstehung.

In der Schärerei und Zettlerei soll die Herstellung der Ketten von größerer Länge nur sehr geübten Arbeiterinnen überlassen werden; denn ein Fehler in der Kette kann das Weben der ganzen Kette empfindlich beeinträchtigen. Auch die Andreherei und Einzieherei muß die Ketten mit großer Sorgfalt behandeln, damit Verkreuzungen der Kettenfäden im Webstuhl unterbleiben.

Die geschlichteten Strähne sollen vor dem Trocknen einer Bürstbehandlung unterzogen werden. Diese hat den Zweck, die Garne zu teilen, damit jeder einzelne Faden von der Trockenluft umspült wird und kein Zusammenkleben benachbarter Fäden eintritt. Hauptsächlich aber sollen die abstehenden Baumwollfasern an den Faden angelegt und festgeklebt werden. Das Auseinanderreißen zusammengeklebter Fäden verursacht in der Spulerei ein

Rauhwerden und vermehrte Reibung der Ketten im Geschirr und Blatt. Das Bürsten der Garne auf der Revolverschlichtmaschine kommt dem Bürsten auf einer eigenen Bürstmaschine mit geheizten Kupfertrommeln bis zur Antrocknung der Garne nicht gleich.

Dem Bürsten folgt das Trocknen, das möglichst rasch vor sich gehen soll, damit die Garne keine Zeit mehr finden, aneinander zu kleben. In der Spulerei dürfen zusammengeklebte Fäden nicht mit Gewalt voneinander getrennt werden. Diese Arbeit muß mit der größten Sorgfalt geschehen, damit die rauhen Stellen möglichst unschädlich werden. Nach dem Spulen wird geschärt, angedreht oder eingezogen, worauf die Kette zum Verweben fertig ist.

Eine so sorgfältig hergestellte Kette ist nicht mit allzu großen Schwierigkeiten zu verweben; es bedarf nur eines umsichtigen und tüchtigen Arbeiters, der die Folgen der Webfehler für die Rauherei genau kennt und dementsprechend auch seine Arbeit ausführt. Kettenfadenbrüche müssen behoben werden bevor es zu Nesterbildungen kommen kann. Solche Nester, die sich aus zusammengezogenen Fäden bilden, werden, wenn sie nicht sachgemäß beseitigt werden, beim Rauhen wieder auseinandergerissen, wobei Löcher in den Geweben entstehen. Schußfadenbrüche können beim Rauhen ein Zusammenziehen der Schußfäden herbeiführen. Dies ist bei den Unterdünnen, den gefährlichsten Fehlern in den Geweben, die gerauht werden müssen, der Fall. Diese Unterdünnen sind Stellen in den Geweben, welche eine zu geringe Schußzahl aufweisen. Sie können dadurch entstehen, daß der Regulator versagt oder die Bremsvorrichtung, sei sie nun eine Ketten-, Seil- oder sonstige Bremsvorrichtung, rutscht. Auch diese Fehler führen fast stets zu einem Zusammenziehen der Schußfäden in der Rauherei. Das Gewebe wird an diesen Stellen bei jedem weiteren Durchgang durch die Rauhmaschine schütterer und erhält schließlich Löcher.

Sind viele Unterdünnen in einem Gewebe vorhanden, so ist es stets ratsam, besonders bei sehr leicht eingestellten Flanellen, dieselben nicht zu rauhen, sondern auf andere Weise zu verkaufen, da man sonst unbedingt eine Ramschware erhält. Sind die Unterdünnen solcher Art, daß nur 1—2 Fäden auf 15 Fäden in 1 cm fehlen, so kann man das Zusammenziehen der Fäden wohl etwas hintanhalten, wenn der Rauher oder die Warenbeschauabteilung den Fehler rechtzeitig bemerkt. Immerhin aber wird sich an diesen

Stellen ein schlechter Flor bilden, der sich im fertigen Gewebe gewöhnlich als Florstreifen bemerkbar macht.

Nach dem Abweben gelangen diese Stücke in die Warenkontrolle, in der sie auf Fehler untersucht und gemessen werden. Das Maß wird auf dem einen Ende angeschrieben. Nach dieser Kontrolle werden die gleichartigen Flanelle gerauht. Dieses Rauhen soll schon einen richtigen Flor ergeben, denn das dem Appretieren folgende Nachrauhen hat nur den Zweck, den beim Appretieren etwas zusammengeklebten und verdrückten Flor wieder herzustellen. Bezüglich des Rauhens selbst sei auf den Abschnitt ,,Die Rauherei im allgemeinen" (S. 153) verwiesen.

Würde ein Flanell von gewöhnlicher Ketten- und Schußdichte nach dem Rauhen fertiggestellt, so wäre er unverkäuflich, denn das Aussehen wäre unschön, der Griff zu weich und lappig und die Ware schwer zu konfektionieren. Eine Appreturbehandlung ist daher notwendig. Es gibt aber viele Webereien, die ihre Flanelle nicht appretieren, sondern nur rauhen. Den besseren Griff suchen sie der Ware dadurch zu verleihen, daß sie die Ketten stärker schlichten als für die Weberei unbedingt erforderlich ist. Dieser Vorgang erscheint mir jedoch selbst wirtschaftlich nicht am Platze, da schwergeschlichtete Ketten schwerer zu verweben sind und die Ware unansehnlicher ausfällt, als wenn sie appretiert worden ist. Durch das Schwerschlichten werden auch die Rauhkarden viel schneller abgenützt als bei gewöhnlichem Schlichten. Wenn diese Webereien richtig rechnen und eine genaue Statistik über den Nutzeffekt und die Tourenzahl der Webstühle bei schwer und bei gewöhnlich geschlichteten Ketten führen würden, so würden sie sich von dem Wert eines guten Appretierens überzeugen.

Um einen schönen Flor zu erhalten, bedarf es der richtigen Anzahl von Durchgängen durch die Rauhmaschine, abgesehen von je einem links- und rechtsseitigen Durchgang durch die Schmirgelmaschine. Dies hängt von der Beschaffenheit der Ketten- und Schußgarne, von ihrer Stärke und Drehung, von der Baumwollmischung sowie von der Einstellung der Gewebe und der Art des gewünschten Flors ab. Meistens rechnet man mit 4—5 Durchgängen auf jeder Seite der Flanelle.

Nach dem Rauhen folgt das Appretieren. Um den Flor durch die Appreturbehandlung zu schonen, ist es ratsam, der Appreturmasse nur so viel Klebstoffe zuzusetzen, als unbedingt notwendig ist, um andere wünschenswerte Zusätze zu binden. Gut eingestellte Gewebe, die einen weichen aber vollen Griff haben sollen, bedürfen keines Klebstoffes, da die anderen Zusätze nicht gebunden zu werden brauchen.

Für derartige Flanelle eignet sich besonders eine Gallerte (Abkochung) von Karragheenmoos, die eine große Füllkraft besitzt und der Ware einen weichen, vollen Griff verleiht, der dem der Wolle sehr ähnlich ist. Ein etwas teureres Appreturmittel ist der Kartoffelsirup. Diese beiden, sonst so vorzüglichen Appreturmittel für Flanelle dürfen jedoch nicht im Übermaß verwendet werden, da die Rauhkarden sonst klebrig werden und den Flug, der sich beim Rauhen entwickelt, festhalten, so daß sich die Zwischenräume zwischen den Zähnen bald vollsetzen und oft gereinigt werden müssen.

Die Klebkraft der Stärke, der löslichen Stärke und des Dextrins ist viel größer als jene der beiden genannten Appreturmittel, hat aber dennoch nicht die gleiche Wirkung auf die Kardenzähne.

Um den Flanellen den wollähnlichen Griff auch beim Lagern in einem trockenen Raume zu erhalten, ist der Appreturmasse ein wasseranziehendes Mittel zuzugeben, sofern sie nicht schon die geeigneten Bestandteile enthält, wie Kartoffelsirup, Glyzerin oder Chlormagnesium. Eine bestimmte Zusammensetzung der Appreturmasse hat nur für eine bestimmte Einstellung einer Flanellgattung Geltung, auch muß man wissen, auf welchen Maschinen diese behandelt werden soll.

Für einen Flanell von 80 cm Warenbreite, 2280 Kettenfäden Nr. 20 und 30 Schußfäden auf 1 cm Nr. 14, also für sehr gute Ware, empfiehlt sich folgende Appreturmasse.

In 380 Liter fertiger Appreturmasse sind enthalten die Gallerte von $1^1/_2$ kg Karragheenmoos[1], $^1/_2$ kg Kochsalz und $^1/_2$ Liter Türkischrotöl oder ein Appreturöl.

Die Ware wird auf der Spann-, Rahm- und Trockenmaschine mit vorgebauter Stärkmaschine appretiert und getrocknet. Die Quetschwalze der Appreturmaschine darf nur durch das eigene Gewicht wirken, um den Flor nicht zu stark zu pressen. Das Trocknen auf dem Spannrahmen hat gegenüber dem auf einer

---

[1] Siehe „Die Herstellung der Appreturmassen" (S. 87).

Trommeltrockenmaschine den Vorteil, daß der schon etwas gedrückte Flor durch den der laufenden Ware entgegenlaufenden Luftstrom gehoben wird; die Fasern des Flors können nicht so leicht zusammenkleben wie auf den Trockentrommeln, an welche das Gewebe infolge der hohen Spannung stärker angepreßt und infolge der hohen Temperatur schärfer getrocknet wird.

Nun muß man auch berücksichtigen, daß beim Rauhen vor dem Appretieren und beim Nachrauhen ein Breiteneingang erfolgt, der auf dem Spannrahmen so weit ausgeglichen werden kann, daß die Ware die Verkaufsbreite erhält. Würde die appretierte Ware auf einer Trommeltrockenmaschine oder einer maschinellen Hänge getrocknet, so müßte sie entweder auf einer eigenen Breitstreckmaschine auf die Verkaufsbreite gebracht oder in der Weberei so eingestellt werden, daß sie trotz des Eingangs nach der gesamten Ausrüstung die Verkaufsbreite aufweist. Dieser Vorgang wird in manchen Betrieben mit Erfolg ausgeführt.

Die Trocknung der appretierten Flanelle auf der Hänge teilt mit der Spann-, Rahm- und Trockenmaschine den Vorteil, daß der Flor nicht so leicht verkleben kann wie bei der Trommeltrockenmaschine, doch fehlt ihr die Spannung in die Breite wie bei der Spann-, Rahm- und Trockenmaschine. Von diesem Fehler sind die neuzeitlichen mechanischen Hängen mit automatischen Einlaßvorrichtungen frei. Manche Webereien haben auch versucht, die Kettenfadenzahl so groß zu halten, wie es bei der Trocknung auf der Spann-, Rahm- und Trockenmaschine möglich ist, dafür aber die Kettenfäden breiter in das Blatt einzuziehen, so daß das Gewebe schließlich noch die gewünschte Breite hat.

Je nach der Einstellung der Flanelle und der Zahl der Durchgänge durch die Rauhmaschine beträgt der Breitenverlust 4—8%, bei einer Breite von 80 cm also 4—6 cm. Beim Nachrauhen würde sie nochmals etwa 2 cm verlieren; die Ware muß deshalb auf der Spann-, Rahm- und Trockenmaschine auf eine Breite von 82 cm eingestellt werden, um zum Schluß 80 cm Breite zu erhalten.

Nach dem Trocknen der Ware läßt man sie gut auskühlen, wobei sie ihren natürlichen Feuchtigkeitsgehalt wieder erhält. Um Zeit zu sparen, kann man dies auch durch ein Dämpfen erreichen, wobei jedoch die Bildung von Wassertropfen verhindert werden muß, um Faltenbildung vorzubeugen. Das Dämpfen erleichtert das Aufrichten des Flors, besonders bei dicht eingestellten Geweben; auch erscheint die Ware bei der Durchsicht geschlossener. Außerdem hebt das Dämpfen den Glanz der Farben. Oft genügt auch ein sehr leichtes Einsprengen der Ware mit einem ölhaltigen Wasser; das Öl macht ebenfalls die Garne voller. Die eingesprengte Ware muß aber nach dem Kalandern trocken in die Rauhmaschine einlaufen.

Nach dem Dämpfen bzw. Einsprengen folgt ein leichtes Kalandern, ohne einen anderen Druck als den der Walze allein.

Nun folgt das Nachrauhen, das den durch die Appreturbehandlung zusammengedrückten und leicht angeklebten Flor wiederherstellen soll. Die Zahl der Durchgänge durch die Rauhmaschine, die Anstellung der Rauhkarden richten sich nach der Beschaffenheit des Flors; je mehr er gedrückt und zusammengeklebt ist, desto vorsichtiger muß man arbeiten. Ein zu scharfes Angreifen der Rauhkarden würde einen stark gedrückten und zusammengeklebten Flor zerreißen; viele Fasern gingen verloren und der Flor erhielte ein dünneres Gefüge. Gewöhnlich genügt auf jeder Warenseite ein zweimaliges Nachrauhen, zur Sicherheit sollte man aber eher mehr als weniger Durchgänge geben. Wenn ein filzartiger Flor gewünscht wird, so läßt man die Flanelle durch eine Filzmaschine laufen; hierdurch erhält man besonders bei bedruckten Geweben eine klare Abgrenzung der Musterflächen.

Zum Schluß geht die Ware durch die Dekatiermaschine, welche dem Flor die endgültige Beschaffenheit und den Wollglanz geben soll. Sie kann im Notfalle durch ein Dämpfen und leichtes Bürsten ersetzt werden.

8. Die naturelle und die Mangelausrüstung.

Die Mangelausrüstung ist nach den vorangegangenen Abschnitten bereits bekannt und bedarf daher keiner weiteren Erklärung. Der Name „naturell" bedeutet eine Ausrüstung, die der Ware die Beschaffenheit erhält, wie wenn sie vom Webstuhl weg in den Handel käme, ohne weitere Behandlung als durch die Herstellung der Gewebe unbedingt geboten ist, wie Kontrolle über Maße und Gewichte, Lohnverrechnung und Feststellung etwaiger Fehler. Die Ware darf durch die Ausrüstung nicht als verbessert erscheinen, so daß der Käufer keiner Täuschung über ihre wahre Beschaffenheit ausgesetzt ist.

Nun haben aber die den Webstuhl verlassenden Gewebe kein angenehmes, zum Kaufe anregendes Aussehen; sie sind unscheinbar, hart, steif und rauh und benötigen eine wenn auch leichte Glättung. Dieser Zweck wurde in früheren Zeiten und bei einzelnen Gewebegattungen heute noch dadurch erreicht, daß man die Gewebe durch einen leichten Kalander oder eine Stärkmaschine, wie sie zum Appretieren dient, laufen ließ. Diese einfache Art der Glättung gab jedoch dem Gewebe kein besonders gefälliges Aussehen, überdies hatte die Appretur keinen genügend festen Halt, da es den Garnen an festen Körpern mangelte. Mit der Verfeinerung des Geschmacks und den gesteigerten Anforderungen an das Aussehen und den Griff der Gewebe hatte diese einfache Ausrüstung, die leichte Glättung ihr Ende erreicht und die naturelle Ausrüstung erhielt eine weitergehende Bedeutung.

Die Ware darf wohl eine gewisse Füllung durch feste Körper erhalten, damit sie einen volleren Griff erhalte; sie darf ferner so stark geglättet werden, daß sich selbst die kleinsten Faltenbildungen oder Unebenheiten nicht wahrnehmen lassen. Nur kein Glanz darf sich zeigen, da er auf eine besondere Behandlungsweise schließen lassen würde. Diese Art der Ausrüstung betrifft fast ausnahmslos Gewebegattungen, die ehedem nur in Leinen angefertigt und dann, aus Baumwolle hergestellt, als billiger Ersatz für Leinenwaren dienen mußten, wie Inletts, Züchen, indigoblau gefärbte Arbeiterkleiderstoffe.

Die Leinenwaren hatten schon zufolge der härteren Garne einen festeren Halt und bedurften keiner weiteren Ausrüstung; sie kamen sogar als Stuhlwaren nach der Kontrollbehandlung in den Handel, wie es auch bei manchen dicht eingestellten Baumwollgeweben heute noch der Fall ist. Für die jetzt erhöhte Bedeutung der naturellen Ausrüstung, bestehend in größerer Glätte und einer gewissen Füllung, haben wir in der Gallerte von Karragheenmoos ein Appreturmittel von größtem Werte, da es im Verhältnis zum Preise sehr ausgiebig in der Füllung ist und ein starker Druck auf die Waren nicht erfolgen darf, um keine Glanzwirkung zu bekommen.

9. Appreturausrüstung nach vorgelegtem Muster.

In den Appreturanstalten, hauptsächlich solchen, die an Buntwebereien und Druckereien angegliedert sind, tritt sehr häufig die

Anforderung an den Appreteur heran, eine Appreturausrüstung nach einem vorgelegten Muster nachzuahmen und auf eine bestimmte Gewebegattung zu übertragen. Da kein Appreteur sagen kann, daß seine Ausrüstungen nicht übertroffen werden können, ist er darauf vorbereitet, von anderer Seite gefälligere Ausrüstungsarten vor Augen zu bekommen. Da handelt es sich zunächst darum, ob sich die neue Ausrüstung im eigenen Betriebe ausführen läßt.

Schon der Griff und das Aussehen der Ware deuten auf die maschinelle Behandlung und lassen erkennen, ob die neue Ausrüstung mit der vorhandenen Einrichtung ausgeführt werden kann. Ist dies der Fall, so ist die weitere Frage die, ob die Ausrüstung für den Auftraggeber allein lohnend genug ist oder auf Gewebe der gleichen Gattung auch für die anderen Kundschaften ausgedehnt werden kann. Spricht der Griff und das Aussehen der Ware ebenso oder besser an als die bisherige Ausrüstung, so steht der allgemeinen Ausführung nichts entgegen, vorausgesetzt, daß sie sich nach vorläufiger Schätzung nicht wesentlich teurer stellt.

Auch handelt es sich um den Wert des Kunden für den Betrieb. Ist er ein geschätzter, guter Zahler, nicht besonders beschwerdesüchtig und Abnehmer einer großen Zahl von gleichartigen Stücken, auch hinsichtlich des Musters, also für den Weber wertvoll, so wird man sich nicht lange besinnen und die Ausführung zugestehen, wenn der Kostenpunkt geregelt ist. Solche Kundschaften verdienen bei den Webern, Druckern, Färbern und Bleichern möglichstes Entgegenkommen und müssen an den Betrieb gefesselt werden. Andernfalls wird man den Kunden den Bescheid geben, daß die Ausrüstung undurchführbar ist, da man vielerlei Ausrüstungsformen aus wirtschaftlichen Gründen vermeiden muß.

Die Kosten der neuen Ausrüstung können von einem geschulten und erfahrenen Appreteur schon durch Anfühlen des vorgelegten Musters und Vergleich mit der Ware, die diese Ausrüstung erhalten soll, annähernd bestimmt werden. Stellt man bei diesem Vergleich zu große Unterschiede fest, so wird man vorerst einen Probeversuch im Kleinen vornehmen; nur ausnahmsweise wird es notwendig sein, einen solchen zu wiederholen, um den Kostenpunkt mit größerer Sicherheit bestimmen zu können.

Griff und Aussehen des nachzuahmenden Musters lassen auch einen Schluß auf die Art der Zusätze zur Appreturmasse ziehen, wie z. B. Stärke, abgebaute Stärke, Moos- oder Algengallerte und andere Füllmittel, ferner ob feste Fette oder Öle zum Geschmeidigmachen der Ware notwendig sind. Es handelt sich dann nur noch um die Menge dieser Zusätze, wofür es für den erfahrenen Appreteur auch keiner ausgedehnten Versuche bedarf; er wird bei nicht außergewöhnlichen, ihm ganz fremdartig erscheinenden Ausrüstungsarten mit einem Versuche im Großen beginnen können. Schon die ersten Meter Ware, die aus der Trockenmaschine kommen, zeigen ihm, ob er mit der gewählten maschinellen Behandlung die gewünschte Ausrüstung erreicht hat oder Abweichungen davon ausgleichen kann oder eine andere Behandlung mit einer anderen Maschine zu Hilfe nehmen muß bzw. ob eine andere Zusammensetzung der Appreturmasse zum Ziele führt.

Um dies beurteilen zu können, bedarf es freilich einer gründlichen Kenntnis der Wirkung der maschinellen Behandlung der appretierten Ware in allen Behandlungsstadien der einzelnen Zusätze zur Appreturmasse einzeln und in ihrer Gesamtheit auf Griff und Aussehen der Ware.

Ist das vorgelegte Muster derart mit Appreturmasse gefüllt oder beschwert, daß sich nicht leicht ein Schluß auf die Qualität der appretierten Ware ziehen läßt, so muß ein Teil des Musters von der Appreturmasse befreit werden. Dies geschieht am einfachsten durch längeres Einweichen in warmes Wasser, dem irgendein Abbauprodukt für die Stärke zugesetzt worden ist. Schneller noch geht das Entschlichten durch Kochen eines Teiles des Musters mit Wasser unter Beigabe von etwas Aktivin. Dann folgt ein gründliches Auswaschen. Diese Behandlungsweisen bauen etwa noch in Kleisterform vorhandene Stärke in die lösliche Stärke ab, die durch das Waschen mit den sonstigen löslichen und unlöslichen Beimengungen der Appreturmasse beseitigt werden.

Schwieriger gestaltet sich die Entfernung der Appreturmasse, wenn sie aus einer mit Formaldehyd oder Chromsalzen teilweise gefällten Leimlösung besteht, da diese selbst durch anhaltendes Kochen mit Säuren oder Alkalien sich nur äußerst schwer aus dem Muster entfernen läßt. Aber gerade die Beständigkeit der Appreturmasse gegen Kochen mit Säuren oder Alkalien bringt den Appreteur auf die Spur von der Zusammensetzung der

Appreturmasse, dieses Verfahren wird jedoch sehr selten angewendet. Früher fand die Chromleimlösung ausgedehnte Verwendung in der Appretur von Volkstrachtenstoffen, die plissiert werden mußten. Sonst darf man aber allgemein annehmen, daß stark füllende und beschwerende Appreturmassen auf die Verwendung von Stärke in unabgebautem Zustande schließen lassen.

In größeren Appreturanstalten ist es vielfach üblich, zur Nachahmung vorgelegte Muster durch den eigenen Chemiker genauer untersuchen zu lassen. Ich selbst habe nie ein Bedürfnis empfunden, die Appretur der Wettbewerber genauer kennen zu lernen, sondern habe mich auf meine eigene Kraft verlassen; denn erstens ist eine wirklich genaue Untersuchung der Appreturmasse eines Gewebemusters selbst für einen Chemiker durchaus nicht einfach; sie verlangt eine gründliche Kenntnis und Erfahrung in der chemischen Analyse, die nur derjenige sich aneignen kann, der stets mit derartigen Arbeiten beschäftigt ist, was bei den wenigsten Fachleuten der Appretur der Fall ist. Eine oberflächliche Untersuchung der Zusammensetzung der Appreturmasse kann hingegen zu ganz falschen Ergebnissen führen. Der geschulte Appreteur verläßt sich auf seine eigenen Kenntnisse und Erfahrungen, da er doch weiß, daß die von anderen Betrieben stammenden Verfahren nur dann nachahmenswert erscheinen, wenn alle Verhältnisse, die für den Ausfall der Ausrüstung bestimmend sind, übereinstimmen, wogegen jede Abweichung eine andere Ausrüstung zur Folge hat.

E. Besondere Ausrüstungsarten.

1. Die Rauherei im allgemeinen.

Die Rauhartikel in Baumwolle bilden heutzutage in den Webereien, hauptsächlich in den Buntwebereien, aber auch in den Rohwebereien, ferner in den Veredlungsbetrieben, Bleicherei, Färberei und Druckerei einen beträchtlichen Teil ihrer Gesamterzeugnisse. Sie stellen Waren her, von deren Schönheit die Fachmänner der früheren Zeiten sich keine Vorstellung hätten machen können. Es gibt aber auch Flanelle und andere gerauhte Gewebe, die bei oberflächlicher Betrachtung selbst Fachmänner der Neuzeit nicht von Wollwaren unterscheiden können.

Die Herstellung tadelloser gerauhter Baumwollgewebe ist jedoch keine einfache Arbeit, sondern mannigfaltig und zeitraubend, wie wir in dem Abschnitt über den „Werdegang eines doppelseitig gerauhten Baumwollflanells von der Spinnerei bis zum fertigen Gewebe" zu ersehen sein wird. Sie erfordert ein der Qualität der zu erzeugenden Ware entsprechendes Garnmaterial, eine gute maschinelle Einrichtung und eine vollendete Behandlung in der Appretur selbst, wofür die richtige Auswahl der Appreturzusätze unerläßlich ist. Diese drei Umstände müssen zusammenwirken, wenn das gewünschte Ergebnis zustande kommen soll.

In vielen Webereien wird noch an dem falschen Grundsatze festgehalten, daß zu den gerauhten Geweben jedes Garn gut genug sei, wenn es nur den Webvorgang aushalten kann. Dieser Grundsatz rächt sich häufig durch einen allzuhohen Prozentsatz von Ramschware. Wohl kann man zu minderwertigen Geweben, die nach dem Weben noch gebleicht, gefärbt oder bedruckt werden und als Massenartikel in den Handel kommen, auch minderwertiges Garn, besonders Schußgarn verwenden, wenn es die Wirtschaftlichkeit der Weberei gestattet; die Ausführung und der Ausfall dieser Waren wird dann aber auch dem Preise entsprechen.

Beim Antritt einer neuen Stellung fand ich einen Flanellartikel vor, der 27% Ramschware lieferte. Die Werksleitung konnte oder wollte die wirkliche Ursache dieser Erscheinung nicht erkennen, denn auch hier herrschte der Grundsatz, daß sich zur Herstellung von gerauhten Waren alle Garne eignen. Betriebsleiter, Beamte, Meister und Arbeiter hätten die wahre Ursache des Fehlers genau angeben können, aber sie durften es nicht. Auch die höchst einfache Betriebsstatistik der Weberei hätte Aufschluß geben können, wenn sich die Einkaufsstelle für diese Statistik interessiert hätte. Die maschinelle Einrichtung der Rauherei sowie der gesamten Appretur war tadellos und der Neuzeit entsprechend.

Die Zusammensetzung der Appreturmassen war richtig, doch war das Schußgarn von so schlechter Beschaffenheit, daß es bei der äußerst geringen Ketten- und Schußdichte, die eine bestimmte Überseeflanellsorte erfordert, zu einer größeren Menge von Ramschware kam. Bei einem sehr dichten Flanell wäre der Anfall von Ramschware sicherlich unter 5% geblieben. Dies zeigte sich sofort, als man Schußgarne verwendete, deren Beschaffenheit dem Zwecke des Gewebes als Rauhware entsprach. Das zuerst gewählte

Schußgarn, das so viel Ramschware lieferte, war Nr. 4 engl., aus einer kurzstapligen Baumwolle mit viel Abfall versponnen, aber mit ganz verschiedenen Drehungszahlen versehen. Bei den zu weichen Drehungsstellen waren die Garne schlissig, die Drehung wurde in der Rauherei gänzlich aufgelöst, es gab eine Menge Löcher, die nicht nur nicht wieder gut zu machen waren, sondern sich vielmehr bei jedem weiteren Durchgang durch die Rauhmaschine vergrößerten, was leicht begreiflich ist. An den schlissigen Stellen in den Geweben wurden die Fäden durch die Rauhkarden vorerst zusammengezogen, es bildeten sich schüttere Stellen, die sich nach einigen Durchgängen durch die Rauhmaschine zu Löchern entwickelten.

Als dann ein aus lang- und kurzstapligen Baumwollen gemischtes, aber auch weichgedrehtes Garn zum Schuß verwendet wurde, fiel die Ware hinsichtlich der Ausrüstung tadellos aus; Ramschware gehörte zu den Seltenheiten in der Rauherei und selbst die leichtest eingestellten Gewebe verursachten bei ihrer Ausrüstung keine Schwierigkeiten mehr.

Eine einfache Berechnung lieferte den Beweis dafür, welch' großen Fehler der Einkäufer dadurch gemacht hatte, daß er anstatt eines zweckentsprechenden Garnes ein nur um wenige Pfennige billigeres Garn der Weberei übergab. Bei der Verwendung des schlechteren Garnes war der erhaltene Flor schütter, bei dem besseren jedoch voll und undurchsichtig. Bei mehrmals wiederholtem Rauhen wurde der ursprünglich ziemlich schöne Flor immer mehr aus dem Gewebe herausgerissen, da die Baumwollfasern ihren Halt beständig verminderten, was infolge der Mischung von kurzstapliger Baumwolle mit Abfall nicht zu vermeiden war.

Dieses Beispiel zeigt, wohin Sparsamkeit im Ankauf von Garnen führen kann. Wäre der Garneinkauf nicht in andere Bahnen gelenkt worden, so wäre es zur Aufhebung der Wirtschaftlichkeit des Betriebes gekommen.

Doch nun wieder zum eigentlichen Thema zurück! Ein schöner und haltbarer Flor kann nur mit einem ziemlich weich gedrehten Garn erhalten werden; hierzu bedarf es einer langstapligen Baumwolle die mit einer mittelkurzstapligen gemischt ist. Wird nur der Schuß gerauht, ob er nun ein- oder beidseitig hervortritt, so kann man ein billigeres Kettengarn verwenden; müssen jedoch die Kettengarne an der Bildung des Flors wesentlich teilnehmen, wie es bei den zweiseitig gerauhten Flanellen fast ausnahmslos der Fall ist, so ist nur ein Kettengarn von sehr guter Beschaffenheit zu wählen, das ebenfalls aus einer Mischung von langstapliger und mittelstapliger Baumwolle besteht und in der Drehung etwas weicher ist als das gewöhnliche Drosselgarn.

Man muß bedenken, daß die Kettengarne nicht nur den kräftigen und schnell sich wiederholenden Schlägen der Weblade, der Spannung durch die Kettenbaumbremse, den verschiedenen Reibungen im Webstuhl und den scharfen Angriffen der Zähne der Rauhgarnituren standhalten müssen, sondern auch den Schußgarnen einen sicheren Halt beim Rauhen geben sollen; denn sie dürfen sich durch die Karden nicht zusammenziehen lassen und nicht dickere und dünnere Stellen im Gewebe hervorrufen.

Um ein Verziehen der Schußfäden beim Rauhen zu verhüten, muß in der Weberei die Kettenfadendichte genau erwogen werden. Man nimmt lieber ein gröberes Kettengarn und weniger Fäden als umgekehrt, die Schußgarne haben aber einen besseren Halt, wenn feinere Kettengarne und dichtere Einstellung gewählt werden, weil sie dadurch öfters abgebunden werden. Allerdings muß auch wieder bedacht werden, daß ein gröberes Garn sich zur Florbildung besser eignet als ein feineres. Wie sich dies in der Praxis auswirkt, muß genaueren Versuchen vorbehalten bleiben, denn die Ansichten der Praktiker gehen hierüber noch auseinander.

Je leichter die Einstellung eines Gewebes ist, desto mehr muß man auf den Halt der Schußgarne Bedacht nehmen, der auch durch die Bindung des Gewebes bedingt ist. Sind die Garne von guter Beschaffenheit, so wird der Weber selbstverständlich sein Möglichstes tun, um eine gute Ware zu erzeugen. Wenn er ein ganz ungleichmäßig geschlossenes Stück Ware liefert, so ist es bei aller nachfolgenden Sorgfalt nicht möglich, daß ein schöner Endflor erzielt wird; wird dann noch die Einstellung der Ware geringer, so ist der Anfall an Ramschware naturgemäß höher zu erwarten.

Was nun die Rauherei selbst anbetrifft, so gehört dazu nicht nur eine gute Maschine, sondern diese muß auch gut bedient werden. Wir können aber Rauhereien antreffen, die jeden Arbeiter zur Bedienung der Rauhmaschinen für befähigt erachten.

Man darf nicht glauben, daß man die Rauhmaschine nur in Gang zu setzen braucht, um einen schönen Ausfall der Ware zu erzielen. Der Rauher muß sich mit seiner Rauhmaschine ganz vertraut machen und über ihre Arbeitsweise, insbesondere das Arbeiten der Rauhwalzen in ihren verschiedenen Angriffsabstufungen gut unterrichtet sein. Er muß ferner Warenkenntnis besitzen, um beurteilen zu können, wie stark er bei den verschiedenartigsten Warenqualitäten die Rauhgarnituren angreifen lassen darf; denn je geringer die Einstellung einer Ware ist, desto weicher muß der erste Angriff sein; auch die späteren müssen der Beschaffenheit der Gewebe angepaßt werden. Bei den leichteren Einstellungen ist es besser, mehr Rauhgänge bei schwächerem Angriff als umgekehrt zu machen.

Bei stärker gedrehten Garnen und Zwirnen darf zuerst auch nur schwach gerauht werden, bis sich ein leichter Flor gebildet hat; erst dann kann der Angriff verstärkt werden. Dies hat zwei Ursachen: die Garne bzw. die Gewebe werden mehr geschont und die Kardenzähne bleiben länger scharf. Man kann auch öfter die Ansicht vertreten finden, daß bei schütter eingestellten Geweben eine scharf geschliffene Garnitur eher schädlich als förderlich sei; doch ist dies ein Irrtum. Gerade die leichtest eingestellten Gewebe dürfen nur mit scharf geschliffenen Karden behandelt werden.

Teils aus Unkenntnis, teils aus Sparsamkeit werden die Karden oft erst dann geschliffen, wenn sie fast gar keinen oder nur einen schlechten Flor liefern. Man bedenkt aber nicht, daß ein großer Zeitverlust dadurch entsteht, daß man die Stücke öfters durch die Maschine laufen lassen muß und der Flor minderwertig ist.

Als wichtiger Punkt beim Rauhen ist auch das Appretieren der Waren hervorzuheben. Die Ware kann vor dem Appretieren den schönsten und gleichmäßigsten Flor besitzen, so ist doch ein unkundiger Appreteur in der Lage, dem Flor das schlechteste Aussehen zu verleihen. In erster Linie handelt es sich um die richtige Zusammensetzung der Appreturmassen. Bei diesen müssen alle stark klebenden Zusätze, wenn nicht ganz vermieden, so doch auf ein möglichst geringes Maß beschränkt werden. Leimlösungen und Mehle sollten nicht zur Verwendung gelangen; letztere hauptsächlich wegen ihres verhältnismäßig starken Klebergehaltes, wenn dieser nicht schon durch eigenes Ausmahlen der Körnerfrüchte zum größten Teile entfernt und dadurch den Stärkesorten ähnlich geworden ist.

Auch Stärkekleister wird nur in geringen Mengen und entweder nur für rohe und ganz hellgemusterte bunte Gewebe oder für stärkere Füllungen verwendet; in letzterem Falle kommen auch Mineralsalze und erdige Mineralien zur Verwendung. Der Appret soll wohl dem Gewebe eine leichte Füllung geben, aber der Flor soll möglichst geschont bleiben; hierzu eignen sich besonders die lösliche Stärke, Dextrin, Kartoffelsirup, Karragheenmoos. Die von den chemischen Fabriken für Appreturmittel unter Phantasienamen erscheinenden Hilfsstoffe lassen die Zusammensetzung nicht erkennen, die aus verschiedenen Gründen den Appreteuren unbekannt bleiben soll.

Da diese Klebstoffe nur in geringen Mengen verwendet werden sollen, bedürfen sie zur Erzielung einer größeren Füllung eines Zusatzes der erwähnten Mineralien. Aber gerade die besseren Qualitäten der gerauhten Gewebegattungen brauchen solche Zusätze nicht, da in sehr vielen Fällen verdünnte Gallerte von Karragheenmoos oder stark verdünnter Kartoffelsirup mit oder ohne Zugabe eines Fettkörpers genügt, um die gewünschte Füllung und Weichheit der Gewebe zu erlangen. Bei einer stärkeren Füllung muß man darauf achten, daß die Füllmittel von den klebenden Zutaten vollständig gebunden werden können, da sonst ein Abstauben der Waren zu gewärtigen ist.

Die lösliche Stärke ist ein viel verwendetes Appreturmittel geworden, hauptsächlich für buntfarbige Gewebe, deren Farben nicht getrübt werden sollen. Als die harten Ausrüstungen noch beliebt waren, wurden zu dem Appretieren von bunten Geweben nur Leim- und Dextrinlösungen verwendet; die letztgenannten aber auch noch, nachdem die harten Ausrüstungsarten verlassen worden waren. Diese Lösungen fanden in der Appretur aus dem Grunde Anklang, weil sie die Farben nicht trübten und das Aufschließen der Stärke noch nicht allgemein bekannt war. Die Leimlösungen wurden dann auch zu teuer und störten wegen ihres unangenehmen Geruches.

Die Dextrinlösungen behaupteten ihren Platz nur noch so lange, bis die Aufschließung der Stärke durch das im Handel erscheinende Diastafor allgemeiner Eingang fand. Bald traten andere Aufschließungsmittel auf; die fermentartigen unter ihnen hatten den Nachteil, daß ihre Verwendung an genaue Überwachungen der Arbeitsvorgänge gebunden war und die alten, ungeschulten Appreteure mit ihnen nicht leicht Schritt halten konnten.

Früher bedurfte der Appreteur keines Thermometers und

Aräometers, mit denen die Aufschließung überwacht werden muß; darum gibt es noch viele Appreturbetriebe, in denen die Aufschließung der Stärke noch immer nicht durchgeführt wird. Dies gereicht den Betrieben nur zum Schaden, da Lösungen aus gekauftem Dextrin sich viel teurer stellen als solche, die durch Selbstaufschließung der Stärke hergestellt werden [1].

Zum T r o c k n e n der appretierten Rauhwaren eignet sich am besten die Spann-, Rahm- und Trockenmaschine, dann die mechanische Hänge, am wenigsten die Trommeltrockenmaschine; dies gilt namentlich für die zweiseitig gerauhten Artikel, Flanelle usw., da der Flor der größten Schonung bedarf. Ist jedoch nur eine Trommeltrockenmaschine vorhanden, so muß die Klebkraft der Appreturmasse so gering wie möglich sein. Der härtere Griff, der bei dieser Maschine erhalten wird, muß durch einen etwas größeren Fettzusatz zur Appreturmasse gemildert werden.

Um ein V e r k l e b e n des Flors zu vermeiden, müssen die Gewebe derart durch die Quetschwalzen geführt werden, daß sie mit der unteren Walze nur geringe Berührungsflächen bilden, also von oben her, nicht von der Mitte oder von unten herauf. Bei dem Lauf von oben her muß die Appreturmasse etwas stärker gehalten sein, da die Waren weniger davon aufnehmen. Man sollte glauben, daß der Flor durch die gehaltreichere Appreturmasse stärker verklebt, daß also die Wirkung die gleiche sei, ob der Flor von einer schwächeren Appreturmasse mehr oder von einer gehaltreicheren Appreturmasse weniger aufnimmt. Die Erfahrung lehrt jedoch, daß dies nicht der Fall ist.

Selbst bei der sorgfältigsten Behandlung und der besten Zusammensetzung einer Appreturmasse läßt es sich nicht vermeiden, daß der Flor durch das eigentliche Appretieren gedrückt und stellenweise verklebt wird. Es ist deshalb notwendig, daß der Flor wieder gehoben und die ursprüngliche Form zurückgewonnen wird; dies geschieht durch das sog. N a c h r a u h e n mit einem 2—3 maligen Durchgang von jeder gerauhten Seite. Vor dem Nachrauhen wird die Ware gedämpft und kalandert, um sie weicher zu machen, die zusammengeklebten Florfasern leichter zu teilen und in die gewünschte Form zu bringen.

---

[1] Näheres hierüber befindet sich im Abschnitt über „Die Herstellung der Appreturmassen" (S. 87).

Nach diesem Nachrauhen gelangt die Ware in die Dekatiermaschine, um ihr einen wollähnlichen Glanz zu geben und dem Flor die endgültige Beschaffenheit, Form und Lage zu verleihen. Öfters wird auch ein Flor von besonderer Beschaffenheit gewünscht, z. B. ein filzähnlicher, der die Druckmuster deutlicher abgegrenzt zum Ausdruck bringt. Dieser Flor wird durch die Filzmaschine am Schlusse des Rauhens geformt, was an anderer Stelle auseinandergesetzt werden soll.

Nun ist die Ware für die Legstube fertiggestellt.

Die einseitig gerauhten Gewebeartikel erhalten naturgemäß auf der rechten Seite, der Musterseite, einen härteren Griff, da bei den bedruckten, gefärbten und buntgewebten Waren die farbigen, geschlichteten Kettengarne mehr hervortreten als auf der linken Seite. Die Kettenfäden sind schon infolge ihrer stärkeren Drehung rauher, sie werden es noch mehr durch die Schlichte und die Farben. Wenn man nun einem Gewebe einen wollähnlichen Griff geben will, so ist es notwendig, den rauhen Griff der rechten Seite zu mildern. Zu diesem Zwecke wird die rechte Seite geschmirgelt. Dies besteht in einer Behandlung mit Glaspapierwalzen, die die Enden der vorstehenden Baumwollfasern aufspleißen und einen leichten, flaumartigen Flor ergeben, der die Farben nicht trübt, die Übersicht über das Gewebe und den Griff wollähnlicher macht. Große Buntwebereien mit eigener Spinnerei oder Druckereien mit eigener Spinnerei und Weberei, sind in der Lage ihre Garne für die zu rauhenden Gewebe passend herzustellen. Kleinere Webereien und Druckereien oder solche, welche Rauhwaren nicht als Hauptartikel erzeugen, müssen die Garne möglichst für alle Artikel passend kaufen, um die Garnlagerhaltung zu verbilligen. Hat man also nur Ketten- und Schußgarne, die stärker gedreht sind, als es die Rauherei verlangen würde, so ist es zweckmäßig, die Garne vor dem Rauhen zu dämpfen, wodurch sie aufquellen und die Drehung sich lockert, so daß sie dem Angriff der Rauhkarden leichter zugänglich werden.

2. Das Gessnersche Veredlungsverfahren.

Manche Gewebegattungen verlangen gute Geschlossenheit und weichen Griff, die man ihnen durch geeignete Appreturmittel und Appreturmaschinen, wie Kalandern, Mangeln und Beeteln, zu geben versuchte. Durch diese maschinellen Behandlungen erhielten sie jedoch einen Glanz, der vielfach nicht erwünscht ist; die Kundschaften gewöhnten sich jedoch daran, da der Appreteur erklärte, die Ausrüstung sonst nicht nach Wunsch herstellen zu können.

Geschlossenheit und weichen Griff ohne Glanz hat nun die Firma Ernst Gessner, A.-G., Aue in Sachsen, auf die nachfolgend beschriebene Art erreicht. Auf der „Gewebeveredlungsmaschine" werden die Ketten- und Schußgarne unzähligen feinen Nadelstichen ausgesetzt, die sie auflockern und dadurch voller und weicher machen. Die Maschine wird hauptsächlich für ungerauhte bunte Hemden-, Blusen- und Kleiderstoffe empfohlen. Ich könnte mich persönlich für diese Behandlung nicht aussprechen, da ich die Lockerung der Drehung und die Schwächung der Garne nicht für zweckmäßig halte. Die Wirkung und der Erfolg dieser Veredlung sind aber augenscheinlich, so daß das Verfahren sich wohl durchsetzen wird.

3. Das Moiré.

Wer kennt nicht jenes geschlängelte, unregelmäßig gezeichnete Gebilde auf Baumwolle, Seide, Wolle, Leinen und Kunstseide, das auf künstlichem Wege hergestellt wird, manchmal aber auch ganz unverhofft und sehr unerwünscht, zum größten Leidwesen des Appreteurs von selbst entsteht, der es mit viel Mühe und Geschick wieder beseitigen muß? Das Moiré ist stets mit mehr oder weniger stark ausgeprägtem Glanze von in verschiedenen Farben schillerndem Aussehen verbunden; man nennt diesen Glanz zum Unterschiede von anderen Glanzarten den Moiréglanz. Der Moiréglanz soll schon im Altertum bekannt gewesen sein, wurde auch von den Naturvölkern auf künstlichem Wege hergestellt und muß wohl viel Gefallen gefunden haben. Diese wilden Völker suchten ihn auf höchst primitive Weise dadurch zu erreichen, daß sie zwei Stück Gewebe aufeinanderlegten und mit hölzernen Schlägeln bearbeiteten.

In ganz ähnlicher Weise wird das Moiré auch heute noch zum Teil gebildet, dessen Wirkung durch verschiedenartige Zurückwerfung des Lichtes entsteht. Da dies bei vollkommen glatten Flächen unmöglich ist, muß man den Geweben eine Unebenheit der Oberflächen geben. Man erreicht dies dadurch, daß man die Rippen, welche die Ketten- und Schußfäden zufolge ihrer Bindungsart oder der Stärke der Fäden bilden, an möglichst vielen zerstreut liegenden Punkten niederlegt, wie es beispielsweise bei der erwähnten Behandlung der Gewebe durch die Naturvölker, d. i. beim Schlagen zweier übereinandergelegten Gewebe, eintritt.

Es liegt in der Natur der Gewebe, daß beim Dublieren oder Tafeln eines Gewebestückes die Ketten- und Schußgarne unregelmäßig aufeinanderfallen und bei Bearbeitung unter Druck an zahllosen zerstreuten Stellen gequetscht werden. So entstehen auf den Geweboberflächen unregelmäßig verteilte Vertiefungen und Erhöhungen, die das auffallende Licht unregelmäßig zurückwerfen und den schillernden Moiréglanz verursachen.

Dies geschieht heute mit den Maschinen viel einfacher und bedeutend schneller dadurch, daß man das getafelte oder dublierte Gewebe oder zwei aufeinandergelegte Gewebebahnen unter starkem Drucke durch einen Kalander mit geheizten Stahlwalzen laufen läßt. Diese Behandlung ergibt das eigentliche oder echte Moiré.

Das Zusammenhalten der Endleisten eines Gewebes nach der Tafelung bzw. der Endleisten der beiden übereinanderlaufenden Gewebebahnen ist jedoch mit großen Schwierigkeiten verbunden; man hat deshalb die Wirkung der Schlägel bei den Baumwollgeweben durch das Mangeln ersetzt, sei es nun eine hydraulische oder die alte schlesische Mangel mit dem bekannten, rollenden Kasten der mit altem Eisen oder Steinen beschwert ist.

Wenn man das appretierte Gewebe mit Wasser einsprengt und zur gleichmäßigen Verteilung der Feuchtigkeit einige Stunden aufgerollt liegen läßt, dann abwickelt und wieder fest aufbäumt und unter scharfem Drucke mangelt, dann neuerdings abwickelt und wieder aufbäumt und nochmals mangelt, so entsteht gleichfalls ein Moiréglanz. Dieses Moiré ist z. B. bei leicht eingestellten Geweben, wie es die baumwollenen Futterstoffe mit größerer Füllung meistens sind, von außerordentlicher Reinheit in der Zeichnung. Durch das leichte Einsprengen der Gewebe werden die Eindrücke in den Ketten- und Schußgarnen tiefer und die Oberflächen der Eindrücke glatter als bei trockenen Geweben. Ein zu starkes Befeuchten der Gewebe durch das Einsprengen ist jedoch unter allen Umständen zu vermeiden, da sonst gar kein Moiré entstehen könnte. Je härter die Garne gedreht sind, desto schärfer werden die Oberflächen der Eindrücke zutage treten und desto schöner wird das Moiré ausfallen.

Die scharfe Abgrenzung der Eindrücke in den Ketten- und Schußgarnen wird noch durch folgende Maßnahmen erreicht, die den Garnen eine größere Härte verleiht und die Eindrücke auch tiefer macht. Wenn der Färber zum Färben der Gewebe Körperfarbstoffe verwendet oder Farbstoffe, die auf körperbildende Beizen färben, wie z. B. Türkischrot mit Alizarin oder Farbstoffe auf Chrom- oder Tannin-Antimonbeizen usw., so bilden sich in den Garnen feste Körper, die sie härter machen. Benützt der Appreteur bei der Zusammensetzung einer Appreturmasse eine größere Menge von Füllmitteln mit höherem Härtegrad, so weisen die Garne nach dem Appretieren eine größere Härte auf, als wenn zur Appreturmasse nur weichere Körper verwendet werden.

So geben z. B. die mit Blauholz grau gefärbten Futterstoffe ein schöneres Moiré, als wenn sie mit den sogenannten substantiven oder direktfärbenden Farbstoffen gefärbt worden sind. Appretiert man das Gewebe mit einer China clay, Talkum oder Schwerspat enthaltenden Appreturmasse, so erhält man ein klareres Moiré als bei einem Gewebe, das nur mit Stärkekleister appretiert bzw. gefüllt wurde. Der Stärkekleister gibt nach dem Trocknen wohl auch einen Körper, aber dieser ist viel weicher als der durch die vorhergenannten Füllmittel erhaltene.

Es ist daher Sache des Appreteurs, alle diejenigen Verhältnisse in den Geweben, die bei der Bildung eines schönen Moirés in Betracht kommen können, in gute Übereinstimmung zu bringen. Aber gerade beim Moiré zeigt sich die Überlegenheit der alten schlesischen Mangel, die von der jungen Fachwelt so gering geachtet wird. Mit keiner der neuzeitlichen hydraulischen Mangeln ist man imstande, jenes scharf gezeichnete und schön hervortretende Moiré zu erzielen. Dies ist auch mit ein Grund, warum die schlesische Mangel trotz ihrer wirtschaftlichen Nachteile hauptsächlich bei der Ausrüstung von feinen Leinenwaren beibehalten wurde. Dieser Effekt dürfte nur der rollenden und schwingenden Druckwirkung zuzuschreiben sein.

Ein anderes Verfahren zur Nachahmung von echtem Moiré besteht darin, daß man eine Walze mit der Zeichnung eines Moiré durch feine, eingravierte Rillen versieht und diese in das Gewebe einprägt. Diese Art Moiré kann sich jedoch mit dem echten oder natürlichen Moiré an Schönheit oder Reinheit des Musters nicht messen; es wirkt eintönig und ermüdend, da es sich mit jedem

Walzenumgang wiederholt, während das natürliche Moiré eine reiche Abwechslung aufweist.

Wie das erstere Moiré wirkt auch dasjenige, das die Zeichnung auf zwei Walzen besitzt, von denen die eine die Tiefgravur, die andere die mit dieser zusammenarbeitende Hochgravur enthält. Diese Herstellungsart ist bereits ein Gaufrieren, das im Abschnitt 7 (S. 176) beschrieben wird.

Moiréeffekte können schon in der Weberei hergestellt werden, aber die Schönheit und Ausgeprägtheit des echten Moirés selbstverständlich niemals erreichen. Sie haben nur den einen Vorteil, daß ihre Zeichnung nicht durch Aufnahme von Feuchtigkeit, z. B. im Regen oder beim Waschen, verschwinden kann.

4. Das Beeteln.

Die Beetlemaschine liefert den unauffälligen, zerstreuten, matten Glanz, den man bei leinenen Damastgeweben gewohnt ist, früher überhaupt nur bei Leinengeweben ausführte. Die Maschine älterer Bauart, die aber heute noch häufig zu sehen ist, besteht aus einer Reihe von Stampfhölzern, die an ihrem unteren Ende mit einer elastischen Auflage, z. B. Leder, versehen sind. Diese Stampfhölzer, die eng nebeneinander lotrecht geführt sind, haben Ansätze (Daumen), die von den Hubdaumen angehoben werden und, sobald sie von diesen nicht mehr gehalten sind, frei herabfallen. Das Gewebe ist auf einer Walze aufgewickelt, die in langsame Drehung versetzt wird. Auf diese Walze fallen die ziemlich schweren Stampfhölzer der Reihe nach, da die Daumen nach einer Schraubenlinie auf der Daumenwelle angeordnet sind. Auf diese Weise entsteht der im vorigen Kapitel beschriebene Moiréglanz oder Beetleglanz.

Die Gewebe werden zwei- bis dreimal auf- und abgebäumt, damit im Glanze eine bessere Gleichmäßigkeit erzielt wird. Je nach der Häufigkeit der Schläge, der Geschwindigkeit der Walze, auf der die Gewebe aufgebäumt sind, der Zahl der Gewebelagen auf der Walze, der Zusammensetzung der Appreturmasse und nicht zuletzt nach dem Gewichte der Stampfhölzer ist der Glanz verschiedenartig. Beim Beeteln wird jedoch nicht allein der Glanz gewünscht, sondern es sollen die Muster der damastartigen Gewebe, Damast, Pikee usw. sowie bei Köper- und Atlasbindungen die Bindungen deutlicher sichtbar gemacht, gehoben werden, außerdem soll die Ware einen besseren Griff erhalten. Mit Eisenschienen oder eingegossenem Blei wurden die Stampfhölzer beschwert, um die Schläge oder Stöße wirkungsvoller zu machen; es hat sich jedoch ergeben, daß zu schwere Stampfhölzer eine Beschädigung der Waren herbeiführen können. Mit der Zeit wurden deshalb die Stampfhölzer durch federnde Stempel, die von oben durch Exzenter auf und ab bewegt werden, ersetzt, wodurch eine bedeutende Erhöhung der Produktion erreicht werden kann. Damit infolge der, wenn auch geringen Zwischenräume zwischen den Hölzern auf dem Gewebe keine unbearbeiteten Wülste entstehen können, erhält der Warenbaum nebst der drehenden auch eine axial schwingende Bewegung.

Hinsichtlich des Ausfalls der Waren, Schönheit des Glanzes und Ausgeprägtheit der Bindungen herrscht in Fachkreisen noch keine Übereinstimmung, welche von den beiden Konstruktionen der Vorzug gebührt. Es geht der alten Beetlemaschine wie der schlesischen Mangel, sie findet trotz der geringfügigen Produktion, also wirtschaftlichen Nachteile, immer noch Anhänger, sodaß man in einem Appreturbetrieb Beetlemaschinen alter und neuester Bauart nebeneinander in Verwendung hat. Der freie Fall der Stampfhölzer von einer bestimmten Schwere soll sich durch den mehr zwangläufigen Schlag der Exzenter nicht ersetzen lassen, wie auch der nachgiebige Druck der schlesischen Mangel durch den Druck der hydraulischen Mangel nach Angabe vieler Fachleute nicht zu ersetzen sein soll.

Mit der Verfeinerung des Geschmacks der Kundschaft und der Verallgemeinerung der Verwendung der Baumwollgewebe wurden erhöhte Ansprüche an die Ausrüstungsart besserer Baumwollartikel gestellt und damit fand das Beeteln auch Eingang in die Appreturbetriebe für Baumwollwaren, und zwar für die gleichen Gewebegattungen, wie sie vorhin für Leinengewebe angegeben worden sind. Der Zweck des Beetelns ist für die Baumwollgewebe der gleiche wie für Leinen. Am meisten fand das Beeteln Anklang bei der Ausrüstung von gut eingestellten, feinen Matratzen-, Inlett- und Korsettstoffen, die einen höheren Ausrüstungspreis leicht vertragen. Auch Möbel- und Pikeestoffe werden heute vielfach gebeetelt. Für das Appretieren kommt nur eine leichte Appreturmasse in Betracht, die aus aufgeschlossener Kartoffelstärke unter Zugabe von Fettkörpern, wie Stearin oder Marseillerseife, hergestellt wird. Diese beiden Fettstoffe geben einen etwas kalten Griff; wird dieser wärmer gewünscht, so verwendet man flüssige Appreturöle, da bekanntermaßen der Griff einer Ware um so kälter wird, je höher der Schmelzpunkt der Fettkörper ist. Nach dem Legen werden die Stücke gepreßt, um die Glätte und den Glanz zu erhöhen.

5. Das Mangeln.

Die beiden einzigen Vertreter der Mangeln, die deutsche, schlesische, schottische, nach der Art der Druckwirkung auch Kastenmangel genannt, und die hydraulische Mangel sind zwei grundverschiedene Bauarten. Gegenüber den Kalandern stimmen sie darin überein, daß die Waren vorerst auf einen Mangelbaum aus besonderem Holze aufgewickelt (aufgedockt) und durch absatzweises Drehen desselben unter sehr hohem Drucke bearbeitet werden. Hierbei machen die Mangelbäume eine hin- und hergehende Drehbewegung, ferner ist kennzeichnend, daß die Waren in mehreren Lagen der Druckwirkung ausgesetzt werden. Diese Druckwirkung ist eine ruhige und gleichbleibende und nicht stoßweise wie beim Beeteln.

Die Kastenmangel hat gegenüber der hydraulischen Mangel große wirtschaftliche Nachteile, aber den Vorteil eines für gewisse Gewebegattungen erwünschten Ausfalls der Waren, der mit der hydraulischen Mangel trotz angepaßter Appreturmasse nicht erreicht werden kann.

Auch die Kastenmangel war ursprünglich nur für die Ausrüstung von Leinengeweben bestimmt, hauptsächlich für damastartige Bindungen. Die Bezeichnung ,,schlesische" und ,,schottische" Mangel dürfte dem Umstande zuzuschreiben sein, daß Schlesien und Schottland Hauptgebiete der Leinenwarenherstellung waren. Erst viel später fand diese Mangel Verwendung in der Ausrüstung der Baumwollgewebe, aber vorerst nur für solche, die einen billigen Ersatz für Leinengewebe bieten sollten, wie z. B. für die Züchen oder Bettzeuge. Die Kastenmangel beansprucht einen größeren Aufstellungsraum als die hydraulische Mangel. Sie besteht aus einem langen und breiten Mangeltisch, dessen Oberfläche peinlich genau wagrecht und eben hergestellt sein muß, um Erschütterungen beim Arbeiten möglichst zu vermeiden, da andere Ursachen hierzu noch genügend vorhanden sind, wie wir später sehen werden. Die Tischplatte, auf der der Mangelbaum mit der aufgewickelten Ware läuft, wird aus Eichenholz, Eisen oder auch aus Marmor hergestellt und ruht auf starken Eichenholzbalken, die quergelegt auf einer Unterlage von ebensolchen Balken liegen.

Da die Waren einem sehr hohen vibrierenden Drucke unterworfen werden sollen, ist ein starkes Fundament aus Mauerwerk für die Maschine eine unbedingte Notwendigkeit. Der Druck auf die aufgewickelte Ware erfolgt durch einen großen hölzernen Kasten, der mit Alteisen oder Steinen derart belastet ist, daß deren Gewicht, vereint mit dem Eigengewichte des Kastens, dem gewünschten Drucke entspricht. Die Hin- und Herbewegung des Kastens über den bewickelten Mangelbaum geschieht mittels offener und gekreuzter Riemen, die auf eine Festscheibe von einfacher Riemenbreite und zwei doppelbreite Losscheiben treiben. Dadurch wird ein Zahntrieb, der in die am Kasten befestigte Kette eingreift, absatzweise vor- und zurückbewegt.

So einfach die Bedienung der Kastenmangel auf den ersten Blick auch erscheint, in Wirklichkeit verlangt sie eine, durch längere Erfahrung gewonnene Vertrautheit mit dem ganzen Wesen und der Arbeitsweise der Maschine. Sowohl bei der hydraulischen, wie auch bei der Kastenmangel ist es notwendig, daß die Gewebe straff und vollkommen faltenlos aufgedockt werden, damit sich die Wickellagen nicht verschieben können, was eine ungleichmäßige Glanzwirkung zur Folge hätte. Falten führen bei dem hohen und vibrierenden Drucke auch leicht zu Schwächungen der betreffenden Stellen. Auf den leeren Mangelbaum kommt vor der eigentlichen Aufwicklung der Ware ein Kalikogewebe mit 3—4 Umwicklungen. Dieses Tuch verbleibt auf dem Baum bis zur Unbrauchbarkeit und wird an der Anfangsstelle festgeleimt. Nach der Aufwicklung der zu mangelnden Ware gibt man noch einige Umwicklungen mit einem Kalikogewebe und bindet dieses lose an.

Die Zahl der Hin- und Herbewegungen der aufgewickelten Ware richtet sich nach dem Griffe, den sie erhalten soll, wobei jedoch die Beschaffenheit und die Einstellung von Kette und Schuß berücksichtigt werden müssen, denn es ist wohl einleuchtend, daß eine leicht eingestellte Ware nicht die gleiche Zahl der Hin- und Herbewegungen erhalten darf wie eine dicht eingestellte.

Während die ersten Bauarten der hydraulischen Mangel sich keinen Eingang in die Appreturbetriebe verschaffen konnten, gelang es den neueren Bauarten, die Kastenmangel nach und nach zu verdrängen und für gewöhnliche Mangelausrüstungen entbehrlich zu machen. Das Arbeitsfeld der Kastenmangel wurde auf jene wenigen Gewebeausrüstungen beschränkt, für die sie nach fachmännischem Urteile bis heute unersetzlich blieb. Doch könnte man wohl in manchen Fällen ein solches Urteil anzweifeln und der mehr oder weniger ernst zu nehmenden Vorliebe zur erbgesessenen Maschine zuschreiben. Immerhin dürfen wir nicht übersehen, daß in den Druckauswirkungen der beiden Mangeln ein Unterschied besteht.

Der Druck der Kastenmangel ist, wie schon erwähnt, ein vibrierender, nachgiebiger, der Druck der hydraulischen Mangel dagegen ein mehr starrer, gleichbleibender; es ist daher leicht begreiflich, daß sich diese Verschiedenheit auch im Ausfall der Ausrüstungen auswirken muß. Doch müßten in gar manchen Fällen die Unterschiede durch geeignete Zusammensetzung der Appreturmasse ausgeglichen werden können. Aber der hydraulische Druck ist, weil das Wasser unzusammendrückbar ist, unnachgiebig, wogegen die Bauart der Kastenmangel einen nachgiebigen Druck bedingt, auf dem die bis jetzt unnachahmliche Wirkung der Kastenmangel auf die Ausrüstung mancher Gewebegattungen, wie z. B. der damastartigen Gewebe, beruht. Solange diese Wirkung verlangt wird, so lange bleibt die Kastenmangel lebensfähig trotz ihrer bedeutenden wirtschaftlichen Nachteile.

Durch das Vor- und Rückwärtslaufen des stark belasteten Mangelkastens gibt es heftige Erschütterungen der Maschine, die infolgedessen ein äußerst starkes Mauerwerk oder Betonfundament erforderlich macht, damit der Mangeltisch stets in unverrückbar horizontaler Lage verharren kann, was unbedingt notwendig ist. Durch die heftigen und steten Erschütterungen ist die Maschine häufigen Reparaturen unterworfen. Da der Mangeltisch eine Länge von 8—10 m besitzt, erfordert diese Mangel einen großen Raum, was schon vielfach bei der Anschaffung einer Mangel zugunsten der hydraulischen Mangel den Ausschlag gab, da diese nur einen verhältnismäßig kleinen Raum beansprucht. Da der Gang der Kastenmangel ein unruhiger ist, benötigt sie auch einen größeren Kraftaufwand; die Bedienung ist umständlicher, der Anschaffungspreis viel höher.

Ein Hauptvorteil der Walzenmangel ist der, daß der Walzendruck auf die Ware von dem bedienenden Arbeiter nach Bedarf eingestellt werden kann. Durch die Anwendung verschiedener Drücke ist man in der Lage, kleinere Ungleichmäßigkeiten im Ausfall der Gewebe nach dem eigentlichen Appretieren, dem Behandeln mit der Appretiermasse, mit der Mangel auszugleichen, was bei der Kastenmangel nur durch die Zahl der Hin- und Hergänge erfolgen könnte, doch spielt hierfür der zu erhaltende Glanz eine bedeutsame Rolle.

Vorerst wurde versucht, den Kastendruck durch Wasserdruck zu ersetzen, den Gang der Mangelkaulen aber gleich zu erhalten. Dies wurde dadurch erreicht, daß zu gleicher Zeit zwei Mangelkaulen behandelt wurden, die in die beiden Zwischenräume dreier eiserner Platten zu liegen kamen. Die oberste war festgelegt, die mittlere vor- und rückwärts, sowie auf- und abwärts beweglich, während die unterste auf- und abwärts verschiebbar war und den hydraulischen Druck empfing. Die mittlere Platte war mit der Kolbenstange einer Dampfmaschine verbunden und wurde ähnlich dem Kasten bei der Kastenmangel hin- und hergeschoben.

Auf diese Mangel folgte die eigentliche hydraulische Mangel mit drehbar angetriebenen Walzen und Mangelkaulen. Anfangs wurde der hydraulische Druck auf die untere Druck- oder Pressionswalze ausgeübt und die obere Walze festgelagert. Erst später kam der Gedanke, den Druck auf die Kaulen dadurch zu erhöhen, daß man die obere Walze als Druckwalze benutzte und die untere festlagerte. Der Wasserdruck auf die obere Walze erhöhte sich um das Eigengewicht der Walze; die untere Walze war an die Stelle des Mangeltisches der Kastenmangel getreten und die obere ersetzte den Kasten.

Diese hydraulische Mangel war bedeutend leistungsfähiger als die Kastenmangel; zudem läßt sich jederzeit der Wasserdruck vermittelst eines Hebels nach einem Manometer leicht regeln. Die Bedienung der Maschine ist höchst einfach; durch einen Handhebel kann ein Arbeiter die Bewegung der Kaulen nach Belieben rasch ändern. Da auch die Bauart einfach und kräftig ist, bedarf die Maschine fast keiner Reparatur; ihre Lebensdauer ist unbegrenzt. Sie nimmt ferner nur einen kleinen Raum ein, hat ein verhältnismäßig geringes Gewicht und einen leichten Gang, so daß ein allzu starkes Fundament nicht notwendig ist.

Eine bedeutsame Neuerung brachte die Firma C. H. Weisbach, Chemnitz, mit ihrer Revolver-Walzenmangel. Bis zu dieser Zeit mußte die Ware auf eigenen Aufbäumstühlen auf die Holzkaulen gewickelt werden, was nicht nur zeitraubend war, sondern auch mehr Maschinen erforderte. Zudem waren diese Kaulen dem raschen Verschleiße unterworfen, da es schwierig ist, nicht verziehbare Kaulen anzufertigen. Dieser Umstand ließ den Gedanken aufkommen, das Holz durch Eisen zu ersetzen. Erforderte aber schon der Transport der bewickelten Holzkaulen zu und von der Mangel starke Kräfte, so steigerte sich dies bei der Verwendung von Eisenkaulen, weshalb man die Holzkaulen beibehielt.

Alle diese Nachteile beseitigte die Revolver-Walzenmangel. Zu beiden Seiten des Mangelgestells wird vor die Walzen je ein unabhängig vom Mangelprozeß arbeitender Apparat gesetzt, welcher mit den Mangelgestellen fest verbunden ist; 2 Scheiben tragen an ihren Umfängen Einkerbungen für 3 eiserne Mangelkaulen; die Scheiben sind in Supporten drehbar. Innerhalb dieser Revolvereinrichtungen werden die Mangelkaulen bewickelt, umgebäumt oder abgewickelt und die abgewickelte Ware in Falten gelegt oder aufgedockt. Ein Transport der Mangelkaulen findet nicht mehr statt.

Die Revolvereinrichtungen sind in bequem erreichbarer Höhe angeordnet. Da die Arbeiten der Revolvereinrichtung mit dem Mangelprozeß in keinem Zusammenhang stehen, kann gegebenenfalls auch nur eine Mangelseite mit der Revolvereinrichtung ausgestattet werden. Um aber die Mangelleistung voll auszunützen und die Möglichkeit zu schaffen, einmal eine bewickelte Kaule von rechts, das andere Mal von links zwischen die Mangelwalzen zu führen, ist die Anwendung doppelter Revolver vorzuziehen.

Mit dieser Maschine schien auf dem Gebiete des Mangelwesens eine Höchstleistung erzielt zu sein; aber ihre Leistungsfähigkeit ist dadurch begrenzt, daß die zu mangelnden Gewebe im aufgewickelten Zustande einer großen Zahl von rollenden Umläufen ausgesetzt, abgewickelt, wieder aufgebäumt, gemangelt werden, was sich je nach dem Ausfall der Ausrüstung wiederholt. Alle diese Arbeiten sind mit mehr oder weniger zahlreichen und zeitraubenden Arbeiten verbunden, während die Gewebe beim Kalandern in einem ununterbrochenen Gange durch die Maschine gehen, was ihre Leistungsfähigkeit beträchtlich erhöht. Nun hat dieselbe Firma

C. H. Weisbach eine neue Maschine gebaut, die Kontinumangel, die die Vorteile der Mangel mit jenen des Kalanders verbindet. Näheres hierüber siehe im folgenden Abschnitt „Das Kalandern".

6. Das Kalandern.

Die Glanzerzeugung durch Reibung und Druck mittels rotierender Walzen ist noch nicht sehr alt. Der eigentliche Erfinder ist unbekannt; die Maschine dürfte wohl streng geheim gehalten und das Geheimnis von Generation zu Generation sorgfältig gehütet worden sein. Bis zu der Zeit, wo das Geheimnis gelüftet wurde, konnten bereits manche Verbesserungen ausgeführt worden sein, z. B. die Herstellung einer elastischen Walze aus Wollumpen, Pergament und Leinengewebe, später aus Jute, Papier oder Gummi.

Anfangs werden es wohl nur zwei hölzerne Walzen gewesen sein, dann, da sie dem zur Erzielung eines schönen Glanzes erforderlichen stärkeren Drucke nicht standhalten konnten, zwei Eisenwalzen. Da ferner die Gewebe, besonders bei Faltenbildungen, durch den unelastischen Druck leicht beschädigt werden konnten, wurde zu einem Walzenpaar aus verschiedenem Rohmaterial, einem härteren und einem weicheren, gegriffen.

Nach unseren heutigen Begriffen besteht der einfachste Kalander aus einer Stahl- und einer Papier- oder Jutewalze. Derartige Maschinen sehen wir heute noch in Appreturbetrieben für Gewebegattungen in Verwendung, die nur geglättet werden müssen, ein Glanz auch nicht einmal gewünscht wird, wie es bei der naturellen Ausrüstung, z. B. von indigoblaugefärbten Stücken, der Fall ist. Bei diesem zweiwalzigen Kalander gibt es nur einen Durchgang der Waren, die die Walzen nur in einer Linie berühren.

Eine weitere Verbesserung bestand in der Vermehrung der Walzen. Eine mittlere Stahlwalze und je eine Papierwalze oben und unten ermöglichte einen zweimaligen Durchgang der Waren. Dadurch, daß die Ware um die halbe Seite der Stahlwalze straff gespannt ging, wurde ein gewisser Glanz erzielt, der aber noch einen Mattglanz darstellte. Dieser wurde durch erhöhten Druck auf die Walzen verbessert, aber noch mehr durch Erwärmen der Stahlwalze und Druckerhöhung. Die ursprüngliche Art der Erwärmung bestand in der Einführung von glühend gemachten Eisenbolzen in die hohle Stahlwalze.

Wenn durch die glühenden Bolzen Temperaturerhöhungen der Stahlwalze bis zu 300° C und mehr erreicht wurden, womit erfahrungsgemäß auch die Glanzwirkung stieg, so war sie doch einer schnelleren Abkühlung unterworfen, die Wärme sank während des Arbeitens, so daß notwendigerweise eine ungleichmäßige Glanzwirkung erzielt wurde, wie wir es auch beim Plätten der Wäsche beobachten können, das mit glühend gemachten Eisen vorgenommen wird. Auch das dem Plätten vorausgehende Einsprengen der Wäschestücke dürfte nachgeahmt worden sein.

Ein weiterer Nachteil dieser Heizung bestand darin, daß die Papierwalzen oberflächlich zu stark austrockneten, mürbe wurden und stückweise abbröckelten, so daß diese Walzen öfters und manchmal auf eine ziemlich große Tiefe abgedreht und in verhältnismäßig kurzer Zeit vollständig erneuert werden mußten.

Den Nachteil der raschen Abkühlung beseitigte die Gasheizung. Man konnte mit ihr ebenfalls hohe Temperaturen erreichen und beständig auf der gewünschten Höhe erhalten. Die Gasheizung war scheinbar einfach zu handhaben; in der Praxis ergaben sich jedoch Schwierigkeiten, die nur durch sehr sorgfältige Bedienung überwunden werden konnten. Bei mangelhafter Luftzuführung zu den Brennern trat im Innern der Walzen Rußbildung ein, die zu explosionsartigen Erscheinungen führte. Auch hatte bei höheren Temperaturen die Gasheizung scharfe Austrocknung der Papierwalzen zur Folge.

Man kam darum auf den Gedanken, die bessere Glanzwirkung durch Anwendung mehrerer Walzen von geringerer Wärme zu erzielen; dies ermöglichte die Dampfheizung, die rasch Eingang fand, da sie sich sehr gut bewährte. Die Papierwalzen litten nicht mehr und die Temperatur war vollkommen hinreichend, wenn man entsprechend mehr Walzen verwendete. Man konnte sodann höhere Glanzwirkungen erzielen, die auch gleichmäßiger waren, da die Temperatur mit der Dampfheizung leichter gleichbleibend erhalten werden konnte.

Um die Heizung gleichmäßig durchführen zu können, ist es unbedingt notwendig, daß das Kondenswasser abgeleitet wird, sonst sammelt es sich im Innern der Walzen an und verhindert die Dampfzuleitung, wodurch die Walzen erkalten.

Obwohl die Glanzgebung, unterstützt durch eine zweckentsprechende Appreturmasse, schon recht hoch war, so genügte sie bald nicht mehr den Ansprüchen der Kundschaft, die einen besser ausgeprägten, höheren Glanz verlangte. Dies suchte man nun dadurch zu erreichen, daß man den Bügeleffekt des Kalanders erhöhte, indem man der Stahl- und der Papierwalze verschiedene Umfangsgeschwindigkeiten gab. So erhielt man vier Faktoren zur Glanzgebung: Appreturmasse, Reibung, hohe Temperatur und hohen Druck, die dazu führten, daß man den Effekt des Glacierens [1] nahezu erreichte. Außerdem wurde dieser Effekt viel billiger erhalten und konnte in den meisten Fällen die Wünsche der Kundschaft befriedigen.

Die Zahl der Walzen wurde mit der Zeit immer mehr gesteigert, bis sie bei den neuesten Maschinen auf 16 kam. Auch wechselten sie hinsichtlich der Größenverhältnisse und des Materials entsprechend dem Zweck, für die sie gebaut wurden.

Der Rollkalander ist der gewöhnliche, am meisten in Verwendung stehende Kalander, der aus einer Stahl- und zwei Papierwalzen besteht. Die mittlere, die Stahlwalze, ist mit Dampf heizbar und angetrieben; die Papierwalzen werden von der Stahlwalze mit gleicher Umfangsgeschwindigkeit mitgenommen. Der Druck erfolgt auf die oberste Walze und wird durch ein Hebelwerk mit Gewichtsbelastung ausgeübt.

Der Friktionskalander hat verschiedene Bauarten und meist 4 Walzen: 2 Stahl- und 2 Papierwalzen. Aber auch andere, z. B. der „Universalkalander" mit 8—10 Walzen sind zum Friktionieren eingerichtet. Der einfache Friktionskalander dient zugleich als Rollkalander, wenn der Friktionsantrieb ausgeschaltet wird. Der Antrieb erfolgt durch Riemenscheibe und Rädervorgelege auf die Unterwalze und von hier durch ein auswechselbares Stirnrad auf die obere Stahlwalze mit verschiedener Umfangsgeschwindigkeit. Dadurch entsteht eine bügelnde Wirkung entsprechend den Geschwindigkeitsunterschied.

Der Mattkalander verfolgt, wie schon der Name andeutet, den Zweck, den Waren einen matten Glanz zu verleihen, ähnlich dem der Beetlemaschine. Um diesen Erfolg zu erreichen, ist die Anordnung der vier Walzen, aus denen er besteht, folgende: die mittleren zwei sind Papierwalzen, die oberste und unterste Stahlwalzen. Um auch noch andere Effekten damit zu erzielen, sind

---

[1] Siehe den Abschnitt über „Das Glacieren oder Glästen" (S. 182).

beide Stahlwalzen heizbar. Die Walzen haben gleiche Umfangsgeschwindigkeit.

Der Beetlekalander. Die geringe Leistungsfähigkeit der Beetlemaschine veranlaßte den Bau von Beetlekalandern. Die Hauptsache bei der Beetlemaschine ist die aufgebäumte Ware und der elastische Druck des Stampfwerks, durch den die Garne ihre volle Rundung beibehalten und die Ware einen volleren Griff erhält. Beim Beetlekalander mit 5 Walzen ist die mittlere eine heizbare Stahlwalze; darüber und darunter sind je zwei Papierwalzen gelagert. Vorteilhaft ist es, den Walzen verschiedene Geschwindigkeiten zu geben, da hiervon der erzielte Effekt wesentlich abhängt.

Da bei all diesen Maschinen die Waren nur in einfacher Lage durchgehen, kann ein richtiger Beetleeffekt niemals erzielt werden. Darum hat man eine Vorrichtung angebracht, Chaising genannt, die es ermöglicht, die Waren in mehreren Lagen durch die Walzen laufen zu lassen, z. B. 4—6 Lagen übereinander. Da sich nun der Walzendruck auf mehrere Lagen verteilt, wird er nahezu ebenso elastisch wie bei der Beetlemaschine; man konnte also auch den matten Glanz und den vollen Griff wie beim Beeteln erreichen.

Der Universalkalander soll den Roll-, Friktions-, Matt- und Beetlekalander ersetzen, d. h. in sich vereinen. Die Zahl der Walzen erhöhte sich auf 10, die mit verschiedenen Durchmessern und aus verschiedenem Material geliefert wurden. Dieser Umstand ist jedoch für die Bedienung einer solchen Maschine mit hoher Walzenzahl von größter Wichtigkeit. Bei der Möglichkeit, den Waren durch die Maschine die mannigfaltigsten Laufarten zu geben und damit die verschiedensten Effekte zu erzielen, ist es notwendig, daß sich der bedienende Arbeiter mit dem Wesen der Maschine vertraut macht. Dazu bedarf es eines intelligenten, verläßlichen, in jeder Beziehung tüchtigen Arbeiters, der ein großes Verantwortlichkeitsgefühl besitzt und sich seiner Aufgabe wohl bewußt ist. Solche Arbeiter findet man nicht, sondern man muß sie dazu erziehen.

Alle Kalander besitzen selbstverständlich auch die verschiedenartigsten Einlauf- und Ablaufvorrichtungen für die Gewebe, je nachdem ob sie aufgewickelt oder in Falten gelegt zur Maschine kommen. Hierzu gehören auch Schutzvorrichtungen, um eine ungefährdete Bedienung vor und hinter der Maschine zu ermöglichen.

Diese bestehen in einer leicht drehbar gelagerten Holzwalze an jeder Einlaufstelle, die den Arbeiter warnt, wenn er der Einlaufstelle zu nahe kommt.

Wie bereits erwähnt, ist der Glanz der Waren vom Druck der Walzen, von dem Material, aus dem sie bestehen, und von der Hitze der Stahlwalze abhängig; dazu gesellt sich die Umfangsgeschwindigkeit der Walzen. Schon aus diesem Grunde wurden die Kalanderantriebe unabhängig von der Haupttransmission eingerichtet. Die Kalander, besonders die Friktions- und die vielwalzigen Kalander, erfordern einen höheren Kraftaufwand und bleiben oft unbenützt stehen; es würden also Schwankungen in die Transmission kommen, die einen ungleichmäßigen Gang der übrigen Maschinen zur Folge hätten. Darum hat man den Kalandern eigene Antriebe gegeben. Als Motoren kamen früher kleinere Dampfmaschinen, ein- und zweizylindrig, und Wasserkraft in Betracht. Da diese Dampfmaschinen bei verhältnismäßig kleinem Kraftbedarf sich als sehr unwirtschaftlich erwiesen, mußten sie den Gasmotoren und später der elektrischen Energie weichen, die jetzt ausnahmslos das Feld behauptet hat.

Ganz anderen Zwecken als die bisher angeführten Kalander dient der Wasser- oder Waterkalander. Er wird gewöhnlich mit 3 Walzen ausgerüstet, doch erhält die Stahlwalze einen Mantel von Messing, um das Rosten zu verhüten. Dieser Kalander dient teils dazu, nasse Gewebe zu entwässern, teils dazu, trockene Gewebe zu netzen. In letzterem Falle ist vor der untersten Walze ein Trog mit Wasser angebracht, durch den die Ware geleitet und dann dem untersten Walzenpaar zugeführt wird. Um eine möglichst gleichmäßige Benetzung oder Entwässerung durchzuführen, wurde die Walzenzahl entsprechend erhöht.

Auch die Maschinen zum Gaufrieren und zur Herstellung des Seidenfinish, die Riffelkalander, gehören streng genommen zu den Kalandern.

In neuester Zeit ist noch eine Kalanderart entstanden, die von der Maschinenfabrik C. H. Weisbach in Chemnitz unter dem Namen Kontinu-Mangel den Appreteuren angeboten wird. Diese neue Einrichtung besteht aus einem Vielwalzenkalander, verbunden mit einer mehrfachen Chaisingvorrichtung. Das nach dem neuen Verfahren gemangelte Gewebe zeigt einen vorzüglichen Schluß in Kette und Schuß; der Griff der Ware ist weich und voll und das Aussehen glanzreich. Die Fäden werden nicht zerdrückt, sondern bleiben rund. Bei Jacquardware tritt das Muster klar hervor, also eine Ausrüstung, die der Mangel vollkommen entspricht.

Die Kontinu-Mangel leistet mindestens 3—4mal so viel wie eine Walzenmangel und benötigt nur 1 Mann zur Bedienung. Wenn man also die Produktion von 3 Mangeln und die niedrigste Bedienungszahl von nur 3 Mann je Mangel annimmt, so sind 9 Personen bei rund 120 PS erforderlich. Die Kontinu-Mangel benötigt bei gleicher Leistung zwei Mann zur Bedienung bei nur 40 PS. Welche Ersparnisse hierdurch eintreten, kann man leicht berechnen; man erkennt auch, daß sie sich rasch amortisiert.

Der Ruf nach Vielwalzenkalandern ist allgemein und eine Notwendigkeit für jeden fortschrittlichen Betrieb. Die Kontinu-Mangel bietet die Möglichkeit, mit einem solchen Vielwalzenkalander zu arbeiten, und einen Ersatz für die Mangel. Bei den Vielwalzenkalandern, besonders bei der Kontinu-Mangel, spielt die Walzenanordnung eine bedeutende Rolle, denn von der richtigen Zusammenstellung der verschiedenen Walzen hängt die Erzielung des richtigen Effektes ab. Das Gestell hat eine Höhe von 9 m und ist für die Aufnahme von 16 Walzen bestimmt. Schon dieses Höhenmaß gibt einen Begriff von der Gewaltigkeit dieser Maschine. Die Walzenbreite beträgt 2300 mm; die Durchmesser sind teils 700, teils 500 mm. (Die übrigen Kalander sind wesentlich niedriger, weil die Walzendurchmesser erheblich kleiner sind.) Die Maschine selbst ist mit hydraulischem Drucke ausgestattet, so daß die Walzen von unten nach oben aneinandergepreßt werden.

7. Das Gaufrieren.

Im Gegensatz zum natürlichen Moiré, das kein bestimmtes Bild, keine bestimmte Zeichnung, sondern unregelmäßig zerstreute Lichtreflexe aufweist, ergibt das Gaufrieren durch Prägung, mustergemäß angeordnete Erhöhungen und Vertiefungen, die durch Glanzwirkung ein Muster bilden. Während es also beim Moiré keine Wiederholung des Musters und demnach auch keinen Musterrapport gibt, finden wir bei den gaufrierten Geweben wie bei Druckmustern Rapporte, die sich in Schuß und Kette wiederholen.

Diese Muster erhält man dadurch, daß eine Stahlwalze das gewünschte Bild oder die Zeichnung eingraviert erhält und mit einer zweiten darunterliegenden Walze zusammenarbeitet, die das gleiche Muster negativ erhält. Dies wird so erzielt, daß man die gravierte Stahlwalze mit der anfangs glatten und etwas angefeuchteten (gedämpften) Papierwalze unter hohem Druck zusammenlaufen läßt, wobei sich die Erhabenheiten der Stahlgravur in die Papierwalze einpressen. Die gravierte Stahlwalze ist hohl und mit Gas oder Dampf geheizt.

In die Gaufrierkalander werden die mannigfaltigsten Zeichnungen eingraviert; am häufigsten die Nachahmung von Webeffekten und Moiré, besonders für Buchbinderleinen und Hutfutter, aber auch ganz freie Muster, die sich nach der Mode richten. In der Appretur ist hauptsächlich darauf zu achten, daß die mit dem Gaufrierkalander zu behandelnden Gewebe, die fast ausschließlich aus gefärbten Futterstoffen bestehen, keine allzu sehr mit harten Appreturmitteln beschwerte Appreturmasse erhalten, da diese Körper schädigend auf die Gravuren einwirken und leicht zu einem Zerschneiden der Garne führen. Hier empfehlen sich am besten reines China clay und Talkum, die an und für sich schon ein fettiges Anfühlen besitzen.

8. Der Seidenfinish und der Permanentfinish.

Wesentlich verschieden von dem durch Mercerisation der Gewebe erzeugten Glanz ist der Seidenfinish, der durch den Riffel- oder Mommerkalander erhalten wird. (Diese Bezeichnung stammt von der ersten Erbauerin dieses Kalanders, der Firma **Ferd. Mommer & Co.** in Barmen, deren Teilhaber der eigentliche Erfinder, Dr. **Schreiner**, ist. Man spricht daher auch vom „Schreinerieren".)

Durch die Mercerisation erfährt die Baumwolle eine strukturelle Umwandlung, indem die korkzieherartige Form der Fasern in eine zylindrische übergeführt wird und gleichzeitig eine Quellung entsteht, wogegen der Seidenfinish auf Lichteffekten beruht. Die feine Riffelung (20—40 auf 1 mm) bewirkt eine so feine Längsstreifung, daß die groben Baumwollgarne der Länge nach gleichsam geteilt werden und wie Seidenfasern erscheinen. Das Gewebe gewinnt ein seidentaftähnliches Aussehen. Dieser Glanz dauert nur so lange, als die Prägung des Gewebes erhalten bleibt. Diese verschwinden jedoch beim Netzen, also beim Waschen, ganz oder zum Teil, mit anderen Worten: der Seidenfinish bleibt nur so lange bestehen, als das Gewebe trocken bleibt. Je länger die Naßbehandlung dauert, desto mehr quellen die Garne auf und desto mehr verschwindet die Prägung und damit der Glanz.

Die Rillen sind so fein gehalten, daß sie mit unbewaffnetem Auge nicht wahrnehmbar sind, so daß der Kalander bei oberflächlicher Betrachtung den Eindruck eines glatten Kalanders macht. Anfangs wurde nur eine gravierte Walze verwendet, wodurch aber die Glanzwirkung auf bestimmte Lichteinfallswinkel beschränkt war. Um nun diese Unvollkommenheit zu beseitigen, werden zwei oder mehr Walzen in der Weise graviert, daß die Rillen bei der einen Walze schräg nach links, bei der anderen schräg nach rechts verlaufen, sich also gegenseitig kreuzen. Dadurch ist die einseitige Wirkung der Einfallsrichtung des Lichtes ausgeschaltet.

Man hat auch versucht, die Unbeständigkeit des Glanzes, d. h. Zerstörung beim Naßwerden durch Appreturmittel zu beheben. Ein bleibender Glanz war aber dadurch ebenso wenig zu erreichen wie durch das Riffeln unter äußerst hohem Drucke und größerer Hitze. Es blieb nur ein Mittel übrig, um einen dauernden Glanz zu erhalten, nämlich die Gewebe vor dem Riffeln zu mercerisieren.

Um auf einem Gewebe einen Seidenfinish zu erhalten, verfährt man auf folgende Weise. Alle diejenigen Behandlungen, die dem Mercerisieren der Gewebe vorangehen, wie das Sengen, Entschlichten und gegebenenfalls das Färben oder Bleichen, müssen selbstverständlich tadellos ausgeführt sein, denn nur dann ist ein schöner Glanz zu gewärtigen. Meistens jedoch wird das Färben und Bleichen erst nach dem Mercerisieren vorgenommen. Damit die Waren einen volleren Griff erhalten, werden sie vor der Behandlung mit dem Riffelkalander appretiert. Sollte sich nach dem Färben oder Bleichen auf den Geweben wieder etwas Flaum angesetzt haben, so müssen sie nochmals leicht gesengt und gewaschen werden.

Die Appreturmasse darf nur aus solchen Zusätzen bestehen, durch die eine Trübung der Farben oder des Glanzes von vornherein ausgeschlossen ist; hierfür eignen sich Gelatine oder nur sehr geringe Mengen von aufgeschlossener Stärke in Verbindung mit Glyzerin oder einem Appreturöl. Dann kann man auf dem

Spannrahmen trocknen, aber nicht übertrocknen, so daß die Gewebe noch einen gewissen Feuchtigkeitsgehalt besitzen, der erfahrungsgemäß sich für die bestimmte Warengattung als am günstigsten erwiesen hat. Dann wird das Gewebe durch den Riffelkalander genommen und gelegt.

In manchen Betrieben und für manche Gewebegattungen hat man es vorgezogen, die Mercerisation nicht vollständig, sondern nur teilweise durchzuführen; man bedient sich hierzu einer einfachen Krabbmaschine ohne eigentliche Spannung, an deren Stelle nur eine Streckung mit einem Breithalter tritt. Dieser Vorgang kann auch in solchen Betrieben durchgeführt werden, wo keine Mercerisiermaschine vorhanden ist.

Permanentfinish.

Um den durch Riffelkalander erhaltenen Glanz zu befestigen, ohne die Mercerisation zu Hilfe nehmen zu müssen, wurden viele Verfahren vorgeschlagen und unter Patentschutz gestellt, die jedoch vielfach den Fehler besaßen, daß die benötigten Mittel feuergefährlich oder leicht explodierbar oder der Gesundheit der Arbeiter abträglich waren. Alle diese Verfahren beruhten auf dem Grundgedanken, die Gewebe mit Hilfsstoffen zu behandeln, die entweder an und für sich die Wasseraufnahme verhindern oder durch gegenseitige Einwirkung unter Bildung eines neuen Körpers wasserunempfindlich werden.

Hierzu eignen sich nach dem Patent von J. P. Bemberg Nitrozellulose gelöst in Azeton unter Zusatz von Fetten, Fettsäuren und unlöslichen fettsauren Salzen, Kalk und Tonerde. Die Ergebnisse sollen sehr gut sein, denn mit diesem Verfahren dürften sich die bekannten, mit der Anwendung konzentrierter Lösungen verbundenen Mängel, wie schnelles Verdunsten der Lösungsmittel, Verstopfen der Druckwalzen, Ungleichmäßigkeit des Glanzes, häßliches geplatztes Aussehen, vermeiden lassen.

Nach dem Patent von Prof. Dr. Paul Krais wird Amylformiat, das ist der Ameisensäureäther des Isoamylalkohols verwendet. Seine Verwendung ist frei von jeder Gefahr; es macht weder die Nitrozellulose opak, noch ist es zu flüchtig, hat vielmehr einen vergleichsweise hohen Siedepunkt, 124^0 C. Auch ist die Lösung sehr flüssig; man kann daher damit äußerst feine Filme oder Überzüge auf den Fasern des Gewebes erzeugen, was von hoher Bedeutung ist. In den meisten Fällen ist eine 5%ige Lösung mit vollem Erfolge verwendbar.

Das Aufbringen dieser Flüssigkeit auf die Gewebe kann nach irgendeiner der bekannten Methoden, z. B. mittels einer Zerstäubungsvorrichtung erfolgen. Von besonderem Vorteil ist es, die Flüssigkeit zweimal nacheinander aufzuspritzen, das zweite Mal natürlich erst, nachdem das Lösungsmittel der ersten Auftragung vollständig verdampft ist. Wichtig ist dabei, daß der Überzug auf dem Gewebe nicht eine vollständige Haut bildet oder das Gewebe gar wasserdicht macht; es genügt vielmehr, wenn man nur soviel von der Flüssigkeit aufbringt, daß dadurch der mechanisch erzeugte Glanz fixiert wird.

Nach dem Patente von Dr. Leon Lilienfeld werden 100 Teile einer 15%igen Lösung von Nitrozellulose, Kollodiumwolle u. dgl. in einem geeigneten Lösungsmittel, z. B. Amylazetat, dem noch eine kleine Menge eines geschmeidig machenden Mittels, wie Rizinusöl, Glyzerin usw., zugesetzt werden kann, mit 8—10 Gewichtsteilen fein gepulverten Glimmers innig vermischt. Mit der so entstandenen Auftragsmasse wird die Unterlage bedruckt oder ganz bedeckt und in der Mansarde auf gewärmten Walzen oder durch Verhängen getrocknet. Das bedeckte Material kann schließlich noch auf gewöhnlichen oder Seidenfinish- oder Gaufrierkalandern oder auch durch Pressen fertig gemacht werden.

Ein anderer Vorschlag zur Herstellung des Permanentfinish besteht darin, die Viskose direkt auf die Gewebe aufzutragen; sie bedeckt diese alsdann mit einer Haut, welche nach Belieben durchsichtig oder undurchsichtig gemacht werden kann und sogar gegen heißes Wasser widerstandsfähig sein soll, auch durch viele chemische Reagentien nicht angegriffen wird. Der Überzug kann gebleicht und gefärbt werden und schützt auch den empfindlichsten Farbstoff. Er gibt den Färbungen eine gleichmäßige, glänzende Oberfläche und erhöht den Glanz der Färbungen.

Die Viskose verleiht den Geweben auch einen Griff und ein Aussehen, wodurch sie den Stoffen aus tierischen Fasern ähnlich werden, und erlaubt es, die Baumwollgewebe auf Riffelkalandern mit den feinsten Einkerbungen zu behandeln.

Das Verfahren vollzieht sich in fünf Abschnitten, gefolgt von einem Ausspülen in Wasser: eine Passage in Wasser, Viskoseauftragung, Passage in Ammoniaksalzlösung, 20%iger Kochsalzlösung und einer 3%igen Salzsäurelösung in der angegebenen Reihenfolge. Der Zweck des Ammoniaksalzes besteht darin, die Viskose zu koagulieren, d. h. zum Gerinnen zu bringen; das Kochsalz bezweckt die Entfernung der Verunreinigungen. Das Salzsäurebad zersetzt die Viskose und hinterläßt einen Überzug auf den Fasern in Form einer unlöslichen Abart der Zellulose.

Prof. Dr. A. Fraenkel und Dr. L. Lilienfeld haben sich folgendes Verfahren patentieren lassen. Zur Ausführung dieses Verfahrens wird möglichst feines, kristallisiertes bzw. sublimiertes Molybdäntrioxyd mit einem gelösten, geeigneten Fixiermedium vermischt und die so entstandene Auftragmasse dazu verwendet, um die Unterlage zu bedecken. Das bedeckte Gewebe wird in der Mansarde, auf heißen Walzen oder durch Verhängen getrocknet und je nach der Wahl des Pigmentträgers in bekannter Weise fertiggestellt. Zur Verbesserung des Glanzes wird das Gewebe der Behandlung eines Riffelkalanders oder eines Gaufrierkalanders unterworfen.

Dr. Franz Düring hat folgendes Verfahren gefunden. Das Gewebe wird mit einer Eiweißlösung, beispielsweise einer Albumin- oder Kaseinlösung oder einer ähnlich wirkenden Mischung oder Lösung getränkt, dann aber nicht gleich in starker Hitze gerieffelt und getrocknet, sondern zunächst mit kalter oder nur mäßig erwärmter Riffelwalze behandelt, sodaß vorerst kein Gerinnen der Flüssigkeit herbeigeführt wird; dann erst werden die Gewebe einer so starken Hitze und einem darauffolgenden Dämpfen mit oder ohne Druck ausgesetzt, daß das Eiweiß oder die sonst verwendete Imprägnierflüssigkeit gerinnt, um einen beiderseitigen unlöslichen Überzug auf den Geweben zu bilden. Auch kann man selbstverständlich bei gewissen Farben und um etwa neue Effekte zu erzielen, die zur Imprägnierung dienende Substanz entsprechend anfärben oder durch entsprechende Auswahl der zu verwendenden Eiweißstoffe noch besondere Wirkungen erzielen. Wesentlich bei diesem Verfahren ist, daß das Gerinnen der Imprägnierungssubstanz nicht während des Kalanderns, sondern erst nach demselben vor sich geht.

Es wurden hier einige Verfahren zur Erzielung des sogenannten Permanentfinish angeführt. Dies geschah weniger, um sie zur Nachahmung zu empfehlen, als des Interesses wegen, das er für die Appreteure besitzt. Aber nur sehr wenige der Leser dieses

Buches dürften in die Lage kommen, diesen Glanz herzustellen, da er vorläufig noch der Zukunft angehört.

9. Das Glacieren oder Glästen.

Das Glacieren scheint zu den ältesten Veredlungsbehandlungen zu gehören und wurde früher offenbar mit geschliffenen Steinen oder Knochen von Hand ausgeführt. Es gibt Gegenden, wo sich die alte Frauentracht, zu der ein glaciertes und plissiertes Gewebe erforderlich ist, erhalten hat. Dort kann man noch eine der ältesten Bauarten einer Glaciermaschine in Verwendung sehen.

Sie besteht im wesentlichen aus einem hölzernen Gestell, in deren Mitte sich ein Tisch befindet, in den eine polierte Marmorplatte eingelassen ist. Durch eine eigenartige Vorrichtung, die am Gestell angebracht ist, wird durch billige Wasserkraft ein geschliffener Achatstein auf dem über dem Tische liegenden Gewebe hin- und hergeführt. Der Stein bewegt sich in der Schußrichtung des Gewebes, das von Zeit zu Zeit mit Wachs leicht bestrichen wird, um den Glanz zu erhöhen. Hat das Gewebe den gewünschten Glanz erlangt, so wird es um die Breite des Achatsteines weitergeschaltet. Manchmal erscheint es ratsam, die Vorwärtsbewegung des Gewebes zu beschleunigen und das Glacieren ein- oder zweimal zu wiederholen.

Diese Arbeit ist selbstverständlich mühselig und zeitraubend, bedarf auch einer ständigen Überwachung, damit kein Verbrennen der Gewebe eintreten kann. Es lag daher das Bedürfnis nahe, das Glacieren durch leistungsfähigere Maschinen ausführen zu lassen. Da jedoch der Bedarf an glacierten Geweben nur sehr gering ist und leistungsfähigere Maschinen unwirtschaftlich wären, wurde die alte Methode beibehalten. Das Glacieren wird meistens in der Winterszeit ausgeführt, da es dann fast gar keine andere Arbeitsgelegenheit gibt; so konnte sich diese Veredlungsart bis heute noch erhalten.

Neben diesem Glacieren gibt es noch andere Verfahren, den Glacierglanz und die Glacierausrüstung herzustellen, und zwar mit Hilfe des Friktionskalanders, der drei-, vier-, fünf- und siebenwalzig gebaut wird. Der Siebenwalzenkalander hat drei Stahl- und vier Papierwalzen; die dritte Walze, von unten gerechnet, ist bei den Vier-, Fünf- und Siebenwalzenkalandern eine heizbare Stahlwalze, beim Dreiwalzenkalander die mittlere.

Auch hier werden die Gewebe vor dem Friktionieren mit Wachs versehen, was durch eine eigene Wachsmaschine erfolgt. In neuerer Zeit wird jedoch dieses Wachsen meistens unterlassen und dafür der Appreturmasse ein größerer Zusatz von Wachs gegeben. Als Wachs eignet sich am besten Bienenwachs, da dieses der Glanzwirkung am meisten förderlich ist. Zur Erzielung eines Hochglanzes wird die Ware vor dem Friktionieren noch gemangelt und nach dem Friktionieren durch den Riffelkalander genommen.

Als Appreturmasse für die zu glacierenden Gewebe eignet sich am besten aufgeschlossene Stärke in Verbindung mit Fettkörpern, wie Stearin, Paraffin, Marseillerseife und Wachs. Da es sich fast ausschließlich um gefärbte Gewebe handelt, muß die Appreturmasse selbstverständlich entsprechend der Grundfarbe angefärbt werden [1]. Handelt es sich aber um mehrfarbige Gewebe, so unterbleibt die Anfärbung [2].

F. Nacharbeiten der Appretur.

1. Das Trocknen der appretierten Gewebe.

Die zum Trocknen der appretierten Gewebe dienenden Vorrichtungen und Maschinen sind mannigfaltig ausgeführt, weil die Gewebe die verschiedensten Einstellungen besitzen und die Ausrüstungsart sowie die Erzielung einer bestimmten Breite, der Verlauf der Ketten- und Schußfäden, endlich auch die Webart, z. B. abgepaßte Gewebe von geringfügiger Länge, eine verschiedene Behandlung beim Trocknen erfordern.

a) Die Trockenrahmen.

Der einfache Trockenrahmen findet dort Verwendung, wo es sich um Waren von geringer Länge handelt und die Art der Ausrüstung es wünschenswert erscheinen läßt. Denn es gibt Ausrüstungen, die bei einer Lufttrocknung im Freien günstiger ausfallen als bei erwärmter Luft, und größere Hitze überhaupt nicht vertragen. Bei dieser Trocknungsweise kann man auch Heiz-

---

[1] Siehe den Abschnitt über „Das Anfärben der Appreturmassen (S. 97).
[2] Siehe auch das Verfahren zum Ausrüsten von schwarzem Glanzcroisé (S. 110).

material sparen, doch ist die Bedienung der Rahmen verhältnismäßig teuer. Sie kommt also nur dann in Betracht, wenn es sich nicht um die Wirtschaftlichkeit, sondern nur um den guten Ausfall der Waren handelt.

Es gibt auch Rahmen, die ein ganzes Stück von 20—30 m Länge aufnehmen können; die Ware wird fadengerade auf den Rahmen gebracht und die Leisten mit Nadeln festgehalten, bis die Ware trocken geworden ist. Doch sind diese Rahmen im Aussterben begriffen und haben den Kanaltrocknern und den Spann-Rahm- und Trockenmaschinen sowie den Egalisier- oder Changiervorrichtungen Platz machen müssen. Die einfachen Trockenrahmen finden vorwiegend in der Appretur von Gardinen und Spitzen Verwendung; sie haben den Vorteil, daß sie die Waren in der Breiten- und Längsrichtung strecken und vollkommen fadengerade Waren liefern.

b) Der Trockenturm oder die Trockenhänge.

Der jungen Generation dürften die alten Hängen, auch Trockentürme genannt, weder aus eigener Anschauung, noch vom Hörensagen oder Lesen bekannt sein, obwohl sie in früheren Jahren in den Bleicherei-, Färberei- und Appreturbetrieben ausschließlich in Verwendung waren. Als Wahrzeichen der Färber, Bleicher und Appreteure sind diese Hängen in alten Färberstädten, wie Reutlingen, Ulm, Augsburg und Nürnberg unter den Dächern alter Häuser in Vorstädten noch zu sehen. Sie verschwanden in dem Maße, als durch den Bau der Eisenbahnen und die Verbesserung der Straßen die Beschaffung der Kohlen erleichtert und verbilligt wurde.

Die Trockenmaschinen und Trockenapparate brachten durch Einführung wärmewirtschaftlicher Betriebsweisen eine fortschreitende Verbilligung und Leistungssteigerung der Trocknung mit sich. Daß aber trotzdem die alte Trockenhänge noch Verwendung findet, erkennt man daraus, daß ich eine neugebaute Hänge, jedoch von alter Bauart, geteilt in Warm- und Lufthänge, in der Nähe einer Verkehrsstadt am Bodensee sah. Rings um die Hänge hingen an den Dachvorsprüngen die appretierten Gewebe. Es ist gewiß nicht Rückständigkeit, die die Besitzer zum Bau solcher Hängen veranlaßte, sondern die Erkenntnis ihrer Vorzüge.

Wenn eine Baumwollbuntweberei in der toten Zeit zwischen

je zwei Modezeiten Stapelartikel herstellt, so ist dies ein Notbehelf zur vollen Ausnützung der Webstühle; diese Waren können bei Gelegenheit appretiert und in der Hänge getrocknet werden. Der durch das langsamere oder schnellere Trocknen der Gewebe entstehende Unterschied in der Ausrüstung kann vom Appreteur durch den größeren oder geringeren Druck der Kalander ausgeglichen werden. Der Arbeitslohn für das Trocknen auf der Hänge ist nicht so groß, wie angenommen wird, da die Bedienung nicht so zeitraubend ist, wie es den Anschein hat. Sofern nur erfahrene und geübte Arbeitskräfte zur Verfügung stehen, ist die Bedienung auf der Hänge sehr einfach.

Ein besonderer Vorteil der Hänge gegenüber den anderen, auch neuzeitlichen Trockensystemen ist die Geschlossenheit und Weichheit der Waren, der volle Griff und bei entsprechender Appreturmasse die Reinheit und Sattheit der Farben. Dies ist nur die Folge der langsamen Trocknung, bei der die Appreturmasse selbst bei dicht eingestellten Geweben ganz in das Innere der Garne wandert, so daß die Oberfläche der Gewebe fast frei von Appreturmasse wird, wie eine mikroskopische Untersuchung deutlich zu erkennen gibt.

Auch bekommt die Appreturmasse selbst bei stark gefüllten Geweben von leichter Einstellung einen so guten Halt wie bei keiner anderen Trocknungsart, sondern nur durch eine kostspielige Nachbehandlung mit Maschinen, die ein Mehrfaches der Hänge kosten.

In einer Buntweberei sollte ein vor dem Kriege lohnender Artikel, der als Besatzstück für Damenkleiderstoffe allen Unbilden der Witterung ausgesetzt war, hergestellt werden, was aber in gleich guter Beschaffenheit nicht mehr möglich war. Trotz des Hinweises der Kundschaft, daß man doch wieder wie früher appretieren könne, mußte der Artikel aufgegeben werden, da die Hänge verschwunden war. Es ist also sehr zu bedauern, daß die Hänge dem neuzeitlichen Geiste des Hastens und Drängens weichen mußte, da man die Güte der Ausrüstung bei der Hänge der größeren Leistungsfähigkeit der Trockenmaschinen opferte.

c) Die Trommeltrockenmaschine.

Diese Trockenmaschine ist in Gegenden mit billigen Kohlen, insbesondere in Bleichereien, Färbereien und Druckereien schon lange in Verwendung; in den Appreturen der Buntwebereien konnte sie erst viel später Eingang finden, da man sich scheute, die aus strähngefärbten Garnen hergestellten Gewebe der hohen Hitze der Trockentrommeln auszusetzen. Dies erscheint heute nicht mehr verständlich, da die Farben der Buntwebereien mit denen der Druckereien übereinstimmten und ihnen in den Echtheitseigenschaften, die hier in Betracht kamen, mindestens ebenbürtig waren. Auch kannte man jene Farben noch nicht, die bei der hohen Temperatur der Trockentrommeln den auffallenden, bleibenden oder vorübergehenden Farbenverlust erleiden.

Man war damals in den Betrieben noch nicht so weit, daß man sich durch Versuche von dem Verhalten der Farben bei höheren Temperaturen überzeugte. So entschloß man sich nur unter dem Zwang der Wirtschaftsverhältnisse zur Anschaffung der leistungsfähigeren Trommeltrockenmaschinen. Diese werden in zwei Bauarten geliefert; eine liegende Bauart, bei der die Trommeln in einer Reihe hintereinander gelagert sind, und eine stehende Bauart, bei der die Trommeln in zwei oder drei Reihen übereinander aufgestellt sind.

Die Zahl der Trockentrommeln richtet sich nach der Einstellung in Kette und Schuß und nach der Menge der Gewebe, die gleichzeitig getrocknet werden sollen; auch spielt die Menge der in der Ware enthaltenen Appreturmasse eine bestimmende Rolle. Man benötigt selbstverständlich eine größere Wärmemenge, wenn mehr Wasser verdampft werden soll. Die Trockentrommeln haben bei allen Bauarten ziemlich gleichen Durchmesser. Doch wird es oft wirtschaftlich für günstiger erachtet, die Zahl der Trommeln zu verringern und dafür ihren Durchmesser zu vergrößern. Dies gilt namentlich dann, wenn es die Raumverhältnisse verlangen [1].

Diese Maschinen sind unleugbar die leistungsfähigsten Trockenmaschinen und werden, sofern es nur auf Trocknung ankommt, sicherlich von keinem anderen System überboten. In der Bleicherei, Färberei und Druckerei sind sie darum bisher ohne Wettbewerb geblieben. Anders verhält es sich, wenn neben der Trocknung auch noch andere Zwecke verfolgt werden. Das straff über die Trommeln laufende Gewebe wird infolge der, wenn auch ge-

---

[1] Über die Behandlung dieser Maschine siehe näheres im Abschnitt: „Das Entwässern der Heizkörper" (S. 263.).

ringen Pressung, doch so fest angedrückt, daß es sich hart und nicht so vollgriffig anfühlt wie bei langsamer Trocknung unter milder Wärme ohne Druckbehandlung.

Die starke Spannung, mit der die Gewebe über die Trommeln laufen, bewirkt auch einen Eingang in der Breitenrichtung, der den Preis der Ware allerdings nicht nachteilig beeinflußt, da infolge der Verlängerung das Stückgewicht gleich bleibt. Unangenehm ist es, daß sich die Spannungsverhältnisse in der Trockenmaschine ändern und Gewebe von sonst gleicher Beschaffenheit am Auslauf der Maschine nicht die gleiche Breite aufweisen. Will man dies vermeiden, so ist die Trommeltrockenmaschine nicht zu empfehlen. Andernfalls kann man sich dadurch helfen, daß man die Gewebe entsprechend dem Breiteneingang breiter webt. Dann darf man die appretierten Gewebe auch auf der Trommeltrockenmaschine trocknen.

Im allgemeinen kann man sagen, daß sich die Trommeltrockenmaschine auch für solche Gewebe eignet, die nach dem Trocknen einer Nachbehandlung unter stärkerem Drucke, z. B. auf einer Mangel oder einem Kalander unterworfen werden müssen, wie es hauptsächlich bei den Druckglanz erlangenden Ausrüstungsarten der Fall ist.

d) Die Spann-, Rahm- und Trockenmaschine.

Diese in den Appreturbetrieben der Einfachheit wegen auch Spannrahmen genannte Trockenmaschine ist mit den alten Spannrahmen kaum mehr zu vergleichen. Sie hat längere Zeit hindurch das Gebiet der Appreturen für Buntwebereien fast vollständig beherrscht. Nur für bestimmte Gewebegattungen und Mangelausrüstungen wurde die Trommeltrockenmaschine benutzt. Seit der Einführung der weichen Ausrüstungsarten zu Beginn der achtziger Jahre des vorigen Jahrhunderts hat der Spannrahmen vielfach auch in den Druckereien Einlaß gefunden, besonders zur Trocknung der der Mode unterworfenen Gewebegattungen.

Die Spann-, Rahm- und Trockenmaschine ist aus dem alten festen Rahmen mit Kluppen hervorgegangen, der im unteren Teil eine Heizung mittels Dampfschlangen besaß. Dieser Rahmen erforderte nicht nur einen großen Raum zur Aufstellung, sondern war auch sehr wenig leistungsfähig. Auch der bewegliche Rahmen hatte die Heizung im unteren Teil auf dem Boden und war von geringer Leistungsfähigkeit.

Schließlich gelangte man dazu, den Lauf der Ketten und der appretierten Gewebe in einem geschlossenen Kasten unterzubringen und in diesen heiße Luft einzublasen. Der Luftstrom wird durch einen Ventilator erzeugt, der die Frischluft durch einen dampfgeheizten Röhrenkessel in den Trockenkasten führt. Je nach der Menge und dem Feuchtigkeitsgehalt der zu trocknenden Waren ist der Trockenkasten in der Höhe so bemessen, daß die Gewebe einen 2—6fachen Lauf hin und zurück ausführen können, wodurch die Trocknung beschleunigt und die Maschine leistungsfähiger wird.

Die Ketten, die die Leisten der Gewebe mit Kluppen oder Nadeln erfassen und festhalten, waren anfangs sehr einfach gebaut und von geringer Dauerhaftigkeit. Die Nadeln, die ein Spannen leichtest eingestellter Gewebe unmöglich machten, da sie Verzerrungen der Ketten- und Schußgarne hervorriefen, verschwanden allmählich, während die Kluppen mannigfache Veränderungen erfuhren, bis sie die Gewebe so sicher erfaßten und festhielten, wie man es von einer neuzeitlichen Kluppe verlangt.

Vorerst wurden die Gewebe noch auf einer eigenen Appretiermaschine appretiert und aufgerollt vor das Einlaßfeld des Spannrahmens gebracht und von zwei Arbeitern durch die Einlaßvorrichtung in die Kluppen eingebracht, die sich dann selbsttätig schlossen und beim Auslauf der Gewebe sich wieder selbsttätig öffneten. Dann baute man eine Appretiermaschine vor den Spannrahmen und ließ die appretierten Gewebe von den Quetschwalzen unmittelbar in das Einlaßfeld eintreten.

Eine weitere Vervollkommnung waren die selbsttätig wirkenden Einlaßvorrichtungen, die einen Arbeiter ersparten; aber es bedurfte immer noch einer wenn auch geringfügigen Überwachung des Einlaßfeldes. Nun ist die selbsttätige Wareneinführung ohne Zuhilfenahme menschlicher Arbeitskraft auch gelöst worden, teils auf mechanischem Wege, teils auf elektrischem Wege, teils durch Druckluft.

Um die Leistungsfähigkeit der Maschinen zu heben, Raum zu sparen und ihre Wirtschaftlichkeit zu verbessern, wurden sie mit einer Vortrocknung der Gewebe auf einem oder mehreren Trockentrommeln verbunden. Diese Vertrocknung ermöglicht eine schnellere Trocknung, also Leistungssteigerung, oder, wenn es sich um das Trocknen kleiner Warenmengen handelt, gedrängtere Bauart der Maschine. Aber der Ausfall der Waren entsprach nicht den gehegten Erwartungen und es zeigte sich, daß mit der Steigerung der Leistungsfähigkeit die Beschaffenheit der Waren eine Einbuße erlitt.

Mehr Erfolg erzielte man mit der Erhöhung der Zahl der Durchgänge der Gewebe durch die Maschine, die bis zu sechs Etagen, also bis zu 12 Hin- und Hergängen aufweisen. Auch die Länge der Maschine trägt zur Leistungssteigerung bei; die Spannrahmen haben dementsprechend bis zu sieben Trockenfelder. Die Gewebe bleiben auch bei milder Wärme (50—75° C) genügend lange im Trockenraum, um ohne Beeinträchtigung der Warenbeschaffenheit auf den lufttrockenen Zustand (11—13% Feuchtigkeit) gebracht zu werden.

Die Eignung der Spannrahmen zum Trocknen von appretierten Geweben läßt sich leicht erkennen, wenn man ihre Arbeitsweise beobachtet. In erster Linie verlangt man stets die gleiche und gewünschte Warenbreite. Durch die Luftströmung wird die Ware während ihres Laufes durch die Maschine in steter schwingender Bewegung erhalten, die für einen weichen und vollen Griff sehr günstig ist. Bei der niedrigeren Trockentemperatur werden empfindliche Farben jedenfalls mehr geschont und der Faden vollgriffiger als bei der Trommeltrockenmaschine. Die schwingende Bewegung der Ware beim Trocknen läßt aber eine Geschlossenheit der Waren und einen Halt der dicken Füllmassen in leicht eingestellten Geweben nicht aufkommen.

e) Die maschinelle Hänge.

Trotz der Vorzüge der Trommeltrockenmaschine und der Spann-, Rahm- und Trockenmaschine hatte man die sehr günstigen Ergebnisse der Trockenhänge nicht vergessen, die für manche Gewebegattungen doch nicht zu ersetzen war. Diese Erkenntnis führte zum Bau der maschinellen Hängen als Mittelglied zwischen Trockenturm und Spann-, Rahm- und Trockenmaschine; sie sollen die Vorzüge dieser beiden Trocknungsarten vereinigen und die Nachteile vermeiden. In gewisser Beziehung ist dies auch durch den Bau der modernsten Hängen mit Kühlvorrichtung gelungen, was deren rasche Einführung in vielen Appreturbetrieben für alle Gewebearten am besten beweist.

Bei oberflächlicher Betrachtung erscheinen die von verschiedenen Maschinenfabriken gebauten maschinellen Hängen ganz gleich. Nur die Größenverhältnisse sind voneinander abweichend und von der Menge der zu trocknenden Gewebe und der von dieser aufgenommenen Menge an Appreturmasse abhängig.

Kennzeichnend für die verschiedenen Bauarten ist die Art und Weise der Ausnützung der Wärme. Da von der Ausnützung der Wärme beziehungsweise des Brennstoffes die Wirtschaftlichkeit der Hängen abhängt, wird beim Bau der Hängen auf die Wärmewirtschaftlichkeit der Trocknung der größte Wert gelegt.

Es wurde vorerst versucht, die Wirtschaftlichkeit der Hängen dadurch zu heben, daß die appretierten Gewebe vor dem Eintritt in die eigentliche Hänge einer Vertrocknung durch Trockentrommeln unterworfen wurden. Diese Vertrocknung bezweckte, die Größe der Hänge auf ein Mindestmaß herabzudrücken und ihre Anschaffung infolge des billigeren Preises zu erleichtern sowie an Raum zu sparen, was oft genug über den Ankauf der Maschine entscheidet.

Es zeigte sich aber auch bei den Hängen, daß jede Steigerung der Leistungsfähigkeit von einem schlechteren Ausfall der Waren begleitet ist. Man ist daher von der Vortrocknung wieder abgegangen bis auf Fälle, in denen die Raumverhältnisse die Vortrocknung unentbehrlich machten; dafür wurden die Hängen in der Länge, Höhe und Breite größer bemessen, um bei raschem Warenlauf doch eine langsamere Trocknung und einen besseren Ausfall der Waren zu erreichen.

Im wesentlichen besteht eine maschinelle Hänge aus einer Einlaßvorrichtung für den Trockenraum und einen allseitig geschlossenen, gegen Wärmeausstrahlung geschützten Kasten aus Eisenblech mit den erforderlichen Versteifungen. Die Einlaßvorrichtung besteht aus einer endlosen Kette, auf deren Gliedern in bestimmten Abständen sich Auflagestäbe befinden. Das appretierte Gewebe legt sich vor dem Trockenkasten auf die Stäbe und wird beim Fortgang der Kette selbsttätig in Falten gehängt, die fast bis zum Boden des Trockenkastens reichen; am entgegengesetzten Ende wird das Gewebe selbsttätig wieder abgenommen.

Dieses neue Trockenverfahren bietet neben dem Vorteil der

größten Dampfersparnis noch den Vorteil des Trockenturms, daß die Gewebe nicht übertrocknet werden können, sondern mit einer Feuchtigkeit aus der Maschine kommen, die annähernd gleich dem natürlichen Feuchtigkeitsgehalte der Baumwolle ist, wodurch der weiche Griff der Waren erzielt wird. Überdies kann die Geschwindigkeit des Trocknens geregelt werden. Durch geeignete Einstellung der Temperatur und des Sättigungsgrades der Luftströme kann man beim Trocknen der mit starker Füllappreturmasse appretierten, leicht eingestellten Gewebe sicherlich auch einen gleichen Halt der Appreturmasse in den Maschen der Gewebe erreichen wie beim Trocknen auf dem Trockenturm.

Das Trockenverfahren gründet sich auf die Stufenumluftbewegung, die sich in der Praxis sehr gut bewährt hat. Bei der maschinellen Hänge werden die Gewebe zunächst nahezu ausgetrocknet, dann abgekühlt und schließlich wieder bis zum natürlichen Feuchtigkeitsgrad angefeuchtet. Das eigentliche Trockenverfahren besteht nun darin, daß der Trockenraum durch eine größere Anzahl von Zirkulationsströmen unter stärkster Luftbewegung gehalten wird, wobei die in die Zirkulationsströme eingebauten Heizrohrregister für gleichbleibende Trockentemperatur sorgen, indem sie den wieder angesaugten Luftströmen soviel Wärme zuführen, wie sie auf ihrem Wege zum Trocknen verloren haben. Die Erfahrung in der Praxis, nicht theoretische Erwägung, hat ergeben, daß in den Gewebebahnen trotz der starken Luftströmungen nicht, wie vermutet werden könnte, Störungen entstehen. Durch eine besondere Frischluft- bzw. Abluftventilatorengruppe wird dauernd ein Luftwechsel sichergestellt, so daß der Sättigungsgrad der einzelnen Umwälzungsluftströme stets in den wirtschaftlichen Grenzen bleibt.

Daraus geht auch hervor, daß die Menge der Abluft und damit auch der mit ihr verbundene Wärmeverlust sich auf ein Mindestmaß erniedrigen läßt, ohne daß dadurch die Luftbewegung im Trockenkasten beeinträchtigt wird. Man kann also mit geringster Luftansaugung arbeiten und hat demnach im Trockenapparat eine starke Luftbewegung, was bekanntlich eine Hauptbedingung für eine schnelle und gleichmäßige Trocknung ist. Die wiederholte Erwärmung der neu eintretenden Frischluft macht es auch möglich, die Abluft mit 60° C und 70—80% Sättigung abziehen zu lassen, was bei älteren Anlagen niemals möglich ist.

Der Eigenart des Trockengutes entsprechend, wird für jeden Luftstrom diejenige Temperatur eingestellt, die erfahrungsgemäß für den Ausfall einer Ausrüstung am günstigsten ist. Für gewöhnlich wird die Temperatur am Naßende, beim Einlauf in den Trockenkasten, am höchsten eingestellt und gegen das Trockenende, dem Auslauf der Waren zu, bis auf die schonendste Fertigtrockentemperatur allmählich verringert. Zuletzt befindet sich das Trockengut nur noch in Raum- oder sogar Außenlufttemperatur wo es vollkommen abgekühlt wird.

Wenn es wünschenswert erscheint, durchläuft sie selbsttätig den Befeuchtungskanal. In diesem Abteil wird das Trockengut den Strömen kühler und übersättigter Trockenluftwrasen ausgesetzt, die durch Ventilatorengruppen umgewirbelt und kräftig durch das im Befeuchtungskanal befindliche Trockengut geblasen werden. Naßflecke können nicht entstehen und so kann dieses Anfeuchten das Einsprengen der Mangel- und Kalanderwaren vollkommen ersetzen, was ebenfalls ein Vorteil dieses Verfahrens gegenüber dem Trocknen im Trockenturm ist. Diese Art des Anfeuchtens der Gewebe nach Belieben ist gleichmäßiger als das gewöhnliche Einsprengen, auch erspart man das Liegenlassen der eingesprengten Gewebe für einige Stunden zum gleichmäßigen Durchziehen der Feuchtigkeit. Beim Trocknen im Trockenturm kann wohl auch, besonders bei regnerischer Witterung ein Einsprengen entfallen, doch wäre hier eine Gleichmäßigkeit im Befeuchten zu verschiedenen Zeiten gar nicht zu erwarten. Diesem Trocknungsverfahren ist zweifellos eine Zukunft vorauszusagen.

2. Appretbrechen.

J. Dépierre bezeichnet in seinem Buche ,,Die Appretur der Baumwollgewebe" eine Appretbrechmaschine mit einem tief geriffelten Walzenpaar als für jeden Appreturbetrieb unentbehrlich. Mit dieser Anschauung kann ich mich nicht einverstanden erklären. Das Buch von Dépierre ist wohl 1888 erschienen, aber die harten Ausrüstungsformen waren damals bereits zum größten Teil durch die weichen verdrängt worden, und schon früher sah ich mehrere Appreturbetriebe ohne Brechmaschine; auch habe ich während meiner langen praktischen Tätigkeit keine benützt. Viel später fand ich eine verstaubte Appretbrechmaschine, die längst nicht mehr in Verwendung stand. Sie war von der gleichen

Bauart wie die von Dépierre beschriebene und wurde von dem Appreteur, der sie empfohlen hatte, ebenfalls als unentbehrlich bezeichnet. Kurz nach der Anschaffung der Maschine ging der Appreteur fort und sein Nachfolger fand sie leicht entbehrlich.

Die Appretbrechmaschinen haben den Zweck, zu harte Ausrüstungen zu mildern. Nun ist die Frage, ob derartige Maschinen unbedingt notwendig sind. Wohl viele Fachgenossen dürften mit mir darin übereinstimmen, daß ein tüchtiger Appreteur nicht leicht in die Lage kommen wird, den Appreturausfall als so hart zu erklären, daß eine starke Brechung notwendig wird. Wenn auch gewisse Futterstoffe und andere Gewebe stark beschwert werden müssen, so haben wir doch genug Appreturmittel zur Verfügung, um eine allzu große Härte zu vermeiden.

Der Appreteur, hauptsächlich in kleineren Betrieben, wird seine Arbeitspartien meist so zusammenstellen müssen, daß die Gewebe verschiedene Aufnahmevermögen für die Appreturmasse haben, so daß sich naturgemäß ein verschiedener Ausfall der Ausrüstung ergibt. Sollten Gewebe einen etwas zu harten Griff erhalten haben, so kann man sich dadurch helfen, daß man beim folgenden Kalandern vor die Ausbreit- oder Spannvorrichtung ein Vierkanteisen anbringt und die Waren in gespanntem Zustande über die abgestumpften Kanten des Eisens gleiten läßt. Die Warenspannung regelt man hierbei nach der zu brechenden Härte des Apprets. Das Vierkanteisen muß sich jederzeit und leicht entfernen lassen. Diese Vorrichtung hat stets den gewünschten Erfolg ergeben, ohne eine eigene Maschine besitzen zu müssen. Handelt es sich um Mangel- oder Beetleware, so bringt man dieses Eisen am Aufbäumstuhl oder an der Aufbäumvorrichtung an.

Dieses Vierkanteisen ist jedenfalls die älteste und einfachste Vorrichtung, die auch heute noch am gebräuchlichsten sein dürfte, da ein Schreiben der Ware nicht zu befürchten ist. Das gleiche erreicht man durch eine Art Aufbäumstuhl, der einen Aufsatz aus Holz mit zwei rakelartigen Messern enthält, über die die Ware streichen muß. Es hat sich gezeigt, daß der Erfolg des Brechens günstiger wird, wenn die Messer derart gestellt werden, daß sie unter einem gewissen Winkel zu dem Gewebe stehen. Diese Messer müssen selbstverständlich abgerundete Kanten haben.

Es wurden weiter Maschinen gebaut, die an Stelle der Messer andersgeformte Werkzeuge aufwiesen. Am einfachsten ist eine

Holzleiste mit Rillen; dann wurden zwei und mehr solcher Holzleisten verwendet und durch Eisen- oder Messingleisten ersetzt. Es folgten Leisten, deren Oberflächen Erhöhungen aufwiesen, die in verschiedener Richtung verlaufen. Eine weitere Vervollkommnung bestand darin, daß man die Leisten, von der Mitte ausgehend, in einem ziemlich großen Winkel zur Achse stellte, so daß die Einkerbungen oder Erhöhungen von der Mitte aus nach links und rechts verliefen. Damit erreichte man neben dem Appretbrechen eine Warenstreckung in die Breite.

Je nach der Spannung, nach dem Winkel der Leisten und der Streckbarkeit der Gewebe selbst ist der Zug in die Breite größer oder geringer. Allerdings darf man nicht erwarten, daß dies ganz gleichmäßig geschieht; es ist nur ein Notbehelf, wenn keine genau arbeitenden Spannmaschinen vorhanden sind.

Die eigentliche Brechmaschine, die ein tatsächliches Brechen bewirkt, hat als Werkzeug ein tiefgerifeltes Walzenpaar aus Holz, Eisen mit Gummiüberzug oder Messing. Auch die Messingwalzen sollten einen, wenn auch leichten Kalikoüberzug erhalten, um eine Beschädigung der Gewebe bei scharfem Angreifen der Walzen zu verhüten. Die Erhöhungen der oberen Walze arbeiten mit Vertiefungen der unteren Walze zusammen. Die Walzen sind gegeneinander verstellbar, um die Brechwirkung regeln zu können. Auch bei dieser Brechmaschine wurden die Rillen von der Mitte aus in einem Winkel nach rechts und links verlaufend angeordnet, so daß sie neben der Brechwirkung eine Breitstreckung der Ware ermöglichen.

Da bei der Walzenbrechmaschine die Waren die gleiche Umfangsgeschwindigkeit wie die Walzen haben, ist ein Schreiben der Waren nicht zu befürchten.

3. Das Strecken und Ausbreiten der Waren.

Von jedem Gewebestück, das in den Handel gelangen soll, wird eine bestimmte Breite verlangt, wenn auch ein kleiner Spielraum eingeräumt wird. Die für ein Gewebe erforderliche Breite richtet sich nach dem Zweck, den es zu erfüllen hat, oder nach der Weiterverarbeitung. So werden z. B. Matratzenstoffe in einer Breite von 120 cm, Oxford 70 und 78 cm, Bettücher 130, 140 und 150 cm, je nach der Breite der Betten, breit gewebt. Bei den rohen und buntgewebten Zeugen läßt sich die erforderliche Breite leichter erhalten als bei den gebleichten, gefärbten und bedruckten, da sie keine weitere Behandlung durchzumachen haben als durch die Veredlung in der Appretur.

Mit Ausnahme der Rauherei und der Trocknung auf einer Trommeltrockenmaschine ist keine wesentliche Verminderung der Breite zu befürchten. Dem kann man dadurch vorbeugen, daß man die Gewebe um den erfahrungsmäßigen Eingang breiter webt.

Manche Gewebe, wie z. B. die gerauhten Gewebe, die auf der Spann-, Rahm- und Trockenmaschine getrocknet werden, bedürfen nicht erst einer besonderen Breitstreckung mit der Warenstreckmaschine. In allen übrigen Fällen aber müssen die Gewebe entweder breiter gewebt oder auf einer eigenen Streckmaschine auf die gewünschte Breite gebracht werden. Dies gilt besonders für Gewebe, die aus der Bleicherei, Färberei oder Druckerei in die Appretur gelangen.

Der Breiteneingang ist selbst bei jedem einzelnen Stück verschieden, so daß auch zur Erlangung einer gleichmäßigen Warenbreite eine Streckung vorgenommen werden muß.

Die Trommeltrockenmaschinen haben keine genügend wirksame Streckvorrichtung; die Spann-, Rahm- und Trockenmaschine ist mit einer selbsttätigen Einlaßvorrichtung versehen, die zugleich die Streckung bewirkt. Dies hatte zur Folge, daß entweder die Trommeltrockenmaschine ebenfalls mit selbsttätigen Einlaß- und Streckvorrichtungen ausgestattet oder für gebleichte, gefärbte und bedruckte Gewebe die Spann-, Rahm- und Trockenmaschine angewendet wurden, um der Ware zugleich einen weichen und vollen Griff zu verleihen. Die maschinellen Trockenhängen erhielten ebenfalls selbsttätige Einlaß- und Streckvorrichtungen, die ihre Einführung in die Appreturbetriebe für baumwollene Gewebe ermöglichten.

Mit diesen Einlaß- und Streckvorrichtungen wurden die Streck- und Ausbreitmaschinen für die Appreturbetriebe überflüssig und werden zweifellos verschwinden, wenn die alten Trocknungsarten durch die neuen ersetzt sein werden. Diese Streckmaschinen, die sich aus den einfachsten Streckvorrichtungen entwickelt hatten, entwickelten sich nach dem Vorbilde der Streckung mit der Hand. Das Strecken mit der Hand war eine mühselige und zeitraubende Arbeit und wurde für gefärbte, gebleichte und bedruckte Gewebe in besseren Qualitäten vorgenommen, bei denen sich ein verbreitertes Weben als unwirtschaftlich erwiesen hatte. Gewöhnliche und leichter eingestellte Gewebe wurden jedoch breiter gewebt, eine Streckmaschine war nicht erforderlich.

Die ersten Streckmaschinen arbeiteten wie Appretbrechmaschinen. Neben gerillten Holzleisten und eisernen oder aus einem anderen Metall bestehenden Walzen gab es noch mannigfaltige Vorrichtungen zum Strecken, die an Trommeltrockenmaschinen angebracht wurden. Eine solche Vorrichtung bestand z. B. aus einer Walze mit mehreren Messingsegmenten, die mit vielen Spitzen zum Erfassen der Gewebe versehen war. Die Spitzen waren in Schraubenlinien angeordnet und so gestellt, daß das Gewebe nach auswärts gespannt wurde. Je eine solche Walze befand sich links und rechts beim Einlauf der Ware, die Endleisten etwa um 5 cm überragend.

Um nicht zu viele Segmente benützen zu müssen, was die Vorrichtung sehr verteuern würde, sind die Segmentachsen nur 15 cm breit auf einem beide Walzen verbindenden Eisenstab leicht verstellbar befestigt, um sich den verschiedenen Warenbreiten anpassen zu können.

Diese Streckvorrichtung zeigte bereits einen Fortschritt, da sie selbsttätig die Ware auf eine bestimmte Breite brachte, hatte jedoch auch Nachteile. Das Maß der Streckung war engbegrenzt, da die Segmente nicht groß genug waren und eine unzureichende Schrägstellung besaßen. Da jedoch in kleineren und mittleren Appreturbetrieben die Arbeitspartien rasch wechselnde Warenbreiten aufweisen, war die Einstellung der Segmente in verschiedene Schrägstellungen eine zeitraubende Arbeit. Die Entfernungen der Segmentachsen von der Mitte aus mußten den Warenbreiten angepaßt werden und die Spitzen der Segmente waren dem Verschleiße, Verkrümmungen und Brüchen unterworfen. Da hierdurch leicht Löcher und andere Beschädigungen in der Ware entstanden, kam diese Streckvorrichtung nicht über die Versuche hinaus.

Auch die schräg gerillten Walzenpaare, deren Rillen genau ineinander paßten und zwischen denen die Stücke durchlaufen mußten, fanden keine Verbreitung, da sie nicht jede Warenbreite ermöglichten; die Wirkung war eine begrenzte und die Maschine nur für bestimmte Warenbreiten verwendbar.

Auf einem anderen Grundsatz beruhen die Arbeiten mit kegelförmigen Walzen, bei denen die Ware das Bestreben zeigt, sich nach der höchsten Stelle zu bewegen. Wenn man daher vor einer Trockenmaschine zwei Kegel derart anbringt, daß die kleinsten Durchmesser sich in der Mitte fast berühren, so wird die über diese Kegel geleitete Ware sich auf beiden Seiten nach außen bewegen, also strecken. Unterstützt wird dies dadurch, daß man die Kegel mit schraubenförmigen Rillen versieht, die sich nach auswärts wenden.

Ferner kann man noch Streckvorrichtungen antreffen, deren festliegende Achse an den Enden je eine, in der Mitte dagegen zwei sich fast berührende bewegliche Scheiben besitzt. An diesen Scheiben befinden sich Ansätze, an denen gerillte Metallplatten befestigt werden können. Diese Metallplatten greifen von links und rechts in der Mitte ineinander und bilden auf diese Weise eine Art von unterbrochenem geriffelten Metallblech. An Stelle dieser quer auf den Scheiben befestigten Metallplatten findet man auch noch Sektionswellen. Eine solche Welle besteht aus einer Reihe eingeschobener Sektionen, die einen Kranz aus geriffeltem Metallblech bilden. Die Rillen verlaufen von der Mitte aus links und rechts ebenfalls nach auswärts und bewirken die Breitstreckung. Diese Vorrichtung war oft zwischen der Stärkmaschine und den Trockentrommeln eingeschaltet, da sie bei feuchten Geweben stärker ausbreitend wirkt.

Alle bis jetzt angedeuteten Warenstreck- und Ausbreitmaschinen mit Ausnahme der mit Spitzen versehenen Segmentstreckvorrichtung haben den Fehler gemeinsam, daß die Streckung unzuverlässig ist. Man nahm daher zu den Kluppen seine Zuflucht, wenn man nicht aus irgendeinem Grunde die Nadeln bevorzugt. Die einzelnen Kluppenarten gehen von dem gleichen Grundgedanken aus: Einlegen des Gewebes in die geöffnete Kluppe, selbsttätiges Schließen der Kluppe nach Festlegung des Gewebes, Festhaltung des Gewebes bis zur Ablaufstelle, selbsttätiges Öffnen der Kluppe und Offenhaltung bis zum Einlegen eines neuen Warenstückes. Nach dem Öffnen der Kluppen muß sich das Gewebe ungehindert entfernen lassen.

Zuerst wurden die Gewebe mit der Hand von zwei Arbeiterinnen in die Kluppen eingelegt; dann schuf man Einlaßvorrichtungen, die eine Arbeiterin ersparten, schließlich kam man zu selbsttätigen Wareneinlaßvorrichtungen, die auch die zweite Arbeitskraft überflüssig machten, so daß heute zur Bedienung einer Spann-, Rahm-

und Trockenmaschine nur noch ein Arbeiter notwendig ist und eine Warenstreck- und Ausbreitmaschine keinen Zweck mehr hat.

4. Das Einsprengen der appretierten Gewebe.

Das Einsprengen der Gewebe nach dem Appretieren und Trocknen ist ein Vorgang, der in den Kreisen der Appreteure noch vielfach unterschätzt und nicht nach Gebühr gewürdigt wird. Von der Gleichmäßigkeit des Einsprengens und dem Grade der Feuchtigkeitsaufnahme kann der Ausfall der Waren wesentlich abhängen. Schon von altersher hatten die Büglerinnen der Hauswäsche dies berücksichtigt, indem sie die angefeuchtete Wäsche vor dem Plätten zusammengerollt oder gelegt über Nacht liegen ließen, damit die Feuchtigkeit sich gleichmäßig über alle Teile der Wäschestücke verbreiten konnte.

Wie im Haushalt die Wäsche wurden die Gewebe in früheren Zeiten durch die Appreteure mittels einer in Wasser getauchten Bürste eingesprengt. Zur Vereinfachung und Verbilligung des Verfahrens wurden dann Maschinen gebaut, die aber keine wirkliche Gleichmäßigkeit in der Befeuchtung ergaben, weshalb das Liegenlassen der eingesprengten und aufgerollten Gewebe durch einige Stunden bis in die jüngste Zeit unentbehrlich war. Die neusten Trockenmaschinen, z. B. die mechanischen Trockenhängen, erhalten eigene Befeuchtungskammern angebaut, die eine so gleichmäßige Befeuchtung der Gewebe ermöglichen, daß die Einsprengmaschinen überholt sind und das Einsprengen der Gewebe überflüssig geworden ist.

Würde man die nach dem Appretieren getrockneten Gewebe ohne weiteres kalandern, mangeln, friktionieren, beeteln usw., wobei die Gewebe einem höheren Druck unterworfen werden, so würde der erwartete Erfolg nicht erreicht werden; die gepreßten Garne würden sich nach dem Aufhören des Druckes wieder runden, der Griff würde trotz der in den Appreturmassen enthaltenen Fettstoffe rauher werden. Dieses Rauhwerden müßte naturgemäß um so stärker werden, je mehr mineralische Körper die Appreturmasse enthalten hat. Stark mit derartigen Füllmitteln appretierte Gewebe würden sich fast nicht pressen lassen, weniger gefüllte einer stärkeren Pressung nicht widerstehen, aber, wie gesagt, nach Aufhören des Druckes wieder rund werden.

Das Einsprengen der Waren nach dem Appretieren und

Trocknen hat jedoch nicht nur den Zweck, die Waren mit Feuchtigkeit zu beladen, sondern auch den Ausfall der Waren nach dem Trocknen zu verbessern. So kann man einen zu harten Griff mildern, einen zu weichen härter machen. Dies geschieht durch die Zugabe eines geeigneten Appreturmittels zum Einsprengwasser, z. B. Leimlösung für zu weichen, Fettstofflösung für zu harten Griff nach dem Trocknen. Hierbei ist vorausgesetzt, daß der Appreteur weiß, welchen Griff eine Ware haben soll, da sich durch die Menge und Wirkungsweise der dem Einsprengwasser zugesetzten Appreturmittel selbst größere Unterschiede im Griff ausgleichen lassen.

Die erste Einsprengmaschine stellt eine Nachahmung des Einsprengens mit der Hand dar. Sie besteht aus einem Gestell mit einer Aufbäumvorrichtung, vor welcher ein höher gelegener Wasserkasten angebracht ist, in dessen Vorderwand ein Sieb eingefügt ist. In dem Wasserkasten befindet sich eine rotierende Bürste, deren Borsten in das Wasser eintauchen und das Wasser gegen das Sieb schleudern. Durch dieses wird das Wasser fein verteilt auf das unterhalb vorbeilaufende Gewebe gespritzt und das überschüssige Wasser in einer Blechrinne gesammelt und abgeleitet.

In Falten gelegt werden die einzusprengenden Gewebe unter dem Wasserkasten vorbeigeführt, am Ende der Maschine aufgebäumt, dann mit einem Kalikotuche bedeckt und aufgerollt über Nacht oder wenigstens sechs Stunden sich selbst überlassen. Selbstverständlich muß das Sieb aus einem nichtrostenden Metall angefertigt sein, damit keine Rostflecken in die Gewebe kommen können und sehr feine Öffnungen besitzen, damit keine größeren Wassertropfen auf die Gewebe gelangen. Bei manchen Maschinen schlagen die Borsten gegen einen Kupferblechstreifen, von dem sie abschnellen und das Wasser gegen das Sieb und durch dieses auf die Gewebe spritzen (Bürsteneinsprengmaschinen).

Um die Waren gleichmäßig zu befeuchten, darf der Wasserstand im Wasserkasten nicht unter eine gewisse Höhe sinken. Dies geschieht beispielsweise durch selbsttätige Reglung des Wasserzuflusses. Wenn auch diese Maschinen überholt sind, haben sie sich in einzelnen Betrieben doch noch erhalten.

Am besten haben sich die **Düseneinsprengmaschinen** bewährt. Die Wasserzerstäubung geschieht hier mittels Düsen, aus deren feinen Öffnungen Preßluft geblasen wird, die nach

Art der Blumenspritzen Wasser aus Röhrchen ansaugt und zerstäubt. Diese Maschine, die fast in allen Appreturen zu sehen ist, hat nur den Nachteil, daß die Düsen sich leicht durch Staub und Flug verstopfen und die Gleichmäßigkeit der Zerstäubung beeinträchtigen. Auf gute Instandhaltung der Maschine, besonders der Zerstäubungsvorrichtung, ist daher großer Wert zu legen.

Wir finden auch Befeuchtungsmaschinen, bei denen eine mit Gravure versehene Walze im Wasser läuft und von diesem etwas mitnimmt. Über ihr befindet sich eine, mit einem Walzentuch versehene Druck- oder Quetschwalze. Zwischen beiden Walzen geht das einzusprengende Gewebe hindurch, das von der unteren Walze das Wasser aufnimmt, während der Überschuß durch die Quetschwalze abgepreßt wird. Durch die Gravure und den Druck der Quetschwalze kann die von den Geweben aufzunehmende Feuchtigkeit geregelt werden. Wenn eine sehr geringe Wasseraufnahme gewünscht wird, aber die Gravure viel Wasser liefert, so kann das überflüssige Wasser durch eine Rakel abgestrichen werden, während bei Mehrbedarf die Rakel beseitigt wird.

Eine der neuesten Verbesserungen in dem Befeuchten der Gewebe ist die bereits erwähnte Befeuchtungskammer, die unmittelbar an die Trockenmaschine, besonders an die mechanische Trockenhänge angebaut ist. In dieser Kammer kann den Geweben jeder gewünschte Feuchtigkeitsgrad verliehen werden, wodurch das Einsprengen überflüssig wird [1].

Ein Verfahren zur Befeuchtung der Gewebe ohne besonderen Arbeitsgang besteht in der Beimengung eines wasseranziehenden Mittels zur Appreturmasse. Vom rein theoretischen Standpunkte aus betrachtet, kann diesem Gedanken eine gewisse Berechtigung nicht abgesprochen werden. Doch der Praktiker wird sich dessen gleich bewußt werden, daß dieses Verfahren in der Praxis nicht durchführbar sein kann. Wenn das Gewebe so viel wasseranziehende Mittel erhält, daß es schon in gewöhnlicher Luft das Einsprengen ersetzen kann, so wäre es ja nie mehr trocken zu bekommen, da die wasseranziehenden Mittel im Gewebe verbleiben. Man kann sich denken, daß die Ware bei anhaltend feuchter Witterung an

---

[1] Siehe den Abschnitt über „Das Trocknen der appretierten Gewebe" unter „Die maschinelle Hänge" (S. 189).

die Grenze des Sättigungspunktes gelangt. Ferner wäre die Feuchtigkeitsaufnahme vom Feuchtigkeitsgrad der Luft abhängig, also niemals gleichmäßig zu erhalten. Wie würde ein solcherart befeuchtetes Gewebe nach der Fertigstellung und einer folgenden längeren Lagerung in einem feuchten Raum aussehen und welchen Griff würde es besitzen?

Die Menge Wasser, das in die Ware gelangen soll, ergibt sich aus der Erfahrung in der Praxis. Zu wenig Wasser erfüllt den Zweck des Einsprengens nicht; durch zu viel Wasser kann jedoch die Ware unter Umständen verdorben werden. Die aufzunehmende Menge Wasser muß dem Drucke oder der Reibung entsprochen, dem die eingesprengte Ware ausgesetzt werden soll; die hierbei entwickelte Wärme muß imstande sein, die über den natürlichen Feuchtigkeitsgehalt der Baumwolle hinausreichende Wassermenge zu entfernen, so daß die Ware „lufttrocken" in die Legstube gelangt. Jeder Mehrbetrag an Wasser ist schädlich, verändert den gewünschten Griff und kann die Ursache zur Schimmelbildung sein, die eine Zerstörung der Baumwolle und Löcher im Gewebe zur Folge hat[1]. Gegen die Gefahr der Schimmelbildung schützt man sich durch Zugabe eines fäulnisverhindernden Mittels zum Einsprengwasser, sofern es nicht schon in der Appreturmasse enthalten ist.

5. Das Dämpfen der appretierten Gewebe.

Unter dem Begriff vom Dämpfen ist hier nicht das Dämpfen verstanden, das in der Färberei und Druckerei ausgeführt wird, um die Farben zur Entwicklung zu bringen, zu fixieren oder ihre Echtheitseigenschaften zu verbessern, aber auch nicht das Dämpfen der Gewebe am Eingang der Ware in die Rauhmaschine[2]. Auf eine, in einer Fachzeitschrift enthaltene Frage über die Wirkung des Dämpfens von bunten Baumwollgeweben, verwies ein Beantworter diese Wirkung in das Reich der Fabel. Es sei auch eine irrige Ansicht, wenn man glaube, daß die Farben durch das Dämpfen satter werden, da nach seinen Erfahrungen die Farben eher nachlassen, ja stumpfer werden, auch durch Wassertropfen Flecke entstehen können, die einen sogenannten Hof um die

---

[1] Siehe den Abschnitt über „Schimmelflecke" (S. 236).
[2] Vgl. das Kapitel „Die Rauherei im allgemeinen" (S. 153).

Farben bilden. Diese Ansicht über das Dämpfen dürfte wohl nur darin ihre Ursache haben, daß man nicht mehr gewohnt ist, richtig zu dämpfen.

Durch ein sachgemäßes Dämpfen werden aber viele Farben gehoben, nicht nur sogenannte Körperfarben im wahren Sinne des Wortes, wie z. B. Indigo, sondern auch andere, wie die alten Holzfarben, und die Garne füllenden Beizenfarbstoffe, wie das Türkischrot. Alle diese Farben werden durch ein richtiges Dämpfen gehoben, entweder durch einen satteren oder einen reineren Farbton. Wenn durch das Dämpfen infolge der Bildung von Wassertropfen Flecke entstehen würden, so wäre es mit dem Dämpfen der bedruckten Gewebe schlecht bestellt.

Es mag sein, daß bei der überhandnehmenden Rationalisierung möglichst schnell und billig gearbeitet werden muß; dann geht die Sparsamkeit so weit, daß die Beschaffenheit der Waren leidet und eine oder die andere Behandlungsart überflüssig wird, da die erhoffte Wirkung ausbleibt, wenn sie nicht sachgemäß vorgenommen wird. So verhält es sich mit dem Dämpfen, das in manchen Betrieben als wertlos ausgeschaltet wird, um zu sparen, wo es nur möglich ist.

Erst wenn wir darüber im klaren sind, warum die appretierten Gewebe einem Dämpfprozeß unterworfen werden, können wir uns ein Urteil darüber erlauben, ob er seinen Zweck erfüllt. Für die Wirkung des Dämpfens spielt die Zusammensetzung der Appreturmasse eine wesentliche Rolle.

Im allgemeinen kann man sagen, daß beim Dämpfen die Garne aufquellen und voller werden, wodurch sie dem Drucke einer Kalanderwalze oder einer Beetlemaschine leichter nachgeben. Es ist weiter zu berücksichtigen, daß sich in den Kettengarnen noch Schlichte vorfindet, die durch ein ergiebiges Dämpfen erweicht und von der Oberfläche in das Innere der Garne gedrängt wird, woselbst sie einen festen Körper bildet.

Nehmen wir als Beispiel Blauleinen aus Baumwolle, das mit Indigo gefärbt worden ist und eine natürliche Ausrüstung erhalten soll. Diese Ausrüstung verlangt einen vollen, weichen Griff der Ware, die keinen Glanz haben, aber doch gut geglättet sein soll. Ohne irgendeinen Druck läßt sich jedoch diese Glätte nicht erzielen, ein stärkerer Druck bedingt aber einen unerwünschten Glanz.

Werden nun diese Gewebe nach dem eigentlichen Appretieren

gedämpft, so genügt schon der Druck der unbeschwerten Druckwalze eines leichteren Kalanders, um der Ware ein glattes Aussehen zu verleihen; trotzdem bleiben die Garne rund und fühlen sich deshalb voll und weich an, auch ist kein Glanz vorhanden. Die für Trübungen so leicht empfängliche Indigofarbe in dunkleren Tönen hat ein klareres und satteres Aussehen erhalten. Das Klarerwerden der indigoblauen Farbe ist nur auf das Zurückgehen der Schlicht- und Appreturmasse von der Oberfläche gegen das Innere zurückzuführen. Ein Blick durch das Mikroskop auf einen gedämpften und einen ungedämpften Faden eines Blauleinengewebes gibt uns die Bestätigung dafür. Aber diese Dämpfwirkung wird nicht durch eine der später noch zu besprechenden einfachen Dämpfarten erreicht, bei der die Ware rasch über eine schmale Dämpfplatte streicht, sondern nur durch eine längere Einwirkung des Dampfes auf die Waren.

Man spricht wohl allgemein davon, daß die Salzappreturmassen[1] die Farben nicht trüben können; daß sie es aber, wenn auch in einem äußerst geringfügigen Maße tun, beweist die Betrachtung von zwei, mit einer derartigen Appreturmasse appretierten Geweben, von denen eines gedämpft wurde, das andere ungedämpft blieb. Die gedämpfte Farbe ist klarer und satter geworden. Es ist vielfach die Ansicht ausgesprochen worden, daß das Einsprengen einer Ware den Dämpfprozeß ersetzen und Geld sparen kann. Diese Ansicht kann in einzelnen Fällen zutreffen, aber nicht in solchen, wie bei dem eben angeführten des Blauleinen.

Durch das Dämpfen erhält die Baumwolle eine Art Finish; es ist daher stets ratsam, Stuhlwaren, die keine eigentlichen Appreturbehandlung unterworfen werden sollen, zu dämpfen. Dadurch werden die Garne voller und die Gewebe erscheinen geschlossener als ungedämpfte.

Doch wir wollen nun wieder zum Dämpfen selbst zurückkehren. Mit einer schnellen und billigen Arbeitsweise ist ein richtiger Dämpfprozeß nicht leicht zu vereinen, da dieser nur langsam vor sich geht und größere Kosten verursacht. Soll eine große Lieferung von Waren stattfinden, so muß deren Laufgeschwindigkeit mit der Dauer der Einwirkung des Dampfes in Einklang gebracht

---

[1] Siehe das Kapitel „Die Salzappreturen" (S. 124).

werden, d. h. je schneller die Ware durch die Dämpfmaschine geht, desto größer muß der Weg im Dämpfraum sein.

Die heutige Generation kennt das Dämpfen meistens nur noch als einen kurzen und raschen Lauf durch einen Dämpfkasten. Der Dampf tritt unten vermittelst eines gelochten Kupferrohres in den Kasten. Die Ware geht über fünf Leitwalzen von oben nach unten, von unten nach oben, wieder nach unten, dann nach oben aus dem Kasten hinaus. Ein- und Austrittsöffnungen sind sehr klein gewählt, um einen möglichst geringen Dampfverlust zu erhalten, und je nach der Warenbreite durch Schieber abschließbar. Oberhalb des Dampfrohres befindet sich zum Schutze der Gewebe gegen Wassertropfen ein Schutzblech. Die Oberfläche des Kastendeckels ist aus gleichen Gründen etwas gebogen, so daß bei Beginn der Arbeit sich bildende Wassertropfen an den Seitenflächen abfließen können. Damit in den Kasten nur trockner Dampf eintreten kann, befindet sich im Leitungsrohr unmittelbar vor dem Eintritt des Dampfes in den Kasten ein Wasserabscheider.

Nach dem Verlassen des Kastens werden die Gewebe aufgerollt und bleiben gut zugedeckt einige Stunden liegen, die genaue Zeitdauer richtet sich nach der Gewebeart und wird erfahrungsgemäß bestimmt. Die einfachste aber unzweckmäßigste Art ist das Laufen der Gewebe über einen schmalen Holzkasten, dessen Deckel mit einem gelochten Kupferblech versehen ist, aus dem der Dampf entströmt, der aus einem gelochten Kupferrohr in den Kasten gelangt. Manchmal ist der Kasten ganz aus Kupferblech hergestellt, der Dampf strömt aus dem gelochten Blechdeckel unter einem gewissen Drucke aus, um die Dämpfwirkung zu erhöhen. Auch nach diesem Dämpfen läßt man die aufgerollte Ware noch einige Stunden gut zugedeckt liegen.

Die beste Art des Dämpfens, die auch in der Ausrüstung vieler Wollgewebe jedem anderen Dämpfen vorgezogen wird, besteht darin, daß man 1—2 Stücke je nach ihrer Länge und Dicke auf eine gelochte Kupfer- oder Messingtrommel aufrollt, die an einem Ende geschlossen, am anderen offen und mit einem sogenannten Bajonettverschluß versehen ist, der an das Ende einer Dampfleitung dicht anschließt. Zwischen der Trommel und dem zu dämpfenden Gewebe befinden sich zum Schutze gegen Wassertropfen einige Lagen eines Kalikos. Dem gleichen Zwecke dient auch ein am Ende der Dampfleitung unmittelbar vor dem Eintritt des Dampfes in die Dämpftrommel angebrachter Wasserabscheider. Nach dem Aufrollen wird das Gewebe wieder mit einigen Lagen Kaliko umwickelt.

Zum Dämpfen setzt man die Trommel auf die Dampfleitung, verschraubt sie gegenseitig und läßt den Dampf auf die Ware einwirken. Die Dämpfdauer bestimmt man aus der Erfahrung, ebenso wie die Zeit des Liegens im aufgerollten Zustande nach dem Dämpfen.

Um Zeitverluste durch die Bewicklung der Dämpftrommel zu vermeiden, werden mehrere Dämpftrommeln bereitgehalten. Der Dampf dringt infolge seiner Spannkraft durch alle Lagen des aufgewickelten Gewebes, so daß ein wirkungsvolles Dämpfen erfolgen kann. Dichter eingestellte Gewebe werden nach dem Dämpfen in umgekehrter Richtung, mit dem äußeren Ende zuerst nochmals aufgewickelt, um ein ganz gleichmäßiges Dämpfen zu erzielen.

Wenn man ein solches Gewebe, das im aufgerollten Zustande auch mehrere Stunden liegen geblieben ist, mit einer ungedämpften Ware vergleicht, so kann man deutlich die Wirkung des Dämpfens auf die Klarheit der Farben und auf die Reinheit der Muster erkennen.

Wie bereits erwähnt, spielt für den Erfolg des Dämpfens die Zusammensetzung der Appreturmasse eine große Rolle. Neben den aufgeschlossenen Stärkesorten von Weizen, Mais und Kartoffeln sind es besonders die Pflanzenschleime, die einen schönen Ausfall der Waren durch das Dämpfen liefern. Diese Appreturmittel quellen beim Dämpfen stark auf und füllen die Waren in vorzüglicher Weise, die sodann viel geschlossener erscheinen als ohne Dämpfen. Die anderen Stärkesorten sowie Dextrine sind für die Dämpfwirkung nicht so gut geeignet.

Solche gedämpfte Waren lassen sich mit einem leichten Kalander sehr gut zusammendrücken, ohne daß sich die Appretur allzusehr verändert, was vielfach von großem Vorteil ist. Diese kalandrierte Ware unterscheidet sich wesentlich von gedämpften und kalandrierten Waren die mit anderen Zusätzen appretiert worden sind.

Gut gedämpfte Waren erhalten nach einer leichten Kalandrierung, besonders durch eine solche mit einer Kautschukwalze einen so schönen und vollen Griff, daß er leicht von Nichtfachleuten mit einem Wollgriff verwechselt werden kann. Die Appreturmasse muß aber frei von härteerzeugenden Appreturmitteln sein, wie es die Salze der Mineralien und mineralischen Erden sind. Diese Art des Dämpfens kann aber nur für Gewebe angewendet werden, die infolge ihrer Preislage einen höheren Dämpflohn vertragen.

6. Das Pressen.

Das Pressen der Gewebe ist zur Erhöhung des Glanzes eigentlich mehr für die Wolle als für baumwollene Gewebe gebräuchlich. Bei der Wolle erfolgt das Pressen vielfach, mindestens zum Vorpressen, durch die Muldenpresse, die ein oder zwei Mulden besitzt. In die dampfgeheizte, mit einem Neusilberblech ausgeschlagene Mulde ist ein ebenfalls heizbarer Zylinder eingeschliffen. Zwischen diesem und der Mulde werden die Stücke unter Druck hindurchgeleitet.

Beim Pressen der Baumwollgewebe handelt es sich hauptsächlich um fertiggestellte Waren, denen durch diese Behandlung ein gefälligeres Aussehen gegeben werden soll.

Auch die Plattenpresse findet hierfür Verwendung. Der Stoff wird mit zwischengelegten, glattsatinierten dünnen Pappendeckeln (Preßspänen) gefaltet und zwischen Platten eingeschoben, die gegeneinander gepreßt werden. Dies geschah früher mittels Schraubenspindeln (Spindelpresse) von Hand aus oder mechanisch, gegenwärtig fast ausschließlich mit Wasserdruck (hydraulische Presse). Die eingespänten Stücke werden aufeinander geschichtet und durch zwischengelegte, geheizte Platten erwärmt. Zum Schutz gegen Beschädigung der Ware kommen starke Pappendeckel (Branddeckel) und Holzbretter zwischen die Warenstöße.

Dies wiederholt sich, bis die Presse gefüllt ist. An die Stelle der erwärmten Eisenplatten werden auch durch Dampf oder Elektrizität heizbare Platten verwendet (elektrische Presse).

Je größer der Druck und je heißer die Platten sind, einen desto höheren Glanz erhalten die Waren. Auch die Glätte und das Aussehen werden in demselben Maße schöner.

Die Stücke bleiben einige Zeit in der Presse unter Druck, bis sie abgekühlt sind, damit der Glanz sich nicht verliert. Das Pressen wird bei einfach breiten Waren in der vollen Breite vorgenommen und zweimal ausgeführt, indem die Ware für das zweite Pressen umgespänt wird, damit die beim ersten Pressen ungepreßt gebliebenen Stellen in die Mitte kommen.

Um die Arbeit zu beschleunigen, werden in größeren Betrieben die Pressen mit mehreren Wagen ausgestattet, damit man die eingespänten und gepreßten Wagen ausfahren und neu eingespänte einfahren kann.

Gepreßt werden hauptsächlich gebleichte und gefärbte, unifarbig gewebte und auch solche buntgewebte Stoffe, die nur einen geringen Glanz erhalten sollen, ohne daß die Fäden, wie dies beim Kalandern geschieht, breitgequetscht werden. Wenn kein Glanz, sondern nur eine Glättung der Gewebe erzielt werden soll, werden die Platten nicht geheizt, wie es in Buntwebereien, Bleichereien und Färbereien noch häufig der Fall ist.

7. Das Dekatieren.

Erst in neuerer Zeit wurde aus dem Gebiete der Wollwarenappretur die Dekatiermaschine auch von den Baumwollausrüstern übernommen, um manchen Gewebegattungen den Finish, die letzte Veredlung, zu geben. Es handelt sich hauptsächlich um Baumwollgewebe, die als Ersatz für die teuren Wollstoffe wollähnliches Gepräge erhalten müssen. Hierzu gehört der natürliche Wollglanz, der keinem anderen Material eigen ist.

Solche Stoffe sind besonders ein- und zweiseitig gerauhte Flanelle, sowie gerauhte Modestoffe für Damenkleider in dunkleren Ausmusterungen. Aber auch baumwollene Modestoffe in dunkleren Ausmusterungen für Sommerdamenkleiderstoffe, die nicht gerauht werden, aber einen Ersatz für Wollstoffe bieten sollen, läßt man mit Vorteil durch die Dekatiermaschine laufen. Bei den gerauhten Geweben soll die Dekatur dem Flor die richtige Beschaffenheit und Lage, der Baumwolle auch noch den natürlichen, milden Wollglanz geben. Überdies wird durch die Behandlung der Farbton der dunkleren Farben gehoben, feuriger.

Die Dekatiermaschine für Baumwollgewebe ist jedoch ganz anders gebaut als für Wollgewebe, da die intensive Dämpfwirkung für die Trockendekatur entfällt und nur das Dämpfen in Betracht kommt. Dieses erfolgt bloß dadurch, daß man das eingesprengte Gewebe über einen geheizten Kupferzylinder führt. Der hierbei entwickelte Dampf durchzieht das Gewebe in allen seinen Teilen und genügt vollkommen, da es sich ausschließlich um leichter eingestellte Gewebe handelt. Das vor dem Kupferzylinder angebrachte Bürstwalzenpaar bürstet das Gewebe auf beiden Seiten, der Flor erhält hierdurch eine gleichmäßige Lage und wird geglättet.

Die Naßdekatur findet auf Baumwollgewebe keine Anwendung. Zur Erklärung der Wollausrüstung von Baumwollgeweben sei darauf hingewiesen, daß die Baumwolle — wenn auch in geringerem Grade — wollähnliche Eigenschaften besitzt, wie Kräuselung, Walkfähigkeit, Formbarkeit, die sie sehr wohl zur Nachahmung von Wollgeweben geeignet macht.

8. Das Messen und Legen.

Wie unter den Menschen treffen wir auch in den Betrieben der Industrie Stiefkinder an; es wird kaum ein Betrieb zu finden sein, der nicht ein Stiefkind aufzuweisen hätte. Dies sind Abteilungen oder Unterabteilungen, deren Wichtigkeit für den Gesamtbetrieb verkannt oder unterschätzt wird. Hier ist es die Reparaturwerkstätte, dort das Kesselhaus, hier die Appretur, dort die Legstube; mit dieser wollen wir uns nun näher befassen.

In der Legstube, manchenorts nach der früher gebräuchlichen Art der Zurichtung der Gewebe Stabzimmer (Legen nach dem Stab = etwa 1,2 m) genannt, erhalten die appretierten Stücke ihre Endbehandlung, ihre Herrichtung für den Handel. Sie werden entweder noch einmal endgültig gemessen oder in Falten gelegt und gemessen, aufgerollt oder gewickelt und gemessen, dann so zugerichtet, daß sie auf den Beschauer einen angenehmen Eindruck machen, damit sie leichter verkäuflich sind.

Die Legstube vor 50 Jahren ist nicht mehr die Legstube von heute, was so oft außer acht gelassen wird. Je nach der Gegend, für welche die Ware bestimmt ist, muß auf die Zurichtung mehr oder weniger Sorgfalt aufgewendet werden. Besonders groß sind oftmals die Anforderungen des fernen Ostens. In vielen Exportländern ist ein Stück Gewebe, das nicht nach einer bestimmten Vorlage zusammengestellt und mit einer bestimmten Anzahl von Etiketten nach vorgeschriebenem Aussehen versehen wird, unverkäuflich oder nur sehr schwer abzusetzen. Die überseeischen Konsulate führten oft Klage darüber und betonten, daß die Fabrikanten den Wünschen der Kundschaften zu wenig Beachtung schenken und den Absatz an jene Wettbewerbsländer verlieren, die den Wünschen der Kundschaften mehr Entgegenkommen zeigen.

Die Zurichtung einer Ware erfordert eine geübte und gewandte Arbeitskraft; es ist daher unerläßlich, daß in der Legstube intelligente, gewandte und reinliche Arbeiter oder Arbeiterinnen Verwendung finden; man begeht einen großen Fehler, wenn man für die Legstube jeden Arbeiter für gut hält, der in anderen Abteilungen nicht mehr verwendbar ist. Die Arbeiten in der Legstube werden viel zu sehr unterschätzt; sie benötigen sogar kräftige, rührige Hände und gute Augen, um Fehler in den Geweben leicht zu erkennen und sich in den Maßangaben der Stücke nicht zu irren; hierzu bedarf es zuverlässiger Leute. Bei einem Irrtum zum Vorteile des Fabrikanten ist eine Beanstandung von seiten der Kundschaft sicher zu erwarten; im anderen Falle erfährt der Fabrikant gewöhnlich nichts. Hat der Kunde in einem Maße für sich einen Vorteil gefunden, so wird er höchstens sagen, daß gut gemessen worden ist oder das Maß sich einigermaßen mit den gewohnten Mindermaßen deckt.

Häufige Bemänglungen von seiten der Kundschaft über zu kurze Längenmaße der Stücke erschüttern jedoch das Vertrauen, da schlechte Absicht vermutet wird und in der Folge häufig nachgemessen wird. Erfahrungsgemäß verursachen gerade die dem allgemeinen Wettbewerb am meisten ausgesetzten Gewebegattungen, deren Preise infolge dieses Wettbewerbs den niedrigsten Gewinn erhoffen lassen, auch in der Legstube und der eigentlichen Appretur, die meiste Arbeit und den größten Aufwand an sonstigen Auslagen, wie z. B. die gefärbten Glanzfutterstoffe. Würden in der Appretur und besonders der Legstube genaue Abteilungskostenberechnungen für jeden Gewebeartikel durchgeführt, so gingen manchem Leiter kleinerer Betriebe die Augen auf über die Kosten, die diese Glanzfutterstoffe erheischen.

Dem Fachmann bietet die Legstube ein Spiegelbild des Gesamtbetriebes; da er aus dem Eindrucke, den er in der Legstube gewinnt, auf den Zustand des Gesamtbetriebes schließen kann. Herrscht in der Legstube peinlichste Reinlichkeit und Genauigkeit in allen Dingen, so ist man sicher, einen gut geleiteten Betrieb vor sich zu haben. Sieht man jedoch die Arbeiter unordentlich gekleidet, Abfälle aller Art überall zerstreut am Boden herumliegen, so wird der Fachmann ohne Befriedigung den Betrieb verlassen. Es ist selbstverständlich, daß jedes Stück Ware vor der Fertigstellung, also in der Legstube, noch einmal gemessen und auf Fehler aller Art untersucht wird. Diese Warenschau wird aus Ersparnisgründen mit dem Faltenlegen, Dublieren usw. verbunden.

Wird in der Legstube in einem Stück Ware ein Fehler bemerkt, der leicht beseitigt werden kann, so wird es zurückgestellt und der Fehler entfernt. Ist die Entfernung des Fehlers aber nur mit größeren Schwierigkeiten verbunden, so erfolgt eine Kennzeichnung des Stückes als fehlerhaft, je nach der Wichtigkeit des Fehlers für den Zweck des Gewebes. Gewinnt die Kundschaft die Überzeugung, daß alle Stücke vor dem Versand auf Fehler untersucht worden sind, so steigt das Vertrauen; Nachschauen werden unterlassen; damit ist auch der Entstehung von Beschwerden der Boden entzogen. In der maschinellen Einrichtung der Legstube hat sich seit vielen Jahren, man könnte fast sagen jahrzehntelang, keine wesentliche Änderung ergeben, denn wir können heute noch dieselben Maschinen antreffen, die vor 40 Jahren und noch mehr in der Legstube Eingang gefunden haben. Wohl hat die Bauart der Maschinen verschiedene Verbesserungen erfahren, aber im großen und ganzen sind sie gleich geblieben.

Eine Ausnahme macht die Dubliermaschine. Der gekrümmte Tisch der altehrwürdigen englischen Meß- und Legmaschine hat wohl häufig dem geraden Tisch weichen müssen. Bei den meisten Maschinen fallen die gelegten Falten je nach der Beschaffenheit der Waren, ihrer Länge und Art der Ausrüstung mehr oder weniger ungleich aus. Hat man z. B. eine derartige Maschine für einen schweren Matratzendrell, der mit natürlicher Ausrüstung versehen ist, richtig eingestellt, so ergeben sich ungleiche Faltenlängen, wenn man eine leichte Mangelware mit starker Füllung in Falten legen will. Das ungleiche Gewicht und die ungleiche Glätte der Warenoberfläche setzen den Schwingungen der Messer und den Griffen der Faltenhalter einen ungleichen Widerstand entgegen. Diese Legmaschinen müssen daher für stärker abweichende Gewebegattungen neu eingestellt werden. Diese Einstellung bedarf jedoch einer größeren Erfahrung und erfordert eine gewisse Zeit.

Für kleinere Betriebe ist es meist vorteilhafter, an Stelle der Legmaschine den Rektometer zu benützen. Denn die Arbeit mit diesem Apparat geht schnell vor sich, auch hat man hier keine Schwingungen der Messer zu beachten. Für große Appreturbetriebe

Das Messen und Legen.

ist es am vorteilhaftesten, mehrere Legmaschinen von verschieden schwerer Bauart aufzustellen, damit für jede Gewebegattung die geeignetste gewählt werden kann. Am besten haben sich diejenigen Bauarten bewährt, bei denen die Hebel, welche die Schwingmesserarme bewegen, möglichst nahe dem höchsten Punkte der Arme angebracht sind. Die Messer arbeiten viel ruhiger und genauer, als wenn die Hebel weiter unten angreifen.

Beim Ankauf von Meß- und Faltenlegmaschinen soll man nicht in den Fehler verfallen, aus Sparsamkeit Maschinen von zu leichter Bauart zu wählen. Eine zu leichte Bauart ist für schwere Waren niemals geeignet, denn die Messer schwingen hierbei unruhig, wodurch die Faltenlängen ungleich lang ausfallen. Dies gilt hauptsächlich für Gewebe von großer Länge, also großer Faltenzahl, da diese mehr auftragen und ungleich werden. Die gefalteten Gewebe werden meistens in Buchform gelegt, geheftet und auf Wunsch mit Papier umwickelt.

Eine weitere Form der Zurichtung der Gewebe ist das Aufrollen, das am meisten bei gerauhten Geweben vorkommt. An dieser Maschine hat sich auch seit ihrem ersten Bau, der weit in das vorige Jahrhundert zurückreicht, nichts wesentlich geändert, höchstens im Zählwerk. Diese Maschine dient in kleineren Betrieben zugleich als Beschaumaschine. Zu diesem Zwecke ist ihr ein Tisch vorgelagert, über den die Ware streicht.

Für ganz leicht eingestellte Gewebe, die gar keine, oder nur eine sehr dünne Appreturmasse von geringer Klebkraft erhalten haben, wie z. B. sehr leichte Flanelle ohne jede Füllung, eignet sich das Aufrollen nicht oder muß mit besonderer Sorgfalt ausgeführt werden. Um Faltenbildungen beim Aufrollen zu verhüten, ist eine, wenn auch geringe Bremsung zweckmäßig, was durch Spannstäbe oder drehbare Spannwalzen geschieht. Für die genannten leichten Gewebe bedeutet jedoch selbst die geringste Bremsung eine Streckung, die beim aufgerollten Stücke nur zum Teil wieder zurückgeht [1]. Um bei derartigen Geweben Beschwerden der Kundschaften über ein zu geringes Längenmaß der Waren gegenüber dem berechneten vorzubeugen, sahen sich manche Betriebe veranlaßt, diese Gewebe mit dem Rektometer zu messen und

---

[1] Siehe auch den Abschnitt über „Längenverluste der Gewebe beim Lagern" (S. 252).

dann erst aufzurollen, wenn dies verlangt wurde, oder von dem beim Aufrollen erhaltenen Maß erfahrungsgemäß einen Prozentsatz abzuziehen und die richtiggestellte Zahl in Rechnung zu stellen.

Die Bedienung der Aufrollmaschine ist nicht so einfach, wie sie auf den ersten Blick zu sein scheint: sie verlangt einen im Aufrollen geübten Arbeiter, damit die Waren nicht verzogen werden. Dies gilt besonders für Gewebe mit größeren Viereckmustern, z. B. Schotten. Ist ein solches Muster einmal verzogen, so ist es nicht mehr möglich, es in der ursprünglichen Form wieder herzustellen, auch nicht mit der besten Changiervorrichtung an Trockenmaschinen. Ein sehr tüchtiger Aufroller kann während der Arbeit einen Verzug der Waren mit der Hand etwas verringern, aber ein schlechter Arbeiter verschlimmert nur den Fehler.

Der Aufrollmaschine sehr ähnlich ist die Wickelmaschine, bei welcher das Gewebe auf Holzbrettchen oder Pappdeckel gewickelt wird.

Die einfachste Vorrichtung zum Faltenlegen ist das Rektometer, das wohl in allen Legstuben zu finden ist, in denen ganz leichte Gewebe zugerichtet werden sollen. Auch das Rektometer ist nicht einfach zu bedienen. Wenn 3 Arbeiter der Reihe nach dieselbe Ware an demselben Rektometer messen, so werden sich drei verschiedene Maße ergeben, da die gemessene Länge von dem Zug abhängt, den der Arbeiter auf das Gewebe beim Überlegen von einem Meßplättchen zum andern ausübt.

Man spricht so viel von der geringen Leistungsfähigkeit der Rektometer, doch hängt sie nur von der Bedienung ab. Ich beobachtete in einer Legstube ein Mädchen, das mit dem nach ihrem Wunsche angefertigten Rektometer, der freistehend, nicht an einer Wand befestigt war, die leichten Stücke viel schneller in Falten legte, als es die anderen Maschinen besorgten. In einer Minute legte sie ein gemessenes Stück von 50 m Länge auf den für die Weiterverarbeitung bestimmten Tisch. Allerdings meinte der Färber, daß sie nicht jedes Stück in der gleichen Zeit mißt. Es war ungemein lehrreich, die Beweglichkeit, Gelenkigkeit des Mädchens bei der Arbeit zu beobachten. Dieses Mädchen wäre ein Schulbeispiel für die Psychotechnik gewesen. Dies beweist unzweideutig, daß die Bedienung einer Maschine oder eines Apparates von der persönlichen Eignung abhängt.

Bei den Dubliermaschinen hat man versucht, alle drei Arbeiten: Dublieren, Messen und Legen oder Aufrollen in einem Vorgang zu vereinigen; hierfür sind zum Teil neue Maschinen gebaut, zum Teil ältere Systeme erweitert worden. Man ist jedoch von dieser Vereinigung wieder abgekommen, da dieses Zusammenarbeiten in der Praxis nicht so leicht vor sich ging, wie man es sich gedacht hatte. Gewöhnlich appretierte Gewebe können wohl auf allen diesen Maschinen dubliert werden, doch hängt die Genauigkeit der Durchführung von der Beschaffenheit der Ausrüstung ab. Für ganz leicht eingestellte breite Waren, die eine starke Füllung erhalten haben und nach dem Dublieren aufgerollt und gemangelt werden sollen, reichen die Dubliermaschinen nicht mehr aus; man greift dann zum alten Verfahren mit der Hand, trotz der umständlichen Arbeitsweise. Beim Dublieren dieser Gewebe mit Maschinen erhält die Endleistenseite sehr viele Falten. Dublierte Mangelware oder Waren, die einen Friktionskalander zu passieren haben, müssen eine starke Pressung erhalten; dies geschieht durch ein nochmaliges Mangeln, damit die zwei Enden annähernd die gleiche Dicke aufweisen, denn die Seite mit dem Mittelende wird fast immer dicker ausfallen als die andere.

Bei den Dubliermaschinen trifft man häufig den Fehler an, daß die zwei Walzen, zwischen denen die dublierte Ware laufen muß, gar keine Bombage besitzen. Dies ist ein großer Fehler, hauptsächlich bei dickeren Warengattungen mit stärkerer Füllung, denn in derartigen Fällen lassen sich vollkommen faltenlose Stücke fast gar nicht erzielen. Die zwei Walzen müssen der Warendicke und -glätte entsprechend eingestellt werden; sind die zwei Walzen zu eng eingestellt, so läuft man Gefahr, daß die nicht bombierten Walzen die Falten und Endleisten teilweise abquetschen; da der gerade hier so notwendige elastische, weiche Druck fehlt, wird die Pressung zu hart. Manchmal bemerkt man den Fehler vorerst noch nicht; aber bei der späteren Zurichtung der Waren wird er wahrgenommen. So z. B. hielt die Lieferantin einer Dubliermaschine die Umwicklung der Walzen nicht für notwendig, doch ergaben Matratzendrelle derartige Quetschungen, daß sie beim Bespannen der Matratzen eine Menge Risse erhielten.

Stellt man jedoch die Walzen etwas weiter auseinander, so erhält man einen ungleichen Zug der Walzen und damit Faltenbildungen. Auf die Beschwerde der Kundschaft suchte man lange vergebens nach der Ursache der Risse, bis endlich einige gequetschte Falten die Ursache erraten ließen. Als die Walzen dann mit einer leichten Kalikoumwicklung versehen wurden, gab es keine Klagen mehr.

Ob nun ein Stück Ware aufgerollt, aufgewickelt oder in Falten gelegt wurde, sie bedarf noch der letzten Arbeit des Verschnürens und gegebenenfalls der Einhüllung mit Pappe. Die aufgerollten oder aufgewickelten Stücke werden an den beiden Endleisten, je ein- oder zweifach verschnürt, die in Buchform gelegten meistens mit 2 Litzen zusammengehalten. Hier werden arge Fehler dadurch begangen, daß man bei der Wahl der Schnüre hinsichtlich der Dicke und Farbe sowie der Litzen hinsichtlich der Breite und Farbe nicht mit der gehörigen Sorgfalt vorgeht. Die Farben der Litzen und Schnüre müssen mit den Farben der Gewebe zusammenstimmen, damit deren Wirkung nicht abgeschwächt, sondern hervorgehoben wird. Am besten eignen sich ganz helle Farben in rosa, gelb und blau, bei gebleichten Waren ein schönes, feuriges hellblau oder gelb. Das Gelb soll glänzend sein, da mattgelb das Weiß abtötet und ihm einen fahlen Schein gibt.

Zu einem Stück von größerem Umfang dürfen wir nur breite Litzen und dickere Schnüre verwenden; bei Stücken von geringem Umfange dagegen nur schmale Litzen und dünne Schnüre. Bei der Umwicklung mit zwei Litzen oder Schnüren muß der Abstand von den Enden beachtet werden.

Die Etiketten müssen mit schöner Handschrift beschrieben und genau in der Mitte der Längsrichtung aufgeklebt sein. Sollen die Stücke in Papier eingehüllt werden, so ist es auch zu empfehlen, die Qualität und Farbe des Papiers in Einklang mit der Ware zu bringen. Vielfach kann man die Beobachtung machen, daß Stücke mit weißen Endleisten gedankenlos mit einer Seite am Boden aufliegen; da dieser jedoch niemals auf die Dauer ganz rein erhalten werden kann, ist ein Verschmutzen der Ware unvermeidlich.

Wenn man eine schöne, reine Ware in Versand bringen will, muß in allen Teilen des Betriebes eine musterhafte Reinlichkeit herrschen. Was nützt auch die größte Reinlichkeit und Ordnungsliebe in der Weberei, Bleicherei, Färberei, Druckerei und Appretur, wenn sie in der Legstube vermißt wird? Diese Einzelheiten mögen vielleicht unwichtig erscheinen; sie sind es aber in Wirklichkeit nicht. Wenn man Gelegenheit hat zu sehen, daß Waren zum Verkaufe gelangen, die selbst den einfachsten Forderungen des Schönheitssinnes Hohn sprechen, so kann nicht eindringlich genug davon gesprochen werden. Man betrachte nur die Auslagen in den Schaufenstern: ein schlecht aussehendes Stück Ware darf nicht hinein, ein gut aussehendes lockt die Käufer an.

G. Fehler in der Appretur.

1. Schlechte Aufnahme der Appreturmasse.

Wenn die zu appretierenden Gewebe die Appreturmasse nicht überall gleichmäßig, stellenweise sogar überhaupt nicht aufnehmen, so hat dieser Fehler gewöhnlich zwei Ursachen: die Appreturmasse ist entweder unrichtig zusammengesetzt oder das Wickeltuch der Druckwalze in mangelhaftem Zustande. Beides sollte in einem gut geleiteten Appreturbetriebe nicht vorkommen, findet sich aber leider nur zu oft.

Sind in der Appreturmasse anorganische, unlösliche Füllmittel, wie China clay, Talkum u. dgl., nicht sachgemäß mit den Fettkörpern und Klebstoffen verbunden, so kann die Masse, besonders beim Erkalten, „brüchig" werden, d. h. sie scheidet Stücke von verschiedener Größe aus, die nicht richtig in die Gewebe hineingepreßt, sondern von ihnen sogar stellenweise durch die Druckwalze abgestoßen werden. Je mehr Fettkörper die Appreturmasse im Verhältnis zu den anderen Zutaten enthält, desto stärker tritt dieser Fehler auf.

Es ist zwar verführerisch, in der Appreturmasse die teuere Stärke durch billigere Füllmittel zu ersetzen, aber man darf von diesen anorganischen Hilfsstoffen nur soviel verwenden, wie von den Klebstoffen gebunden werden können, damit eine Teilung der Appreturmasse verhütet wird, vorausgesetzt, daß die Fettkörper richtig verkocht worden sind. Das richtige Verhältnis muß die Erfahrung und die Beschaffenheit der Zusätze ergeben. Je reiner das China clay und das Talkum sind, desto poröser sind sie und desto mehr Fettkörper können sie aufnehmen. Ein poröser Körper bedarf zu seiner Bindung weniger Klebstoff, was sich der Appreteur bei der Zusammensetzung einer Appreturmasse vor Augen halten muß, um die geschilderten Ausscheidungen zu vermeiden.

Auch ist es nicht gleichgültig, welche Fettkörper man verwendet und wie sie mit den anderen Zusätzen verkocht werden. Talkum und China clay soll man mit den Fettkörpern zuerst verkochen, dann den anderen Zusätzen beifügen und das Ganze nochmals aufkochen. Hierbei füllen sich die Poren der Füllmittel mit den Fettkörpern, so daß man nie Ausscheidungen der Zusätze zu befürchten hat.

Kocht man jedoch alle Zusätze zusammen und haben die Fettkörper einen höheren Schmelzpunkt, als z. B. der Verkleisterungspunkt einer bestimmten Stärkesorte ist, so werden die Poren der Füllstoffe von der äußerst feinkörnigen Stärke oder dem gebildeten Kleister verstopft; das Eindringen der Fettstoffe in die Füllkörper ist also verhindert. (Vgl. auch den Abschnitt über die Herstellung der Appreturmassen, S. 87.) Eine Ausscheidung findet in der Appreturmasse um so leichter statt, je höher der Schmelzpunkt der Fettkörper ist und bei je niedrigerer Temperatur die Appreturmasse zur Verwendung gelangt. Bei zweifelhaft hergestellter Füllappreturmasse ist es daher immer ratsam, sie bei möglichst hoher Temperatur zu verwenden.

Das Wickeltuch der Druckwalze in der Appretiermaschine oder die Bombage muß nach jedesmaligem Appretieren mit warmem Wasser abgewaschen und mindestens alle 14 Tage von der Walze entfernt, gründlich gewaschen, d. h. von allen anhaftenden Zusätzen befreit werden, auch um dem Sauerwerden vorzubeugen. Es könnte sonst ein Unbrauchbarwerden einer an und für sich guten Appreturmasse eintreten. Wenn man dies verabsäumt, sucht man vergebens nach dem wahren Grund dieses Fehlers. Man erkennt ihn leicht an der glänzenden Oberfläche des Walzentuches. Die Appreturmasse wird von einem solchen Walzentuche weniger ausgepreßt als abgequetscht, sondern vorgeschoben; hinter dem Walzenpaar bemerkt man eine gewisse Menge von glänzender Appreturmasse, auch das Gewebe selbst erscheint glänzend. Manche Stellen in den Geweben erhalten dadurch zu viel, andere zu wenig Appreturmasse.

Zu erwähnen ist noch ein Fehler, der durch das Schlagen, das Auf- und Abschnellen oder Unrundlaufen der Druckwalze entsteht. Hebt sich die Walze, so findet kein Auspressen, beim Senken ein zu starkes Ausquetschen der Appreturmasse statt, was einen ungleichmäßigen Griff veranlaßt. Die Ursache dieses Fehlers liegt meistens in einem mangelhaften Aufziehen des Walzentuches oder in fehlerhaften, z. B. verzogenen Walzen.

2. Schwächerwerden der Appreturmassen.

Man hört in Appreteurkreisen nicht selten Klagen über das Schwächerwerden von Appreturmassen bei längerem Stehenlassen, wodurch sie unbrauchbar geworden seien. Die Ursache dieser Erscheinung kann verschieden sein. Fast immer handelt es sich um Appreturmassen, zu denen Stärke, eine Gallerte von einer Alge oder einem Moos oder auch Leim verwendet worden ist.

Zur Erklärung des Falles mit der Stärke wollen wir etwas weiter ausholen. Die Stärkesorten ergeben, mit der etwa 10fachen Menge Wasser gekocht, einen durchscheinenden, dicken Kleister, der bei länger andauerndem Kochen immer dünnflüssiger wird und schließlich die Beschaffenheit einer wäßrigen, klaren Flüssigkeit annimmt [1]. Aus der Stärke des Kleisters ist schließlich Dextrin und Zucker geworden, deren Lösung bekanntlich wässerig ist, und zwar um so mehr, je mehr Zucker in der Lösung enthalten ist. Wenn die ganze Stärke in Zucker umgewandelt worden ist, hat die ursprüngliche Stärke ihre Klebwirkung und die Füllkraft für Gewebe verloren, ist also wertlos geworden.

Die gleiche Wirkung wie länger anhaltendes Kochen auf den Kleister übt die Behandlung der Stärke bzw. des Kleisters mit vielen Säuren, Alkalien, Salzen, Fermenten und Pilzen aus. Nun müssen wir uns vor Augen halten, wie in dem Abschnitt über „Die Herstellung der Appreturmassen" eingehender erörtert ist, daß die Umwandlung der Stärke in der Richtung der Verzuckerung nicht gleichmäßig vor sich geht, d. h. daß nicht zuerst alle Stärke in lösliche Stärke, dann alle lösliche Stärke in Dextrin und so fort übergeht, sondern daß sich diese Umwandlung ganz unregelmäßig vollzieht, so daß wir im Dextrin unter Umständen sogar alle Stärkeabarten nachzuweisen imstande sind. Je nach den Körpern, die eine Umwandlung der Stärke in ihre Abarten herbeiführen können, geht diese Umwandlung auch wieder schneller oder langsamer, gleichmäßiger oder ungleichmäßiger vor sich.

Ist nun für Färberei, Bleicherei und Appreturmittel nur ein

---

[1] Vgl. auch den Abschnitt über „Aufschließung oder Abbau der Stärke" (S. 73).

Lagerraum vorhanden, so ist es leicht denkbar, daß Säuredämpfe oder durch Unvorsichtigkeit oder Böswilligkeit sogar Säuretropfen zur Stärke gelangen. Durch das Kochen der stark gewässerten Stärke wird die Säure sehr verdünnt und deren Wirkung auf die Stärke sehr verlangsamt, so daß sie oft erst nach einigen Tagen bemerkt wird. Überall befinden sich in der Luft mannigfache Pilze, auch Gärungspilze; sie gelangen in Gefäße, in denen Appreturmasse von einer früheren Partie aufgehoben wurde, um später wieder Verwendung zu finden. Diese Appreturreste bilden einen guten Nährboden für das Keimen und Wachsen verschiedener Pilzarten, besonders wenn die Temperatur der Luft hierfür günstig ist. Begünstigt wird die Entwicklung dieser Gärungspilze auch durch Anwesenheit von stickstoffhaltigen Körpern in der Appreturmasse, so daß in der warmen Jahreszeit oder in gut erwärmten Räumen die Stärke leicht verzuckern oder wenigstens bis zu Dextrin abgebaut werden kann. Hierzu genügen unter Umständen zwei Tage.

Die gleiche Wirkung wie die Gärungspilze kann auch die Kälte ausüben. Zur Winterszeit kann man häufig von einem „Süßwerden" der Kartoffeln hören, die in einem kalten Raum gelagert sind oder auf dem Transport in ungenügend geschützten Wagen sich befanden. Das Süßwerden der erfrorenen Kartoffeln rührt von einer Umwandlung der Stärke in Zucker her. Dieselbe Umwandlung kann auch ein Kleister in einem kalten Raume zur Winterszeit erleiden. Bei der Verwendung von Diastafor oder ähnlichen fermentartigen Produkten zur Aufschließung der Stärke ist es häufig vorgekommen, daß unzerstörte Produkte in der fertigen Appreturmasse zurückgeblieben waren, da die von den Lieferanten angegebenen Vorschriften nicht eingehalten worden waren. Da somit diesen Produkten die stärkeaufschließende Wirkung erhalten blieb, konnte diese bis zur Bildung von Dextrin und Zucker ausgeübt werden.

Die Appreteure waren sich ihres Fehlers nicht bewußt und machten die an sich unschuldigen Produkte dafür verantwortlich. Diese unsachgemäße Verwendung der fermentartigen Aufschließungsmittel gab in manchen Appreturbetrieben zu deren eigenen Schaden die Veranlassung zum Weiterarbeiten nach altgewohnter Weise. Wenn man nun bedenkt, daß 1 kg Stärke auf 10 l Wasser schon einen dicken Kleister bildet, dagegen 1 kg Dextrin oder 1 kg

Schwächerwerden der Appreturmassen. 219

Zucker in 10 l Wasser eine ganz dünnflüssige Flotte ergibt, so ist es klar, warum aus einem dicken Kleister nach längerem Stehenlassen eine wässerige Appreturmasse werden kann.

Es wäre nun aber ein Irrtum, wenn man diese Flotte als unbrauchbar ansehen und fortschütten wollte, denn je nach ihrem Gehalt an Dextrin und Zucker hat sie noch immer eine gewisse Kleb- und Füllkraft; besonders im ersten Stadium des Wässerigwerdens dürfte sie noch eine größere Menge an löslicher Stärke, vielleicht noch gar keinen Zucker enthalten. Sie könnte dann noch einer neuen Appreturmasse zugesetzt werden, wodurch an anderen Zutaten gespart werden würde. Ein kleiner Probeversuch würde ergeben, wieviel man sparen kann.

Ist eine Appreturmasse aus irgendeinem Grunde wässerig geworden, so sollte man vor deren Wiederverwendung immer nach der Ursache forschen. Blaues Lackmuspapier wird durch Säuren rot, rotes durch Alkalien blau gefärbt. Ergibt ein diesbezüglicher Versuch das eine oder das andere, so ist es ratsam, die Appreturmasse zu neutralisieren. Zeigt sich keine Schimmelbildung, so waren die Gärungspilze an dem Wässerigwerden nicht beteiligt. War eine mangelhafte Aufschließung der Stärke an dem Fehler schuld, so ist ein tüchtiges Aufkochen das beste Mittel, um die Wirkung der fermentartigen Körper aufzuheben und die Keimbildung und das Wachstum der Gärungspilze unmöglich zu machen.

Es kommt häufig genug vor, daß man Reste einer Appreturmasse einer früheren Partie Ware zu einer neuen Appreturmasse gibt und nur verrührt, ohne eigens aufzukochen. Dadurch überträgt man die etwa schon vorhandenen Schimmelbildungen ohne weiteres auf die neue Appreturmasse und mit dieser auf die zu appretierenden Gewebe. Beim Trocknen dieser Gewebe herrscht für gewöhnlich keine so hohe Temperatur, daß die Schimmelpilze abgetötet würden, was zur Bildung von Schimmelpilzen auf den Stücken schon nach ganz kurzer Zeit Veranlassung geben kann. Dann wird der Fehler überall vergebens gesucht, nur nicht in der Nachlässigkeit und Unreinheit der Appretur. Ich bin sicher, daß mancher Appreteur ein solches Vorgehen für unmöglich hält, und doch kommt es öfters vor, als man glaubt.

In gleicher Weise wie auf den Kleister wirken die Gärungspilze auch auf alle Leimlösungen und Gallerten von Moosen und Algen, indem sie hier ebenfalls einen guten Nährboden finden, besonders wenn die genannten Lösungen mit stärkeartigen Produkten vermengt werden. Gegen das Wässerigwerden der Appreturmassen ist das beste Mittel äußerste Reinlichkeit im gesamten Appreturbetriebe, was ja auch sonst zu einer unbedingten Notwendigkeit gehört, und ein sorgsames Verschließen aller mit Appreturmasse nur teilweise gefüllten Gefäße.

3. Ungleichartiger Ausfall der Appreturausrüstungen.

Wir können in Fachzeitschriften oft lesen, daß auf eine Anfrage über ein Verfahren für eine ganz bestimmte Appreturausrüstung die verschiedenartigsten Antworten einlaufen. Manche Antworten sind so widersinnig, daß sie den Eindruck erwecken, als ob der Beantworter selbst von einem Appreteur genasführt worden sei. Daß dies vorkommt, habe ich selbst erfahren. Mein Appreteur wurde von einigen Besuchern über ein und das andere Verfahren befragt, worauf er ihnen Zusätze zur Appreturmasse mitteilte. Diese wurden sorgsam notiert und der Appreteur dafür belohnt. Nach etwa $1/4$ Jahr konnten wir dessen Angaben in einer Fachzeitschrift wortgetreu lesen.

Aber selbst Antworten, die von wirklichen Fachleuten herrühren, weisen Unterschiede auf, die in der Ungleichartigkeit der Verhältnisse begründet sind. Wenn auch nur ein Umstand in den Appreturbetrieben verschieden ist, so kann dies genügen, um die Ausrüstung zweier gleichen Gewebe nach dem Appretieren mit der gleichen Appreturmasse verschiedenartig zu gestalten. Bei den folgenden Ausführungen habe ich vorerst das Appretieren mit der gleichen Appreturmasse vor Augen.

An einem ungleichartigen Ausfall der Waren kann der Druck der Quetschwalzen von größter Bedeutung sein. Verschiedene Hebelgewichte, verschieden lange Hebelarme und der Zustand der Bombage, d. h. ob das Walzentuch mehr oder weniger elastisch ist, bewirken, daß weniger oder mehr Appreturmasse aus dem Gewebe herausgepreßt wird, woraus sich selbstverständlich ein ungleichmäßiger Ausfall der Ausrüstung ergibt. Das gleiche tritt ein, wenn man verschieden feuchte Gewebe durch dieselbe Appretiermaschine laufen läßt; die trocknere Ware wird mehr Appreturmasse in sich aufnehmen als die feuchtere.

Ein Appreteur ist gewohnt, die Ware stets durch den, wenn auch kleinen Trog zu nehmen, der andere nimmt die gleiche Ware unmittelbar zwischen das Quetschwalzenpaar. Dies bedingt eine Verschiedenheit in der Aufnahme von Appreturmasse durch die Waren; das gleiche ergibt sich, wenn man mehr oder weniger warm appretiert; denn eine heiße Masse dringt leichter in die Garne ein als eine kalte. Besonders auffallend tritt dies zutage, wenn man es mit dickeren Appreturmassen und dichteren Einstellungen der Gewebe zu tun hat.

Ob man auf einer Spann-, Rahm- und Trockenmaschine, einer Hänge oder einer Trommeltrockenmaschine die gleichartig appretierten Gewebe trocknet, macht den Ausfall der Waren ebenfalls verschieden, wie in dem Abschnitt über den Vergleich dieser Maschinen eingehend dargelegt worden ist[1]. Auch die Ungleichheit der Dampfdrücke in den Trockentrommeln, der Temperaturen in den Lufttrockenmaschinen und Trockenhängen bedingt einen ungleichmäßigen Ausfall der Waren. Ob man eine appretierte Ware in einem ganz trockenen oder etwas feuchteren Raum lagert, kann nach kurzer Lagerung einen wesentlichen Einfluß auf den Griff derselben ausüben, besonders wenn die Appreturmasse ein wasseranziehendes (hygroskopisches) Mittel erhalten hatte.

So erklärt es sich, daß bei gleichen Geweben und Appreturmassen ungleichartige Ausrüstungen in verschiedenen Betrieben, ja sogar im selben Betriebe entstehen. Hier kommt noch die verschiedenartige Zusammensetzung der Appreturmasse hinzu. Denn es kommen Fehler in der Herstellung der Appreturmassen trotz der Beteuerung des Appreteurs vor, daß er sie „immer gleich gemacht" habe. Er kann diese Versicherung mit gutem Glauben gegeben haben, denn er hat keine Kenntnis von dem Einfluß der vielen Kleinigkeiten, die er der Beachtung nicht für würdig hält. Dies ereignet sich häufig in solchen Betrieben, die unter der Leitung von ungeschulten Appreteuren stehen, wie folgender Vorfall zeigt.

Auf eine Anfrage über ein bestimmtes Appreturverfahren gab ich eine briefliche Antwort. Bald darauf kam die Nachricht, daß die Ausrüstung an und für sich ganz gut sei, doch sei trotz aller Vorsicht und trotz der stets gleichen Gewebequalitäten der Griff der Waren ungleichmäßig, einmal kräftiger, ein andermal weniger

---

[1] Siehe den Abschnitt „Das Trocknen der appretierten Gewebe" (S. 183).

kräftig, ein drittes Mal ganz gut. Bei einer persönlichen Erkundigung versicherte der aus dem Arbeiterstande hervorgegangene Meister, daß er, wie gewohnt, immer gleichmäßig koche. Nun nahm ich mit dem im Dampfkessel noch vorhandenen Dampfdrucke eine Kochprobe vor und machte den Appreteur darauf aufmerksam, daß der Dampfdruck sehr niedrig und die Dampfleitung stark abgekühlt, also viel Kondenswasser zu erwarten sei. „Das kommt bei uns öfters vor, aber das schadet nichts", lautete die Antwort. Er füllte den Bottich mit so viel Wasser, wie für normalen Dampfdruck vorgeschrieben war. Kaum hatte das Kochen begonnen, stieg die Appreturmasse bis nahe zum oberen Rande des Bottichs; der Appreteur kochte jedoch unbedenklich weiter und als die Masse überfloß, füllte er zwei Eimer mit Appreturmasse und schüttete sie weg, als ob es das Selbstverständlichste der Welt wäre. Noch einen dritten Eimer mußte er wegschütten, dann erklärte er die Masse für gut.

Der Appreteur hatte kein Verständnis dafür, daß durch die Entnahme der 3 Eimer Appreturmasse etwa 10% der Zusätze für die Appretur verloren gingen, was einen merklichen Einfluß auf den Griff der Ware ausübte. Der Appreteur war darüber erstaunt, daß der ungleichmäßige Griff der Ausrüstungen nur auf die unrichtige Kochung zurückzuführen sei. Nun wurde er belehrt, daß man den Zufluß an Kondenswasser eher zu gering als zu hoch berechnen und kurz vor dem Schluß der Kochung das noch fehlende Wasser zusetzen müsse, um eine gleichmäßige Appreturmasse zu erhalten. An den fertigen Waren, die zum Teil mit der ersten Probekochung, zum Teil mit einer neuen Kochung appretiert worden waren, konnte er sich von der Richtigkeit der Beanstandung überzeugen.

Hierbei sei bemerkt, daß man diese Art der Kochung auch in Schlichtereien und Färbereien wahrgenommen und sich über die Ungleichmäßigkeit in dem Ausfall der Arbeiten gewundert hat.

In einer Appretur befindet sich eine veraltete Trommeltrockenmaschine mit einer großen und zwei kleineren Trockentrommeln. Diese Maschine und ein Kalander waren sehr billig zu kaufen und die Veranlassung zur Errichtung einer eigenen Appretur gewesen, da der Buntweber die angeblich zu hohen Appreturlöhne sparen wollte. Eine lange Dampfzuleitung, deren Durchmesser keineswegs dem Inhalt der Trockentrommeln und deren Wärmewirkung entsprach, da gespart werden sollte, mußte den notwendigen Dampf liefern. Im Winter benötigte zu Beginn der Arbeitszeit die Lokalheizung und die Dampfmaschine die gesamte Dampferzeugung, die Färberei und Appretur mußten warten, bis die Lokalheizung eingeschränkt werden konnte. Fand diese zu früh statt, so klagten die Weber über Kälte, trat sie zu spät ein, so klagten die Färber und Appreturarbeiter.

Zuletzt kam die Trommeltrockenmaschine, die im Winter soviel nassen Dampf erhielt, daß die Schöpfer das Kondenswasser nicht völlig entfernen konnten und die Trocknung der Waren eine sehr mühevolle Arbeit war. Fast stündlich mußte der Gang der Maschine geändert werden, zeitweilig mußte sie stehenbleiben oder mußten die Gewebe zweimal durch die Maschine laufen. Dies rief eine Ungleichmäßigkeit der Ausrüstung hervor, die auch mit dem Kalander nicht mehr ausgeglichen werden konnte.

Die Salzappreturmassen (siehe Kapitel S. 124) werden gewöhnlich mit dem Aräometer gemessen beziehungsweise gewogen, wie es in den Appreturen heißt, und zwar nach Baumégraden. Aber das Ablesen ist oft mit größeren Schwierigkeiten verbunden, denn hinter den dicken Schmutzschichten sind die Zahlen nicht zu erkennen, die nur ein genau Eingeweihter ablesen kann; es bleibt doch stets unsicher, besonders wenn bald dieser, bald jener Arbeiter das Ablesen besorgen soll.

Es ist allgemein bekannt, daß sich alle Körper durch Erwärmung ausdehnen. Beim Abwägen nehmen es viele Appreteure nicht genau, ob eine Appreturmasse noch in heißem Zustande, unmittelbar nach ihrer Herstellung, oder schon erkaltet abgewogen wird. Sie wissen also nicht oder bedenken nicht, daß sich dabei manche Grade Unterschiede ergeben. Es kommt aber auch vor, daß in demselben Betriebe Aräometer von verschiedenartiger Einteilung vorhanden sind, z. B. Baumé und Beck. Dadurch kommt es leicht zu Verwechslungen.

Aber auch beim Abwägen der festen Bestandteile und Abmessen der Flüssigkeiten können Ungleichmäßigkeiten in der Zusammensetzung der Appreturmassen vorbereitet werden. Wenn, wie man es öfters sieht, verstaubte Waagen mit schlecht spielenden Zungen oder Brücken, die mit Überresten aus früheren Abwägungen bedeckt sind, benutzt werden, so ergeben sich geringere Mengen, als gewünscht wurde. Vollkommen richtige Gewichtssätze sind selten anzutreffen; Schraubenschlüssel, Schraubenmuttern, ganze Schrauben und andere Eisen- oder Messingteile, die in geübten Händen ganz gute Dienste leisten, führen leicht zu Verwechslungen. Sehr bedenklich jedoch sind Appreturmittel als Gewichtsersatz, die in feuchten Räumen Wasser anziehen und beim Lagern in trockenen Räumen Feuchtigkeit verlieren, was ganz falsche Wägungen zur Folge hat.

Das Abwägen der Appreturmittel wird manchmal irgendeinem Arbeiter übertragen, der die Gewichte der zum Ersatz verwendeten Hilfsstoffe nur zum Teil kennt. Stärke und andere Appreturmittel werden in geringeren Mengen vielfach nicht mit der Waage gewogen, sondern mit einem Hohlmaß (Scheffel) abgemessen, und zwar auf eine bestimmte Anzahl kg eine bestimmte Anzahl Scheffel. Das ist aber ein ungenaues Maß, denn der Inhalt eines Scheffels ist nicht für alle Körper gleich groß. Dies hängt davon ab, ob das Abmessen im Zustand der Erregung oder in Ruhe geschieht. Ein Scheffel, von ruhiger Hand gemessen, enthält viel mehr Stärkemehl oder Salz als ein solcher von einer erregten Hand.

Für kleine Mengen von Appreturmitteln lautet die Vorschrift oft eine „Handvoll". Wenn man sich die verschieden großen Hände vergegenwärtigt, wird man erkennen, daß dies ein ganz unbestimmtes Maß ist; aber selbst bei demselben Arbeiter bedeutet eine Handvoll nicht immer das gleiche Maß, z. B. im Winter, wenn man in einen erkalteten Sack mit Appreturmittel greift, oder im Sommer, wenn der Inhalt warm ist; an einem Montag morgen soll die Handvoll größer sein als Samstag abends. Nach ausgeführten Versuchen sollen sich bei dem Abmessen mit diesen unzuverlässigen „subjektiven" Maßen (Scheffel und Handvoll) Unterschiede von 20% ergeben.

Ungleiche Drehungen der Garne bedingen auch ungleiches Aufnahmevermögen für die Appreturmasse; das gleiche ist der Fall, wenn die Gewebe mit verschiedenen Farbstoffen gefärbt und bedruckt oder bunt gewebt wurden. Körperfarben — im weiteren Sinne des Wortes genommen, also auch Beizenfarbstoffe — füllen das Innere der Garne fast oder ganz aus; dann können die Garne nicht so viel Appreturflüssigkeit in sich aufnehmen wie bei substantiven Farbstoffen, die das Innere der Garne leer lassen. So erklärt sich der ungleiche Griff der Waren nach dem Appretieren, wogegen selbst der gewissenhafteste Appreteur machtlos ist.

Kleine Ungleichmäßigkeiten kann man beim Kalandern oder Mangeln durch Veränderung des Druckes ausgleichen. Erhalten die appretierten Gewebe jedoch keine solche Ausrüstung, so sortiert man die Gewebe nach ihrem Aufnahmevermögen und läßt sie getrennt durch die Appretiermaschine laufen; und zwar vorerst die am schwersten aufnahmefähigen, für die auch die Appreturmasse stärker gehalten wurde. Inzwischen ist eine sog. Milchflotte aus Wasser und einem Zusatz von Appretur- oder Türkischrotöl vorbereitet worden, die in einem, durch längere Erfahrung gewonnenen Verhältnis der eigentlichen Appreturflotte im Trog zugesetzt wird. Je aufnahmefähiger die durchlaufenden Gewebe für die Appreturflotte sind, desto stärker ist ihr Griff durch die Mehraufnahme, die durch die Milchflotte ausgeglichen wird.

Ich kannte einen Appreteur, der auf diese Weise stets den gleichen Griff erzielte, ohne den Betrieb der Appretiermaschine auch nur zeitweilig unterbrechen zu müssen. Eine solche Arbeitsweise kann man sich aber nur durch langjährige Erfahrung aneignen. Man kann auch umgekehrt zuerst die leichtestaufnahmefähigen Gewebe mit einer schwächeren Appreturflotte behandeln, die man beim Durchlaufen von schweraufnahmefähigen verstärkt; doch bietet der erstgenannte Vorgang größere Sicherheit.

Anders verhält es sich bei der Anwendung von Rezepten, die, wie bereits erwähnt, von Nichtfachkundigen veröffentlicht wurden und auf Irrtümern oder absichtlicher Irreführung beruhen.

Ich hatte einst in einem Artikel über das Appretieren einer bestimmten Gewebegattung genaue Angaben über die Einstellung der Gewebe beigefügt. Nach einigen Monaten fand ich in einer anderen Fachzeitschrift anläßlich einer Fragenbeantwortung das gleiche Rezept für eine Ware, auf welche die Zusammensetzung der Appreturmasse gar nicht paßte. Von hier kam es in eine amerikanische Fachzeitschrift, aus der es eine englische übernahm. Hierbei wurden die kg in lbs umgeändert, ohne aber zugleich die Flottenmenge umzurechnen, so daß die Appreturmasse um etwa das doppelte verwässert wurde.

Ein ähnlicher Fall ereignete sich in einer deutschen Fachzeitschrift, in der ein Rezept aus einer englischen Fachzeitschrift in der Weise umgeändert wurde, daß an Stelle von Gallonen Liter eingesetzt, die anderen Angaben aber in lbs beibehalten wurden. Da eine Gallone 4,54 l sind, hatte der Nachschreiber ungefähr die $4\frac{1}{2}$ fache Menge an Wasser zu wenig in Ansatz gebracht.

In einem anderen englischen Rezept waren die Mengen von Chlormagnesium, schwefelsaurer Zinklösung und Öl in Quarts angegeben, die anderen Zutaten in lbs. Nun setzte der Abschreiber die lbs richtig ein, nahm aber an, daß 1 Quart = $\frac{1}{4}$ lb sei. Er teilte die Anzahl der Quarts durch 4 und setzte die so erhaltene Zahl in lbs ein. Die Zusätze von Öl, Chlormagnesium und schwefelsaurem Zink waren dadurch in einer etwa zehnfach zu geringen Menge angegeben worden, denn es sind z. B. 6 Quarts à 1,13 l = 6,78 l. Nimmt man jedoch ein Quart zu $\frac{1}{4}$ lb an, so ergibt sich bei 6 Quarts $1\frac{1}{2}$ lb à 0,453 kg = 680 g, wobei der Unterschied in den spezifischen Gewichten unberücksichtigt ist. Wir überlassen es dem urteilsfähigen Leser, die Schlußfolgerungen und Nutzanwendung dieser Beispiele selbst zu ziehen.

Der Appreturleiter einer großen Buntweberei stand im Begriffe, seine Stellung zu wechseln, und wurde von zwei kaufmännischen Bürobeamten, die ebenfalls ihre Stellung wechseln wollten, um Mitteilung des Appreturverfahrens für eine bestimmte Gewebegattung gebeten. Der Appreteur wollte dem bis jetzt von ihm geleiteten Betriebe keinen Schaden zufügen und ehrlich abgehen, anderseits aber der anderen Buntweberei, die Bürobeamte auf Grund von unrechtmäßig erhaltenen Vorschriften anstellen, eine Lehre erteilen. Und so gab er den beiden Beamten ganz unsinnige Verfahren bekannt. Auf die Versicherung hin, daß sie ein gutes Verfahren für die Ausrüstung der bestimmten Gewebegattung besitzen, und zwar aus dem Betriebe, den sie zu verlassen gedenken, wurden sie angestellt. Der weitere Verlauf dieser Angelegenheit blieb mir unbekannt.

Aus diesen Beispielen, die ich zu Nutz und Frommen des ehrlich strebenden Nachwuchses ausführlich dargelegt habe, kann man ersehen, auf welche Art und Weise Appreturverfahren in die Öffentlichkeit gelangen können.

4. Das „Schreiben" auf den appretierten Geweben.

Unter der Bezeichnung „Schreiben der Waren" versteht man das Auftreten von hellen Streifen auf dunklem Grunde, wenn man mit dem Fingernagel über ein trockenes, gefärbtes und appretiertes

Gewebe streicht oder das Stück über einen scharfkantigen Gegenstand laufen läßt, z. B. über eine gekerbte Ausbreitwalze. Diese Streifen sind oft nur sehr schwer oder gar nicht zu entfernen und können nur durch nochmaliges Appretieren mit einer stark angefärbten Appreturmasse überdeckt werden.

Die eigentliche Ursache der Entstehung der hellen Streifen beruht meist in einer Bloßlegung der weißen Farbe der Füllkörper, die durch die Appreturmasse zu wenig angefärbt sind; denn es handelt sich bei dem Schreiben immer nur um Appreturmassen aus Stärkekleister, die noch eine beträchtliche Zugabe von China clay, Talkum oder anderen weißen Füllmitteln erhalten haben. Bei Herstellung der Appreturmasse wird vielfach übersehen, daß der Stärkekleister beim Trocknen eine weiße Masse bildet, die einer größeren Menge Farbstoff bedarf, um wirklich gut angefärbt zu werden. Diese Füllkörper nehmen überdies die Farbstoffe nicht so leicht an, wenn die Fettkörper mit den gesamten anderen Zutaten zu gleicher Zeit gekocht werden. Werden diese Fettkörper mit den Füllmitteln und der genügenden Menge Wasser eigens verkocht, so werden sie durch die Poren der Füllmittel vollständig aufgesogen, die dann an ihren Oberflächen die Farbstoffe leichter aufnehmen und fester halten, so daß sie schwerer abgerieben werden können.

Um das Schreiben zu verhüten, ist es unerläßlich, den Kleister und die weißen Füllmittel so stark anzufärben, daß sie nach dem Trocknen der appretierten Ware annähernd den Farbton der Grundfarbe erreichen. Hierzu benötigt man meist mehr Farbstoff, als man anzunehmen pflegt. Man könnte beim Anfärben wohl etwas an Farbstoff sparen, indem man die Stärke mit Aktivin oder den Stokotabletten bis zu löslicher Stärke, die nach dem Trocknen durchsichtig ist, abbaut; es ist dabei jedoch nicht außer acht zu lassen, daß mit diesem Abbau stets ein Verlust an Klebkraft verbunden ist, deren Ersatz eine größere Menge von Stärke erforderte, was die Ersparnis an Farbstoff mehr als aufheben könnte.

Um das Schreiben von schwarzgefärbten Geweben zu verhüten, ist man davon abgegangen, den dazu erforderlichen Appreturmassen überhaupt weiße Füllkörper zuzusetzen und die erforderliche Füllkraft durch Stärke allein zu geben. Denn das Anfärben der weißen Füllkörper bis fast auf Schwarz würde eine so große Menge von Farbstoff bedingen, daß es wirtschaftlicher ist, sie ganz wegzulassen und nur die Stärke anzufärben, die weniger Farbstoff bedarf. Bei derartig appretierten Geweben wird wohl ein Schreiben niemals vorkommen, da sich die durch das Trocknen des Stärkekleisters gebildete Masse gleichmäßig durchgefärbt hat, also kein Abreiben einer Farbe von einem weißen Körper möglich ist.

Wenn man das Schreiben der Waren verhüten will, darf man beim Anfärben der Appreturmasse nicht sparen, auch soll man sie in der Weise verkochen, wie oben angegeben worden ist.

In den Fachzeitschriften war auch schon von einem Schreiben der Waren zu lesen, das mit dem tatsächlichen Schreiben nichts zu tun hat. Es handelt sich vielmehr um die Aufdeckung eines anderen Fehlers, nämlich eines Verschleierns der Farbe des Gewebes. Durch mangelhafte Bombage der Quetschwalzen der Appreturmaschinen, durch Ausscheidungen von Fettstoffen oder unlöslichen Metallseifen aus den Appreturmassen, durch allzustarke Leimlösungen und noch andere Ursachen, die in dem Abschnitt über das „Verschleiern der Farben" (S. 234) angegeben sind, können die Farben der gefärbten Gewebe derart getrübt werden, daß diese wohl gleichmäßig gefärbt erscheinen, aber die Farben unrein sind. Wenn nun solche Gewebe, wie oben erwähnt, mit einem Fingernagel unter starkem Drucke gestrichen oder in straffer Lage über eine scharfkantige Ausbreitwalze geführt werden, so wird an den Angriffstellen die Verschleierung entfernt und die Grundfarbe bloßgelegt, dadurch erscheinen diese Stellen in ihrer natürlichen Farbe und sehen reiner als das übrige Gewebe aus.

5. Das Stauben der appretierten Gewebe.

Eine sehr unliebsame Erscheinung auf dem Gebiete der Appretur, die die appretierten Gewebe derart ungünstig beeinflussen kann, daß diese fast unverkäuflich bleiben, ist das Stauben der Waren. Dieser Fehler ist auf gar mannigfaltige Ursachen zurückzuführen, die aber nicht nur in der Appretur, sondern auch in der Färberei zu suchen sind. Es liegt deshalb im eigensten Interesse des Appreteurs, die in der Färberei begründeten Fehlerquellen des Staubens kennen zu lernen, um sich vor ungerechtfertigten Anschuldigungen zu schützen. Meist ist jedoch der Fehler in einer unsachgemäßen Auswahl der Appreturhilfsstoffe und in dem unrichtigen Mengenverhältnis derselben zu suchen. In gut geleiteten Appreturanstalten ist das Stauben der Ware kaum zu befürchten, wenn man auch unverhofften Störungen machtlos gegenübersteht.

Das Stauben der Ware ist meist ein Zeichen, daß Körper in die Appreturmasse gekommen sind, die an den Garnen nicht genug haften. Oder es sind Körper in den Garnen enthalten, wie z. B. auskristallisierte Salze, die bei den dem eigentlichen Appretieren folgenden maschinellen Behandlungen zermahlen werden. Das entstandene mehlartige Produkt besitzt keine Bindekraft, weder in sich selbst, noch zu den Garnen, sondern bloß die natürliche Anhangskraft (Adhäsion), die jedoch sehr geringfügig ist. Der Appret ist dann nur lose an die Garne angelagert und fällt bei der geringsten Erschütterung ab, staubt also.

Diese Art des Staubens bemerkt man am leichtesten und auffallendsten bei gerauhten Waren, die mit einer stark salzhaltigen Appreturmasse behandelt worden sind. Die Rauhgarnituren zerreiben die in den Geweben in größerer Menge in auskristallisierter Form enthaltenen Salze, wie Bittersalz, Glaubersalz oder Chlormagnesium, vermittelst der scharfen Zähne und reißen das entstandene Mehl, unterstützt von der Schwungkraft der Walzen, aus den Geweben heraus, die alsdann stauben. Dies kann bei unsachgemäß appretiertem Gewebe einen solchen Umfang annehmen, daß die Rauhsäle, wie von einem dichten Schleier erfüllt erscheinen.

In solchen Fällen ist das Stauben vielfach einer unangebrachten Sparsamkeit zuzuschreiben; die staubenden Körper sind billiger als die besser bindenden Appreturmittel und werden daher ganz oder teilweise als Ersatz mit Vorliebe in allzureichlichen Mengen verwendet. Will man zu einer Appreturmasse für ein bestimmtes Gewebe Füllmittel, wie China clay, Talkum, Salze usw., benützen, so muß man in erster Linie berücksichtigen, was mit dem Gewebe nach dem eigentlichen Appretieren geschehen soll, welchen maschinellen Behandlungen sie ausgesetzt werden sollen, ob sie scharf kalandert, friktioniert oder gemangelt, gerauht werden müssen usw. Diese Füllmittel müssen dann so viel Klebstoffe erhalten, daß sie sich bei den, durch diese Behandlungen entstehenden Angriffen oder Reibungen von den Garnen nicht loslösen und abfallen.

Jedes Klebmittel hat die Eigenschaft, eine gewisse Menge der durch sie gebundenen Körper festzuhalten. Diese Menge richtet sich einesteils nach der Klebkraft und der natürlichen, dem Klebmittel und den festgehaltenen Körpern eigentümlichen Anhangskraft, anderseits nach der dem eigentlichen Appretieren folgenden Behandlung. Je schärfer diese auf die Gewebe einwirkt, namentlich wenn sie in eine Reibung übergeht, desto mehr wird die Klebkraft in Anspruch genommen und desto größer ist die Gefahr des Abstaubens. Daher muß sich der Appreteur stets vor Augen halten, daß Glaubersalz und Bittersalz, die wegen ihrer Billigkeit und wasserklaren Löslichkeit zum Appretieren farbiger Gewebe bevorzugt werden, beim Trocknen in größeren oder kleineren Kristallformen aus den Lösungen ausscheiden. Diese Kristalle sind leicht zerreiblich und können schon bei der ersten schärferen Behandlung, z. B. Kalandern, zu Staub zerfallen. Je größer die Kristalle sind, desto größer ist die Gefahr des Staubens.

Zum Ausrüsten von Geweben, die eine schärfere maschinelle Nachbehandlung erfordern, dürfen die genannten Salze nicht oder nur in ganz bescheidenen Mengen zur Verwendung gelangen. Dagegen eignen sich zu Füllmitteln für derartige Gewebe, mit Ausnahme der Rauhartikel, am besten China clay und Talkum unter der Voraussetzung, daß sie durch genügende Bindekraft festgehalten werden. Bei diesen Körpern darf es dann kein Stauben geben, da sie in den Geweben in feinster Pulverform nach allen Seiten gebunden sind.

Zufolge ihrer weißen Farbe sind China clay und Talkum zum Appretieren mehrfarbiger Gewebe, besonders solcher von dunklerer Ausmusterung, nicht zu verwenden. Dagegen eignen sie sich sehr gut als Füllmittel für rohe, gebleichte und gefärbte Waren. Bei ihrer Verwendung für gefärbte Waren müssen aber die Appreturmassen entsprechend angefärbt werden, um einer Verschleierung der Farben vorzubeugen [1]. Als warnendes Beispiel für eine Appreturmasse für Flanelle, wie sie nicht sein sollte, aber in einer großen Buntweberei ausgeführt wurde, wo sie ein übermäßiges Stauben der Waren verursachte, gebe ich hier folgende Zusammensetzung an. In 290 Liter fertiger Appreturmasse waren enthalten:

---

[1] Siehe den Abschnitt über „Das Verschleiern der Farben" (S. 234).

Das Stauben der appretierten Gewebe. 231

50 kg Glaubersalz, 32 kg Idealin,
50 ,, Bittersalz, 4 ,, Glyzerin,
15 ,, Kartoffelsirup, 2 ,, Appretine Universelle.
25 ,, Dextrin,

In 290 Liter Appreturmasse waren demnach schon allein 100 kg Salze vorhanden. Beim Rauhen mit 13 Rauhmaschinen war der Saal derart mit Staub erfüllt, daß man oft nicht 10 m weit sehen konnte. Infolge der großen Mengen der wasseranziehenden Körper: Glaubersalz, das man in nicht ganz reinem Zustande wegen seines Gehaltes an Chlormagnesium und Chlorkalzium zu den wasseranziehenden Mitteln rechnen kann, Kartoffelsirup und Glyzerin wurden die fertigen Gewebe bei einer längeren Lagerung in feuchter Witterung so feucht, daß sie fast Bleischwere erhielten und umappretiert werden mußten. Der Staub in den Geweben vermischte sich mit der Feuchtigkeit und trübte die Farben so stark, daß die ganze Ware in die Ramschkammer wanderte, sofern die Farben kein Auswaschen zuließen. Und diese Appreturmasse war monatelang für ganz leichte Flanelle in Verwendung, ohne ein einziges tadelloses Stück Ware zu liefern.

Nun kommen wir zu den Fehlerquellen des Staubens, die in der Färberei zu suchen sind. Unter einer Körperfarbe im weiteren Sinne des Wortes verstehen wir solche Farben, die in fester Form in den Garnen der Gewebe enthalten sind, in denen sie alle leeren Räume der Einzelfasern, teilweise auch des Gefüges der Drehung mehr oder weniger ausfüllen. Indigoblau ist z. B. auch eine Körperfarbe, die als solche nicht gefärbt werden kann. Das vorerst unlösliche Indigoblau wird in der Küpe auf chemischem Wege in das lösliche Indigoweiß übergeführt, das beim Färben in alle Poren der Garne eindringt und bei der darauffolgenden Führung der Garne oder Gewebe in der Luft durch den Sauerstoff derselben wieder in das unlösliche Indigoblau verwandelt wird. Dieses Indigoblau lagert sich dann in Form von mikroskopisch feinen Kügelchen in den Zwischenräumen ab.

Je tiefer ein Farbton dieser blauen Farbe ist, desto mehr wird das Garn von diesen Farbkügelchen angefüllt sein. Färbt man nun solche Garne mit einer anderen Körperfarbe, so werden sich diese Farbkörper in einer Menge ablagern können, die dem beim Färben mit Indigoblau noch leer gebliebenen Raum entspricht. Doch alle diejenigen, die keinen Platz für ihre Ablagerung mehr gefunden haben, haften an den Außenflächen der Garne nur durch ihre natürliche Anhangskraft. Bei jeder folgenden Reibung, die größer ist als diese natürliche Anhangskraft, fallen die an den Außenflächen der Garne festsitzenden Farbstoffkörper ab und verursachen das Stauben. Wir müssen nämlich bedenken, daß die Baumwolle für Indigoblau ebenso wie für noch weitere Körperfarben fast gar keine chemische Anziehungskraft (Affinität) besitzt, sondern nur die natürliche Anhangskraft (Adhäsion). Je geringer diese Kraft im Vergleich zur Reibung ist, desto mehr stauben die Garne oder Gewebe.

Färbt man jedoch auf eine Körperfarbe eine solche mit einem direkt ziehenden Farbstoff, so wird dieser, weil er in gelöster Form enthalten ist, die Garne und die in ihnen enthaltenen Körperfarbstoffteile leicht durchdringen und anfärben, aber keine Körper absetzen. Auf eine Körperfarbe, die zufolge ihres Farbtons alle Zwischenräume nahezu oder ganz erfüllt, sollte der Färber daher nicht wieder mit einer Körperfarbe, sondern mit löslichen Farbstoffen färben, die keinen Körper hinterlassen. Selbstredend gilt auch der umgekehrte Fall, indem man, ohne ein Stauben befürchten zu müssen, auf eine lösliche Farbe eine Körperfarbe färben darf, da jene die Zwischenräume der Garne nicht ausfüllt und der Körperfarbe ungehinderten Zutritt und Gelegenheit zur Ablagerung gibt.

Färbt man eine Körperfarbe in lichtem Farbton, so kann man unter Umständen wohl auch eine andere Körperfarbe in ebenfalls hellem Farbton auffärben, wenn es die vorhergehende Anfüllung der Zwischenräume gestattet, doch niemals eine Körperfarbe mit dunklem Farbton, also schon starker Anfüllung, mit einer dunklen Körperfarbe, die ebenfalls eine starke Anfüllung erforderlich machen würde.

Man wird daher auf ein Anilinoxydationsschwarz kein Blauholzschwarz setzen dürfen, wenn das Anilinschwarz schlecht geraten sein sollte, sondern eines, das mit direkten Farbstoffen gefärbt wurde. Wenn das Anilinoxydationsschwarz nach seinem Bekanntwerden nicht nach Wunsch ausfiel, so suchte man es durch ein Blauholzschwarz zu verbessern; doch immer mit dem Erfolge, daß gemangelte, friktionierte oder Rauhwaren mehr oder weniger staubten, wenn das Blauholzschwarz in dunklerem Farbtone zur Überfärbung gelangte.

Bei dem bis jetzt über das Färben Erwähnte hatte ich die Strähnfärberei und das Färben der Gewebe vor Augen. Es gilt jedoch ebenso für das Färben in Apparaten, da dieses zum Stauben der Garne und damit auch der Gewebe infolge ihrer Eigenart viel mehr beiträgt. Hier ist nämlich ein gründliches Waschen der Gespinste nicht leicht möglich, wie wir noch erfahren werden. Bei der Apparatfärberei für Gespinste, sei es im Pack-, sei es im Aufstecksystem, kann der Fehler des Staubens nicht nur beim Überfärben einer Farbe mit einer anderen auftreten, sondern sogar schon beim erstmaligen Färben, wenn keine sehr sorgfältige Auswahl der Farbstoffe getroffen wird oder der Färber mit der Apparatfärberei nicht vertraut ist.

Es darf nicht mit Farbstoffen gefärbt werden, die solchen chemischen Veränderungen unterworfen werden, daß sie feste Körper in den Farbflotten hinterlassen, die nicht herausgewaschen werden können, demnach als Verunreinigungen in den Gespinsten verbleiben.

Besonders tritt der Fehler des Staubens auch beim Färben mit nicht ganz klaren Farbstoffen und bei Verwendung von sehr hartem Wasser für verschiedene Farben auf, wobei sich unlösliche Kalk- und Magnesiaverbindungen bilden. Die Gespinste wirken bei den Durchgängen der Farbflotten und des Waschwassers wie Filter, die alle schon von vornherein ungelösten oder infolge des Färbeverfahrens ausgeschiedenen festen Körper zurückhalten.

Je dichter ein Gespinst ist, desto eher werden die ungelösten Körper von dem der Flottenzuströmung zunächst liegenden Teile des Gespinstes zurückgehalten. Eine Beseitigung dieser Ansammlung von festen Körpern beim Waschen ist nur zum Teil möglich, der andere Teil bleibt lose an den Gespinsten haften und fällt zum Teil bei den Vorarbeiten zur Weberei und in der Weberei sowie in der Ausrüstung ab, verursacht also das Stauben.

Färbt man z. B. bei jeder Art der Färberei mit einem Schwefelfarbstoff, indem man aus Sparsamkeit ein minderwertiges Schwefelnatrium verwendet, so bilden sich in der anfänglich klaren Flotte schnell Ausscheidungen, die sich selbst beim folgenden Waschen nicht zur Gänze entfernen lassen. Das Stauben kann einen solchen Umfang annehmen, daß licht gefärbte oder gebleichte Garne schon bei den Vorarbeiten zur Weberei, in der Weberei und in der Ausrüstung eine Trübung erfahren, derzufolge die Gewebe in die

Ramschkammer wandern, wenn auch das Waschen keine Besserung bringt.

Solche Schwefelfarben lassen sich in der Strähnfärberei wohl noch unter Beobachtung der größten Vorsichtsmaßregeln färben, aber niemals in der Apparatfärberei. Gerade der Umstand, daß man in der Strähnfärberei die Garne eher vor dem Stauben, das in mancher Beziehung auch gleichbedeutend mit Abfärben, Abrußen ist, schützen kann, ist ein Grund dafür, daß die Apparatfärberei bis heute noch in manchen Färbereien keinen Eingang finden konnte.

6. Das Verschleiern der Farben.

Das Verschleiern der Farben, das die Klarheit und Tiefe der Farbtöne beeinträchtigt, darf in einem gut geleiteten Appreturbetrieb nicht vorkommen, denn man kann immer leicht Vorsorge treffen, daß die Entstehung dieses Fehlers verhindert wird.

Die Ursache der Verschleierung ist nicht immer in der Appretur zu suchen; sie kann in der Färberei, Schlichterei und auch in der Weberei liegen, tritt aber erst nach dem Appretieren hervor, wenn die Garne der Gewebe geglättet sind. Sie beruht auf einem Stauben der Garne [1] wenn der Staub vor dem Appretieren durch Abklopfen der Gewebe nicht entfernt wurde. Sind aber die gefärbten Kettengarne schon in der Schlichterei durch die gleichen Ursachen, wie sie weiter unten angegeben werden, verschleiert, so kann der Fehler nur durch ein gründliches Entschlichten vor dem Appretieren behoben werden.

Nach meinen Erfahrungen ist die Ursache der Verschleierung der Farben am häufigsten in der mangelhaften Beschaffenheit des Walzentuches der Druckwalze in der Schlicht- oder Appretiermaschine zu finden. Wenn ein solches Tuch längere Zeit hindurch, ohne gut ausgewaschen zu werden, in Verwendung bleibt, so wird es hart und glatt. Es genügt nicht, wenn ein Walzentuch nach jedem Appretieren oder Schlichten während des Laufens mit warmem Wasser übergossen wird, sondern es muß nach einer gewissen Zeit, die sich schon beim bloßen Betrachten des Tuches von selbst ergibt, von der Walze abgezogen, entschlichtet und gründlich gewaschen werden.

---

[1] Siehe das Kapitel „Das Stauben der appretierten Gewebe" (S. 228).

Die nach jedem Gebrauch des Tuches trotz des Abwaschens zurückgebliebene Appreturmasse muß vollständig entfernt werden. Geschieht dies nicht, so läuft die Walze nicht mehr ruhig und gleichmäßig, sie gleitet auf dem Gewebe, anstatt sich mit ihr zu bewegen; dies hat zur Folge, daß die Schlichte oder Appreturmasse nur oberflächlich von den Geweben oder Garnen abgedrückt wird, anstatt daß sie in diese hinein und der Überschuß abgequetscht wird. Ein solches Appretieren oder Schlichten gleicht mehr einem Abpinseln und ist die eigentliche Ursache des Verschleierns der Farben. Die Quetschwalze muß stets ruhig laufen und einen elastischen Druck ausüben, damit sie die Schlichte oder Appreturmasse in die Ware hinein- und den Überschuß wieder herausquetschen kann.

Wenn man ein in gutem Zustande erhaltenes Walzentuch während seines Gebrauches anfühlt, so muß es stets feuchtwarm sein. Anders verhält es sich bei einer gleitenden Walze, sie fühlt sich naß und heiß an, wenn mit heißer Flotte gearbeitet wird. Diese Beschaffenheit einer Druckwalze ist ohne weiteres ein Kennzeichen für die Entstehung des Schleiers auf den Farben, hauptsächlich bei dunkleren Farbtönen.

Werden gefärbte Gewebe mit einer Stärkeappreturmasse behandelt, die nicht sachgemäß aufgeschlossen worden ist und noch unveränderte Stärke enthält, so wird die Masse nach dem Trocknen eine weiße Farbe aufweisen, die die Farben trübt, d. h. verschleiert. Das gleiche tritt ein, wenn zu dem Zwecke der Füllung dieser Waren weiße Füllmittel, wie China clay oder Talkum verwendet und die Appreturmasse zu wenig angefärbt wurde, wodurch auch die Füllkörper ungenügend angefärbt erscheinen. Sie liegen alsdann als hellgefärbte Schichte auf den dunkleren Grundfarben auf, die sie durch Trübung verschleiern.

Wenn bunte Gewebe mit Salzappreturmassen appretiert werden, die Fette enthalten, welche sich mit den Salzen nicht vertragen und in der Appreturmasse ungelöst bleiben, so bilden sich unlösliche Metallseifen, die Ausscheidungen hervorrufen. Appretiert man trotz dieser Ausscheidungen weiter, da man ihre feine Verteilung für unschädlich hält, so legen sie sich auf die Farben und verursachen die Verschleierung.

Auch stärkere Leimlösungen können den gleichen Fehler hervorrufen. Leim in Wasser gelöst ist keine eigentliche Lösung, sondern eine sog. kolloidale, das heißt, leimartige, in der der Körper nur in feinster Verteilung enthalten, also nicht wirklich gelöst ist. Nur durch die äußerst feine Verteilung und in geringen Mengen erscheint der Leim als wirklich gelöst und trübt die Farbe nicht. Ist der Leim jedoch in ziemlich erheblicher Menge im Wasser enthalten, so legen sich die, wenn auch mikroskopisch feinen Leimteilchen auf die Farben und verschleiern sie.

7. Schimmelflecke.

Eine sehr unangenehme Erscheinung auf und in den Geweben ist das Auftreten von Schimmelflecken, seien es rohe, gebleichte, gefärbte, bedruckte oder bunt gewebte appretierte oder unappretierte Gewebe. Diese Flecke können sich in allen möglichen Farben zeigen; meistens sind sie gelb-weiß bis grau-weiß gefärbt, doch können sie auch in dunkleren Farben, wie grau, braun, selbst bis schwarz auftreten. Die Farbe scheint von der Art der Schimmelpilze, der Beschaffenheit des Nährbodens und der Geschwindigkeit des Wachstums der Pilze abzuhängen. Die Schimmelflecke können sich unter Umständen so stark entwickeln, daß arge Beschädigungen, ja sogar Löcher entstehen können, so daß die Ware fast oder ganz unverkäuflich wird, im besten Fall aber als Ramschware zu billigen Preisen abgestoßen werden muß.

In gebleichten, unappretierten Geweben ist die Entstehung der Schimmelflecke nicht leicht zu befürchten, da das Bleichen den Schimmelpilzen den Nährboden entzieht. Rohe, unappretierte Gewebe sind ebenfalls weniger der Gefahr der Schimmelflecke ausgesetzt als farbige, aber noch weniger als appretierte.

Werden die gebleichten Gewebe mit einer stärkehaltigen Appreturmasse, die überdies noch stark stickstoffhaltige Hilfsstoffe erhielt, appretiert, so sind Schimmelflecke ebenso zu gewärtigen wie bei den vorhin erwähnten Geweben.

Überall in der Luft, in Berg und Tal, im feinsten Salon wie in der armseligsten Hütte der Großstadtvororte befinden sich Pilze der verschiedensten Gattungen, auch solche, die zu den Schimmelflecken führen. Finden nun diese Pilze einen für sie günstigen Nährboden, genügende Feuchtigkeit und Wärme, so beginnen sie zu keimen und wachsen sich zu Schimmelkörpern aus, die dann die Flecke verursachen.

Schimmelflecke.

Günstigen Nährboden geben besonders zuckerhaltige Fruchtsäfte ab, aber auch die verschiedenen Sorten von Stärken in Form von reinen Stärken und Mehlen, besonders letztere infolge ihres Klebergehaltes, da dieser stark stickstoffhaltig ist. Gerade die stark stickstoffhaltigen Körper, wie Kleber, Eiweißstoffe, Leime, Pflanzenschleime aus den Moosen, Algen und Flechten, begünstigen das Wachstum dieser Pilze.

Das Keimen und Wachsen der Pilze vollzieht sich jedoch nicht einfach und gleichmäßig, sondern hängt von so vielen Umständen ab, daß ihre Erforschung ungemein schwierig ist. In erster Linie ist die Gattung der Pilze, die Temperatur und der Feuchtigkeitsgehalt der Luft sowie die Beschaffenheit des Nährbodens maßgebend. Befinden sich appretierte Gewebe in einem Raume, in dem diese Bedingungen zusammentreffen, so beginnen die Pilze zu keimen, was um so rascher vor sich geht, je günstiger diese Verhältnisse sind.

Anfangs treten ganz helle Flecke auf, die sich durch Abbürsten entfernen lassen. Ist die Entwicklung der Pilze so weit fortgeschritten, daß sie sich mit bewaffnetem Auge erkennen lassen, so können sie noch durch eine Halbbleiche oder tüchtiges Seifen beseitigt werden, wenn der Grundstock der Gewebe, die Zellulose, noch nicht angegriffen ist. Sobald diese jedoch von den Pilzen schon in Mitleidenschaft gezogen, also geschwächt worden ist, helfen alle Gegenmittel nichts mehr; durchgreifende Maßnahmen, besonders maschinelle Behandlungen, schwächen das Gewebe noch mehr, bis es zu Löcherbildungen kommt.

Es ist vielfach aufgefallen, daß sich in demselben Raume befindliche, mit derselben Appreturmasse behandelte, aber anders gefärbte Gewebe sich ganz verschieden verhalten. Die einen zeigen starke Schimmelflecke, anders gefärbte dagegen keine Spur davon. Die Ursache dieser Erscheinung dürfte in der chemischen Zusammensetzung der Farben liegen und auf deren Stickstoffgehalt zurückzuführen sein. Farben, die stickstoffrei sind, bieten den Pilzen einen schlechten Nährboden; ist auch die Appreturmasse stickstoffrei, so können sich die Keime nicht entwickeln, also auch keine Flecke bilden.

Wenn man ein appretiertes und ein unappretiertes Gewebe in Räume bringt, in denen für die Entstehung von Schimmelflecken günstige Verhältnisse herrschen, so kann es vorkommen, daß beide

Gewebe mit Schimmelflecken befallen erscheinen. Läßt man diese Flecke sich stark ausdehnen, so wird man beobachten können, daß das unappretierte Gewebe derart geschwächt worden ist, daß sich Löcher bilden, wenn man die Flecke durch Waschen und Seifen entfernen will, während das appretierte Gewebe sich fleckenlos reinigen läßt, ohne eine Schwächung aufzuweisen. Die Ursache dieser Erscheinung liegt darin, daß bei dem unappretierten Gewebe durch das Wachstum der Pilze die wenigen Nährsubstanzen mit Ausnahme der Zellulose bald aufgezehrt waren. So mußte schließlich diese angegriffen werden, was die Schwächung der Garne verursachte. Bei dem appretierten Gewebe jedoch fanden die Pilze in der Appreturmasse einen so großen Vorrat an Nährstoffen, daß in der gleichen Zeit die Zellulose nicht angegriffen wurde, also unversehrt blieb. Die Keime greifen nämlich zunächst jene Substanzen an, die für sie die geeignetsten sind, d. s. die stickstoffhaltigen, dann die stärkehaltigen; erst wenn diese aufgebraucht sind, kommt die Zellulose an die Reihe.

Luftige, stets in reinem Zustande befindliche, trockene Räume sind dem Keimen und Wachsen der Pilze wenig zuträglich; dagegen sind Schimmelflecke in muffigen, dumpfen, feuchten Räumen, die nur sehr selten gelüftet werden, keine Seltenheit. Daraus geht die altbekannte, aber immer noch nicht gewürdigte Regel hervor, daß die fertiggestellten Gewebe nur in trockenen, reinen und gut gelüfteten Räumen gelagert werden sollen. Ist dies aus irgendeinem Grunde nicht möglich, so ist den Appreturmassen ein fäulniswidriges Mittel, ein sogenanntes Antiseptikum, zuzusetzen, das die Entwicklung der Keime verhütet [1]..

In Büchern und Fachzeitschriften findet man über die Mengenverhältnisse dieser Zusätze zur Appreturmasse stark voneinander abweichende Angaben, wohl aus dem Grunde, weil man die Zusammensetzung der Appreturmasse außer acht gelassen hatte. Eine Appreturmasse, die fast keine Substanzen enthält, die gärungsfähig sind, benötigt doch weniger Antiseptika als eine stark keimhaltige, also stickstoffreiche.

Erfahrungsgemäß hat sich keines dieser Mittel selbst in stärkerer Lösung für alle Appreturmassen als schimmelflecken-

---

[1] Siehe den Abschnitt: „Die Appreturmittel", Kapitel „Antiseptische (fäulnisverhindernde) Mittel" (S. 60).

verhindernd erwiesen. Es gibt daher für diese Mittel keine allgemein zutreffenden Angaben von wirklichem Werte.

Je stickstoffreicher ein Appreturmittel und je größer der Gehalt an keimungsfähigen Körpern ist, desto größer muß der Zusatz an fäulnis- oder gärungsverhindernden Hilfsstoffen sein.

Nun wechseln aber auch die Gattungen und die Zahl der Pilze in der Luft je nach der Gegend und deren Höhenlage, der Feuchtigkeit und der Temperatur der Luft sowie der Beschaffenheit derselben in einem bestimmten Raume. Die keimtötende Wirkung der fäulnisverhindernden Mittel ist selbst sehr verschiedenartig. Darum ist es ratsam, durch Versuche die Mengenverhältnisse einer bestimmten Appreturmasse und ihrer fäulniswidrigen Zusätze zu ermitteln.

Zu diesen Versuchen wählt man am besten einen dumpfigen, feuchtwarmen Raum ohne Lüftung, der wohl in jedem Betriebe vorhanden oder einzurichten ist. Tritt nach dem Betupfen einer Gewebeprobe mit einer der stickstoff- und stärkereichsten Appreturmassen, der eine bestimmte Menge eines Antiseptikums zugesetzt worden war, nach 14—21 Tagen keine Schimmelbildung ein, so war eine hinreichende Menge des Antiseptikums in der Appreturmasse enthalten. Dieser Versuch kann auch mit der Appreturmasse allein ohne Betupfen einer Gewebeprobe vorgenommen werden, doch entspricht letzteres besser den tatsächlichen Bedingungen. Wo aber keine Schimmelbildung eintritt, kann es auch keine Schimmelflecke geben.

Man kann oft hören, daß eine Appreturmasse sauer geworden und eine wässerige Beschaffenheit angenommen hat, ohne daß sie außergewöhnlich lange gestanden hätte. Ebenso hört man viel klagen, daß nach längerem Lagern von fertig appretierten Geweben auf diesen sich Schimmelflecke gezeigt haben und bei der geringsten Zugbeanspruchung Löcher entstehen, obwohl man der Appreturmasse fäulniswidrige Hilfsstoffe zugesetzt hatte. Dann waren die Zusätze eben nicht hinreichend oder sind durch Verdampfung oder Zersetzung in der Hitze beim Kochen oder durch chemische Umsetzung mit anderen Appreturmitteln unwirksam geworden.

Diese Klagen würden verstummen, wenn man die erwähnten Versuche vornehmen und nicht aufs Geratewohl oder nach Rezepten appretieren würde.

8. Vermeintliches und wirkliches Morschwerden der Gewebe durch stark bittersalzhaltige Appreturmassen.

Es wurde schon öfters die Ansicht ausgesprochen, daß Gewebe durch Appreturmassen, welche einen reichlichen Zusatz von Bittersalz enthalten, eine beträchtliche Einbuße an Festigkeit erleiden und sogar morsch werden können. Über die eigentlichen Ursachen wurden verschiedene Erklärungen abgegeben, so z. B. daß das gewöhnliche Bittersalz des Handels Spuren von freien Säuren enthalte; ferner daß dieses Salz unter der Einwirkung der heißen Trockentrommeln sich teilweise zersetzt und freie Säuren entwickelt, die ein Morschwerden der Gewebe herbeiführen. Die Bildung von freier Salzsäure hatte man noch vor einiger Zeit dem Zusatz von Chlormagnesium zugeschrieben.

Durch neuere Versuche wurde festgestellt, daß dies bei den in den Trockentrommeln herrschenden Temperaturen unmöglich sei und die erwähnte Erklärung ebenso auf einem Irrtum beruhe wie die Annahme, daß das durch Chlormagnesium verunreinigte Bittersalz freie Salzsäure bildet. Meine diesbezüglichen Versuche haben zu keiner Schwächung geführt; freie Säure konnte in keinem Falle nachgewiesen werden, doch ist mir in meiner Praxis einmal ein scheinbares Morschwerden vorgekommen. Die Gewebe waren jedoch nicht wirklich morsch.

Unter Morschwerden verstehen wir eine bleibende Zerstörung der Fäden durch chemische, physikalische oder mechanische Einwirkung. In dem erwähnten Fall des scheinbaren Morschwerdens konnte die Schwächung der Garne wieder behoben werden, so daß sie die alte Festigkeit wieder erlangten und die Gewebe von tadelloser Beschaffenheit blieben.

Wenn man ein Gewebe mit einer größere Mengen von Bittersalz enthaltenden Appreturmasse appretiert, so kristallisiert das Bittersalz beim Trocknen in Form von feinen, spitzen Nadeln aus, die nach allen Seiten die Garne durchdringen. Je mehr Bittersalz eine Appreturmasse enthält, desto größer ist die Anzahl der nach dem Trocknen in den Garnen ausgeschiedenen Kristalle. Diese lockern das Gefüge der Drehung der Baumwollfasern und verursachen eine Schwächung der Garne. Löst man diese Kristallnadeln in warmem Wasser auf, indem man das geschwächte Gewebe durch Wasser zieht und trocknet, so wird die Ursache der Schwächung der Garne behoben, das Gewebe ist wieder fest geworden. Durch die

Entfernung der Kristalle hat sich das Gefüge der Drehung wieder befestigt, wie es vor dem Appretieren war.

Diese Erfahrung lehrt, daß manches als morsch bezeichnete Stück Gewebe, das in Unkenntnis der wirklichen Ursache des Festigkeitsverlustes zum billigsten Preise verkauft werden mußte, gar nicht morsch war, sondern durch richtige Nachbehandlung als tadellose Ware hätte verkauft werden können, wie sich aus folgendem Tatbestand ergibt.

Einer Färberei wurden indigoblau gefärbte Stücke, die zu Konfektionsartikeln, Arbeiterblusen, -hosen und -schürzen Verwendung finden sollten, zurückgesandt, aber nicht nur ganze Stücke, sondern auch fertig und halbfertig konfektionierte Waren. Der Sendung folgte die Begründung, daß die Waren morsch seien. Einige Reißproben ergaben die Bestätigung einer stark verminderten Festigkeit. Der Fehler wurde vergebens in allen Fabrikabteilungen gesucht, bis schließlich eine mikroskopische Untersuchung Klarheit verschaffte. Aus den Garnfäden glitzerte es von allen Seiten heraus. Die Salzkristalle waren nämlich nicht zerrieben worden, da die Stücke nach dem Appretieren anstatt durch den Kalander nur durch eine leichte Stärkmaschine genommen worden waren, um jeden Glanz zu vermeiden. Ein Durchziehen eines Stückes auf dem Jigger durch warmes Wasser, Trocknen und nochmaliges Appretieren mit einer anderen Appreturmasse stellte die ursprüngliche Festigkeit wieder her. Die ganze Sendung wurde in dieser Weise behandelt und fand zu den vorigen Preisen willige Annahme. Die Schuld an dem Fehler lag nur an dem übermäßigem Gehalt der Appreturmasse an Bittersalz.

Ein ähnlicher Fall ereignete sich ebenfalls in einer Appretur für indigoblaue Stückwaren von dichter Einstellung, doch war hier die Schwächung der Garne eine bleibende. Auch in diesem Falle wurde die Entstehung des Fehlers zuerst überall vergebens gesucht, obwohl die Art des Auftretens des Fehlers auf die Dubliermaschine hinwies, da die Falten in den Stücken nur auf dieser Maschine entstanden sein konnten, ebenso auch die starke Pressung. Die Ware muß feucht in die Maschine gekommen sein, was zu Faltenbildungen Veranlassung gab. Die Stücke waren dicht eingestellt und mit stark bittersalzhaltiger Appreturmasse beschwert, wodurch die Waren eine größere Härte und Sprödigkeit erhielten. Die Bombage, die Tücher der Zugwalzen waren äußerst mangelhaft, im

Verhältnis zu ihrer Dicke war die Anzahl der Umwicklungen um die Walzen zu gering, so daß deren Elastizität unzulänglich war. Auch war die Bombage in einem schlechten Zustande und stellenweise abgerissen, so daß die Walzen ungleiche Durchmesser aufwiesen.

Kam nun eine Falte der dublierten Ware zwischen den beiden Zugwalzen an eine Stelle von geringerem Durchmesser, so wurde sie weniger gequetscht als eine andere Falte, die bei größerem Durchmesser durchging. Dieser größere Quetschdruck, die geringere Elastizität der Quetschwalzen und die Sprödigkeit der Stücke zeitigten eine Schwächung der Garne; es kam nicht gerade zum Brechen desselben, denn sonst hätten sich Löcher bilden müssen. Diejenigen Falten, die eine geringere Quetschung erlitten, gingen ungeschwächt durch.

Daß die dublierte Seite der Stücke nur teilweise geschwächt war, ist jedenfalls dadurch zu erklären, daß die Stücke zwischen den Zugwalzen sich hin- und herschoben und durch Stellen mit größerem und geringerem Durchmesser gingen. Manche Stellen auf der dublierten Seite der Stücke wiesen so starke Schwächungen auf, daß sie schon beim geringsten Zug Löcher bekamen.

Dies sollten sich alle jene vor Augen halten, die aus vermeintlicher Sparsamkeit reichliche Mengen von Bittersalz verwenden, weil sie dieses billige Salz als einen Ersatz für teure Füllkörper erachten.

Ähnlich liegen die Verhältnisse beim Glaubersalz und Chlormagnesium; doch verbietet glücklicherweise ihre wasseranziehende Eigenschaft von selbst einen größeren Zusatz zu den Appreturmassen.

Die erwähnten beiden Fälle veranlaßten mich nachzuforschen, ob die Schädlichkeit des Chlormagnesiums nicht doch die Folge der Zersetzung bei größerer Wärme ist. Eingehende Versuche ergaben, daß sich bei Temperaturen unter 120^0 C das Chlormagnesium nicht durch Abspaltung von Salzsäure zersetzt, die denn auch nicht schädigend auf die Festigkeit der Gewebe einwirken kann. Eine merkliche Zersetzung findet erst bei Temperaturen über 250^0 statt. Da nun an den Trockentrommeln Temperaturen von 120^0 C nicht erreicht werden, muß bei einer etwa auftretenden Schwächung eine andere Ursache wirksam sein, die vielleicht eine der beiden erwähnten ist, an die man gerade nicht gedacht hat.

9. Faltenbildung beim Appretieren.

Beim Appretieren von Rohgeweben tritt häufig der Fehler auf, daß sich kurz nach dem Verlassen des Quetschwalzenpaares Falten bilden, die sich beim Trocknen auf einer Trommeltrockenmaschine nicht beheben lassen und auch beim nachfolgenden Kalandern nicht verschwinden. Wenn sie in der fertigen Ware auch nicht besonders auffallen, so verleihen sie doch der Ware ein unschönes Aussehen.

Da dieser Fehler in den Rohwaren nicht wahrnehmbar ist, sondern erst nach dem Appretieren hervortritt und sich in anderen Geweben nicht zeigt, liegt die Ursache seiner Entstehung nicht in der Appretur, sondern in der Weberei. Es handelt sich hier wohl ausschließlich um Rohgewebe, die mit einem minderwertigen, hartgedrehten Schußgarn gewebt wurden. Grobfädige, billige Schußgarne werden meistens mit einer größeren Beimengung von Abfall oder kurzstapliger Baumwolle versponnen und benötigen eine stärkere Drehung als normale Schußgarne. Bei der Naßbehandlung, die das Appretieren selbstverständlich ist, ziehen sich diese Garne zusammen, und zwar um so mehr, je stärker die Garne gedreht sind. Viele Fettkörper in einer Appreturmasse, die von den Poren etwaiger Füllkörper aufgenommen worden sind, fördern noch die Zusammenziehungskraft. Ist nun die Verkreuzung zwischen Ketten- und Schußgarnen nicht so stark, um dem Zusammenziehen der Schußgarne genügenden Widerstand entgegenzusetzen, so muß es zu Faltenbildungen in der Kettenrichtung der Gewebe kommen.

Daß die Faltenbildung nur in den Rohgeweben vorzukommen pflegt, hat seine Ursache darin, daß in den gefärbten, gebleichten und bedruckten Geweben beim ersten Netzen die stark gedrehten Schußgarne sich wohl auch zusammenziehen, die Falten jedoch durch viele der folgenden Behandlungen geglättet wurden. Bei den bunt gewebten Waren ist das Zusammenziehen der Garne schon in der Vorbereitung zur Weberei erfolgt, kann sich demnach in der fertigen Ware nicht auswirken.

Diese Faltenbildung kann aber auch noch eine andere Ursache haben, z. B. durch einen zu scharfen Anzug der Schußfäden beim Eintragen in die Kette. In diesem Falle müßte sich der Fehler aber bereits in der Rohware zeigen, nachdem die Streckung durch den Spannstab aufgehört hat.

Abhilfe kann bei Faltenbildung dadurch geschaffen werden, daß man die Waren auf dem Spannrahmen appretiert und trocknet, da während der langsamen Trocknung unter steter Spannung die Falten sich ausgleichen. Sind die Falten im Gewebe nach dem Trocknen auf einer Trommeltrockenmaschine sichtbar geworden, so bleibt nichts anderes übrig, als sie nochmals zu appretieren und auf einem Spannrahmen zu trocknen. Vorbeugen kann man jedoch der Faltenbildung durch Verwendung von Schußgarnen, deren Drehung von der Einbindung der Ketten- und Schußgarne und der Klebkraft der Appreturmasse überwunden wird. Man muß eben dem Umstande Rechnung tragen, daß alle Garne, Ketten- wie Schußgarne, ob hart oder weich, beim ersten Netzen das natürliche Bestreben haben, sich zusammenzuziehen.

10. Ungleiche Faltenlängen bei den Leg- und Meßmaschinen.

Die Leg- und Meßmaschinen, gleichgültig ob von alter, englischer Bauart mit gebogenem Tisch oder nach neuerer, deutscher Bauweise mit ebenem Tische, ergeben sehr häufig ungleiche Faltenlängen beim Legen eines und desselben Gewebes. Bei diesen Maschinen ist die sorgfältigste Instandhaltung ein wichtiges Erfordernis. Besondere Aufmerksamkeit erheischen die Lager der Messer und ihrer Arme und die Lager der Greifschienen, denn jedes ausgelaufene Lager oder der ausgelaufene Achsenteil, der in einem Lager sich bewegt, bedingt eine zitternde Bewegung der Messer und der Greifschienen, womit die Bildung von ungleichen Faltenlängen Hand in Hand geht.

Alle beweglichen Teile der Maschine müssen stets in tadelloser Verfassung erhalten werden. Auch die Greifer selbst verlangen eine größere Berücksichtigung; sie müssen nach Zurückziehung der Messer sofort auf die Ware einwirken und sie festhalten, was durch einen gewissen Druck des Tisches und der Ware auf den Greifer erreicht wird. Dieser Druck muß so stark sein, daß die Ware nach dem Zurückgehen der Messer sofort festgehalten wird und ein Ausweichen derselben nicht stattfinden kann. Zu diesem Zwecke ist es notwendig, daß die Beschläge der Greifer scharf genug sind, um selbst ganz glatte Gewebe, wie gefüllte Mangel- oder Friktionskalanderware, festzuhalten.

Wenn die Stücke ungleich gespannt und nicht vollkommen glatt durch die Maschine gehen, so sind ebenfalls ungleiche Falten-

längen zu gewärtigen, denn übermäßig stark gespannte Warenteile ziehen sich stärker zusammen als weniger stark gespannte, wie leicht begreiflich ist. Das Tuch auf dem Tische muß von stets guter Beschaffenheit sein, damit schon die erste Falte gleichmäßig aufliegt und kein Ausweichen möglich wird. Die Spannung beim Durchlaufen der Gewebe durch die Maschine muß dem Drucke des Tisches auf die Greifer angepaßt sein, damit diese die Ware nicht herausziehen.

Wenn dieselbe Maschine zum Legen der Stücke Waren von sehr verschiedener Dichte in Kette und Schuß und mit ganz verschiedenen Griffigkeiten in der Ausrüstung gewählt wird, so ist mit Sicherheit auf ungleiche Faltenlängen zu rechnen. Eine Maschine, die für leichte Gewebe gebaut wurde, kann ganz gleiche Faltenlängen liefern, wenn die Stücke nicht außergewöhnlich lang sind und sich etwas rauh anfühlen, weil dann die Falten aufeinandergelegt unter sich schon einen gegenseitigen Halt besitzen. Bei sehr langen Stücken kann es aber leicht vorkommen, daß eine ganze Reihe von gleichlangen Falten entsteht; mit wachsender Zahl der Falten werden diese länger, doch ist auch der umgekehrte Fall nicht ausgeschlossen, nämlich, daß sie kürzer werden.

Faltet man auf dieser Maschine schwere Gewebe, so wird sie meist ungleiche Faltenlängen liefern, auch wenn man alle erdenklichen Vorsichtsmaßregeln ergreift und die Maschine sachgemäß einstellt. Die Maschine ist eben für diese Gewebe zu schwach gebaut, die Messer und Greifer kommen in eine schwingende Bewegung, welche gleiche Faltenlängen verhindern.

Im Gegensatz hierzu erhält man bei schweren Bauarten beim Legen von ganz leicht eingestellten Geweben zu kurze Falten; die schweren Arme der Messer geben nicht nach, sondern dehnen diese Waren, die Greifer setzen unnachgiebig ein und halten sie sofort fest. Bei dem Nachgeben der Greifer erfolgt ein Zusammenziehen der gedehnten Waren, die Faltenlängen werden kürzer. Ist die Maschine nicht genau den zu legenden Geweben angepaßt, so entstehen Unterschiede in den Faltenlängen oder werden diese wohl an sich gleich, aber nicht nach dem erforderlichen Maße genau in der Länge. Das erhaltene Stückmaß ist ungenau, man kann sich nicht darauf verlassen.

Sofern ein kleiner Unterschied in den Faltenlängen belanglos, ein genaues Maß der Gewebe jedoch unbedingt notwendig ist, muß eine andere Messung erfolgen. Dies geschieht meist durch einen der Maschine vorgelegten Tisch, auf dem sich ein Meßapparat befindet, unter dem das Gewebe läuft. Der Apparat besteht aus zwei Rädern von genau 1 m Umfang; von der Welle, auf der diese Räder sitzen, wird die Bewegung mittels Schnecke und Schneckenrad auf eine Zifferscheibe übertragen, auf der man die gemessene Länge in m und cm ablesen kann. Auch kann man die Stücke besonders messen und dann erst falten.

Es gibt Vorrichtungen an den Maschinen, die die Waren nicht nur genau messen, sondern auch ein Zurücknehmen erlauben, ohne daß das schließliche Maß dadurch beeinflußt wird, da mit dem Zurücknehmen der Waren die Uhr auch rückwärts geht. Für alle Gewebegattungen, ob glatt oder rauh, ob voller oder weicher Griff, haben sich jene Meßuhren gleich gut geeignet erwiesen, die mit Nadeln in die Gewebe eingreifen und diese beim Hin- und Herlaufen der Waren mit absoluter Sicherheit mitnehmen.

Um dem Fehler der ungleichen Faltenlängen vorzubeugen, haben größere Betriebe die Vorsicht walten lassen, Faltenleg- und Meßmaschinen von verschieden starker Bauart zu verwenden und die Wahl der Maschine den zu legenden Stücken anzupassen.

11. Streifenbildung in gerauhten Geweben.

Beim Rauhen von baumwollenen Geweben ein- und zweiseitigen Flanellen, Moleskins usw. zeigen sich manchmal Streifen in der Längs- bzw. Kettenrichtung. Es gibt aber auch solche in der Breiten- oder Schußrichtung, die jedoch viel seltener auftreten. Diese Streifen können ebensowohl durch übermäßige wie ungenügende Florbildung hervorgerufen werden, je nachdem die betreffenden Stellen zu stark oder zu schwach gerauht worden sind.

Die eigentliche Ursache dieses Fehlers ist fast ausnahmslos darin zu suchen, daß das Gewebe beim Durchlaufen durch die Rauhmaschinen Falten erhalten hat. Die hohen, d. h. nach außen gerichteten, an der Rauhtrommel nicht anliegenden Stellen der Falten haben einen zu gelinden, die niedrigen, an der Rauhtrommel anliegenden Stellen einen zu scharfen Eingriff der Rauhkarden erfahren. Es kann vorkommen, daß hohe Stellen von den Karden nicht einmal berührt werden, was sich durch ein Fehlen selbst des geringsten Flors kennzeichnet. Solche Falten bilden sich meist durch einen schlechten Einlauf der Gewebe in die Rauhmaschine; feuchte Waren ziehen sich infolge der Bremsung in der Längsrichtung zusammen, wodurch Falten entstehen, die in der Längsrichtung mehr oder weniger weit verlaufen.

Beim Rauhen muß stets darauf geachtet werden, daß die Gewebe im lufttrockenen Zustande in die Maschine gelangen. Man hat wohl bei allen neuen Rauhmaschinen vor dem Eintritt der Gewebe in die eigentliche Rauhmaschine heizbare Kupfertrommeln angebracht; doch verfolgen diese nicht den Zweck, die Gewebe bis zur Erlangung ihres natürlichen Feuchtigkeitsgehaltes anzutrocknen, da hierzu die Zeit des Durchlaufens nicht ausreicht. Vielmehr sollen die Gewebe eine Art Dämpfprozeß durchmachen. Die heißen Kupfertrommeln bringen die in den Geweben enthaltene natürliche Feuchtigkeit teilweise zur Verdunstung, wobei sich Wasserdampf bildet, in welchem die Garne aufquellen, die Drehung sich lockert und das Gewebe für den Angriff der Rauhkarden viel empfänglicher wird; auch erleiden sie wegen der damit verbundenen Erhöhung der Geschmeidigkeit einen geringeren Schaden.

Die Ware muß trocken in die Rauhmaschine gelangen und wird, wenn die Spann- und Einlaßvorrichtung das Breithalten der Gewebe in der Schuß- und Kettenrichtung richtig besorgen, niemals Faltenbildungen aufweisen. Selbstverständlich müssen die Rauhmaschinen in gutem Zustande erhalten werden.

Die Streifenbildung in den Geweben kann auch dadurch verursacht werden, daß die Schärerin oder Zettlerin Garne von ungleicher Beschaffenheit oder ungleicher Drehung in die Kette gelangen läßt. Diese Ungleichheit verursacht einen ungleichmäßigen Flor, der sich, wenn 10—20 solcher Fäden nebeneinander kommen, durch Streifenbildung bemerkbar macht. Dieser Fehler in der Schärerei oder Zettlerei ist oft genug nach dem Weben nicht sichtbar, sondern kommt erst nach dem Rauhen zum Vorschein.

Den gleichen Fehler erhält man, wenn ungleich starke, gröbere und feinere Garne geschärt oder gezettelt werden, doch ist dieser Fehler schon in der Warenbeschauabteilung der Weberei leicht zu erkennen. Ist die Kette auf der Baumschärmaschine hergestellt worden, so tritt der Fehler gewöhnlich nur an einer Stelle im Gewebe auf. Man kann schon beim ersten Rauhen dadurch etwas Vorsorge treffen, daß man durch ein schärferes oder gelinderes Strecken der Gewebe von Hand an einer solchen Stelle die Rauhkarden mehr oder weniger angreifen läßt. Dies muß jedoch schon beim ersten Durchlauf der Ware erfolgen, denn später läßt sich der Fehler nicht mehr beheben, er wird vielmehr größer und ausgeprägter.

Wurde die Kette jedoch auf einer Konusschärmaschine hergestellt, so ist es meist nicht ratsam, die Ware zu rauhen, da sich der Fehler mit jedem Schärband wiederholt. Besser ist es dann jedenfalls, die Waren anders auszurüsten und zu verkaufen. Nur dann, wenn der Unterschied in den Garnstärken nicht über einige Nummern hinausgeht, darf die Ware als Rauhware behandelt werden, da in solchen Fällen die Streifen nicht sehr auffallend hervortreten. Wenn eine Kette in der Schärerei oder Schlichterei schlecht aufgebäumt worden ist, so daß sich eine stark wellenförmige Oberfläche gebildet hat, so entstehen in der fertigen Ware ungleiche Kettenfadenspannungen, die ebenfalls Falten in der Rauhmaschine und Streifen verursachen. Auch wenn es nicht zur Faltenbildung kommt, können Streifen entstehen, die je nach der Größe der Kettenspannung mehr oder weniger auffallen.

In manchen Buntwebereien kommen die Garne in den verschiedensten Aufmachungsformen in die Zettlerei oder Schärerei, z. B. auf Pfeifen (Scheibenspulen), Kreuzspulen, Warpkops, besonders seit der Einführung der Apparatbleicherei, -färberei und -schlichterei. Wenn volle, halbvolle und fast leere Spulen zur Verarbeitung kommen, so ergeben sich ungleiche Spannungen, wenn kein Spannungsausgleich vorgesehen ist. Am deutlichsten erkennt man dies, wenn eine Zettelmaschine plötzlich abgestellt wird. Einzelne Fäden laufen noch so lange weiter, bis sie fast den Boden erreichen, während andere sich kaum merklich senken.

Die ungleiche Spannung der auf den Zettelbaum auflaufenden Kettengarne wird schon in der Schlichterei störend empfunden, pflanzt sich, wenn kein tüchtiger Schlichter vorhanden ist, in der Weberei fort und tritt nach dem Rauhen als Faltenbildung in Erscheinung.

Garne von verschiedenen Aufmachungen und Größen sollten im Spulengestell gleichmäßig verteilt werden. Auf diese Weise wird der zu gewärtigende Fehler möglichst ausgeglichen.

Werden durch Unachtsamkeit des Webers oder der Garnausgabe Schußgarne von verschiedener Drehung und Stärke verwendet, was bei mangelhafter Beaufsichtigung leicht vorkommt, so erhält man nach dem Rauhen ebenfalls Florstreifen, jedoch in der Breitenrichtung des Gewebes.

Bei Rohgarnen muß darauf Bedacht genommen werden, daß nur Garne von einer und derselben Baumwollmischung in die Ware gelangen, da verschiedene Baumwollsorten verschiedene Farbe aufweisen. Auch dadurch können Florstreifen in der Rauherei entstehen, die in dem abgewebten Stücke fast unmerklich sind. Solche Garne sollen genau nach den Farben auseinandergehalten oder, falls Wechselstühle vorhanden sind, zwei oder mehrschützig eingetragen werden, wodurch der Farbenunterschied ausgeglichen wird. Im ersteren Falle werden die Einschlagflächen so klein, daß der Florunterschied wohl erkennbar ist, aber nicht störend wirkt.

Jedes Stück Ware hat eine vorgeschriebene und gleichbleibende Schußdichte. Wird diese zufolge Versagens des Regulators am Webstuhl oder aus irgendeiner anderen Ursache nicht eingehalten und das Gewebe stellenweise zu dicht, stellenweise zu schütter, so machen sich diese Unterschiede in der Rauhdecke durch Florstreifen bemerkbar. Ein dichterer Flor deutet auf eine zu große, ein magerer Flor auf eine zu geringe Schußdichte. Für alle diese Streifenbildungen darf der Rauher nicht verantwortlich gemacht werden, sie fallen der Weberei zur Last.

Wenn man die Gewebe vor dem Rauhen an einem trockenen Orte aufbewahrt, so kann sich in denselben übermäßige Feuchtigkeit nicht ansammeln, vorausgesetzt, daß die Schlichte nicht zuviel wasseranziehende Zusätze erhalten hat, die leicht eine übermäßige Feuchtigkeit anziehen. In solchen Fällen ist es stets ratsam, die Gewebe vor dem Rauhen rasch durch eine Spann-, Rahm- und Trockenmaschine laufen zu lassen, die Ware darf aber nicht übertrocknet die Maschine verlassen. Gegen die anderen Streifen im Flor kann nur größte Ordnung im Betrieb und verständnisvolle Leitung helfen.

12. Unreine Waren durch farbigen Flug.

Dieser Fehler tritt wohl nur in den Baumwollbuntwebereien auf. Besonders bei gestreiften Geweben, die viel weiße Kettengarne und nur weißen Schuß enthalten, beeinträchtigt der farbige Flug das Aussehen der Waren mitunter so sehr, daß sie nur schwer verkäuflich sind. Die eigentliche Ursache dieses Fehlers läßt sich bei genauer Betrachtung des farbigen Fluges leicht erkennen. Denn trotz der vielleicht sechs und mehr Farben im Gewebemuster sind es stets nur einzelne und fast stets dieselben, mit denen der Flug gefärbt erscheint, zumeist Türkischrot und Indigoblau.

Man wundert sich darüber, daß der Flug gerade diese zwei Farben aufweist, und doch ist dies ganz natürlich und liegt in dem Wesen der Farben und ihrer Färbeweisen. Gerade diese zwei Farben sind es, welche die Garne am meisten in Mitleidenschaft ziehen und eine Lockerung der Drehung bewirken. Man muß auch berücksichtigen, daß der rohe Garnfaden kein glattes Produkt ist, sondern eine Menge vorstehender Faserenden hat, die ihn rauhhaarig machen, was man mit der Lupe deutlich sieht.

Die genannten beiden Farben verlangen eine große Zahl von Behandlungsgängen in der Färberei. Je mehr Arbeitsgängen nun ein Garn unterworfen wird, desto mehr lockert sich sein Gefüge. Infolgedessen lösen sich manche, vorher eingesponnene Baumwollfasern los, wodurch der Faden rauhhaariger wird. Die abstehenden Baumwollfasern verlangen alsdann eine tadellose Schlichtung, da sie sich nicht so leicht ankleben lassen wie ein weniger rauher Faden.

Bei Türkischrot kommt überdies in Betracht, daß es zu seiner Herstellung einer oder mehrerer Behandlungen mit einem Ölprodukt bedarf. Diese Behandlungen mit Ölen, die in den Garnen verbleiben, verursachen einerseits eine Aufquellung der Garne, wodurch die Drehung derselben ebenfalls gelockert wird, anderseits nehmen ölige Garne die Schlichte erfahrungsgemäß schwerer auf als ungeölte. Eine tadellose Schlichtung ist demnach nicht so einfach durchzuführen, wie bei ungeölten Garnen. Für Gewebegattungen, in denen viel Flug zu sehen ist, eignet sich also diejenige Schlichtmethode am besten, die keine nachfolgende Vorbereitung der Kettenfäden erfordern, nämlich die Breitschlichterei, die Schlichtung der ausgebreiteten und ausgespannten Kette, wie sie die alte schottische, die Trommelschlichtmaschine und die Lufttrockenschlichtmaschine und in neuerer Zeit die Kettenbaumschlichterei bewirkt. Wegen der Gefahr des Ausblutens kommen sie allerdings nur für unifarbige oder echt gefärbte Ketten in Betracht.

Die theoretisch schlechteste Schlichtereimethode für türkischrot und indigoblau in dunkleren Farbtönen ist das Schlichten der

Strähne, da dunklere Farbtöne mehr Behandlungsgänge erfordern und die geschlichteten Garne noch gespult und gezettelt oder geschärt werden müssen, ehe sie auf den Webstuhl gelangen.

Die Strähnschlichterei hat aber doch bedeutende Vorteile, da sie wirklich gute Ketten liefert, wenn sie richtig gehandhabt wird; ihre ausgedehnte Verwendung in der Buntweberei ist daher wohlbegründet. Bei der Schlichtung der Kettengarne muß darauf Bedacht genommen werden, daß die Baumwollfasern so gut angeklebt sind, daß sie sich nicht ablösen. Die Schlichte muß genügend Klebkraft besitzen. Da ein spröder und harter Faden sich nicht so leicht wie ein geschmeidiger verweben läßt, ist es üblich geworden, zur Erhöhung der Geschmeidigkeit der Kettengarne der Schlichte ein Fett beizufügen. Dieser Zusatz vermindert außerdem die Reibung der Garne im Geschirr, im Blatt und untereinander und trägt dazu bei, daß die Baumwollfasern besser anhaften und weniger Flug ergeben.

Auch ein tadelloses Geschirr und Blatt gehören zu den Vorbedingungen eines reinlichen Arbeitens in der Buntweberei, um dem in Frage stehenden Fehler des farbigen Flugs vorzubeugen. Darum ist es verfehlt, aus vermeintlicher Sparsamkeit schadhafte Geschirre und Blätter zu verwenden, anstatt sie auszubessern oder zum alten Gerümpel zu werfen. Manches Geschirr und Blatt, das in einer Rohweberei für leichte Ketteneinstellungen noch gute Dienste leistet, ist in einer Buntweberei nicht mehr verwendbar, da die Abscheuerungen der Fäden die Ursache zur Ansammlung von farbigem Fluge auf hellem Grunde sind.

Sind in einem Baumwollgeschirr die Ösen nicht ganz glatt oder ist der Firnis teilweise abgesprungen, auch wenn die Risse mit unbewaffnetem Auge nicht zu erkennen sind, so findet ein Aufrauhen der geschlichteten Kettengarne statt. Nicht fest angeklebte Faserenden lösen sich ab und gelangen in die Gewebe. Der gleiche Fehler kann auch bei den Stahldrahtlitzen auftreten, wenn einzelne Lötstellen sich öffnen oder durch schlechte Behandlung der Litzen die Ösen rauh geworden sind. Dasselbe hat man bei einem schadhaften Blatt zu gewärtigen, dessen Zähne durch Abnutzung oder schlechte Behandlung abgescheuert sind.

Früher trat das Abscheuern der Blattzähne häufig auf, wenn die Garne mit Körperfarben, wie Ultramarinblau, Chromgelb, Ocker usw. gefärbt oder bedruckt wurden. Diese harten Farben konnten die Blattzähne, namentlich die weichen Messingzähne, sehr schnell anfressen und scharfkantige Risse bilden. Dies ist eine der Hauptursachen zur Abscheuerung der Baumwollfasern und zur Flugbildung, die bei den neueren Farbstoffen viel seltener auftritt.

Den Fehler der Flugbildung hat man in der Weberei auch dann zu befürchten, wenn die Teilschienen in den Breitschlichtmaschinen und auf den Webstühlen abgescheuert sind, und scharfe Risse erhalten haben.

Eine weitere Ursache der Flugansammlung auf hellgemusterten Geweben kann auch durch stark feuchtklebrige, z. B. verhältnismäßig viel Kartoffelsirup, Glyzerin usw. enthaltende, Appreturmassen gebildet werden. Werden solche Gewebe heiß kalandert oder gemangelt, so werden die Walzen der Kalander und die Gewebefalten der Mangelware klebrig und nehmen die von den Garnen abstehenden Baumwollfasern mit, bis sie an irgendeiner Stelle des Gewebes liegen bleiben, ankleben und der Ware ein unreines Aussehen verleihen.

Die losen Baumwollfasern sind im Webstuhl vielfach mit eingewebt worden, heben sich aber infolge ihrer Kräuselung von der Rohware nicht sehr ab. Sie treten erst beim Kalandern oder Mangeln in Erscheinung, da hierdurch ein Plattdrücken der Fäden und des Gewebes stattfindet. Durch eine Behandlung der Gewebe nach der Webereikontrolle mit einer Schermaschine können lose anhaftende Baumwollfasern entfernt werden, eingewebte dagegen bleiben in der Ware.

Die beste Abhilfe ist die Verhütung der Flugbildung durch eine gute Schlichtung und Verwendung von tadellosen Geschirren, Blättern und Teilschienen. Strähngeschlichtete Garne müssen in der ganzen Vorbereitung nur über vollkommen glatte Flächen geführt werden, um ein Aufrauhen zu verhüten.

13. Längenverluste der Gewebe beim Lagern.

In Kaufmannskreisen kann man häufig die Klage vernehmen, daß ein Gewebestück beim Nachmessen selten das Maß ergebe, das auf demselben angegeben ist und in Rechnung gestellt wurde. Beim längeren Lagern sollen größere Verluste zu verzeichnen sein. Diese Klagen führen zu Beschwerden und unliebsamen Erörterungen zwischen Kaufmann und Fabrikanten.

Solche Längenverluste können verschiedene Ursachen haben und dürfen nicht ohne weiteres als Schwindel oder Betrug angesehen werden. Vielfach ist sich der Fabrikant dieser Fehlerquellen gar nicht bewußt, obwohl sie bei einer Beschwerde in seinem Betriebe anzutreffen sind. Oftmals liegen sie außer seinem Machtbereich, nämlich in der Eigennatur der Baumwolle oder in der Behandlung während der Verarbeitung der Gewebe.

In der Färberei, Bleicherei, Druckerei und Ausrüstung werden die Gewebe beim Eintritt in die Maschine gespannt, damit sie vollkommen faltenlos bleiben und keine Beschädigung in der Maschine erfahren. In der Weberei werden die Gewebe durch Eintragen des Schußgarnes in die stark gespannte Kette hergestellt. Infolge der an sich geringen Dehnbarkeit der Baumwollgarne bedeutet jede Spannung eine entsprechende Streckung in der Längsrichtung und auch einen Breiteneingang, wenn diesem nicht durch Ausbreitvorrichtungen entgegengewirkt wird. Werden die Gewebe nach Vollendung der Ausrüstung im straffen Zustande gemessen, so weisen sie eine größere Länge als vor der Veredlung, ein sog. „Vormaß" auf.

Aus derselben Ursache erklärt es sich auch, daß beim Lagern, wenn die Gewebe sich selbst überlassen sind, die gestreckten Garne das Bestreben haben sich zusammenzuziehen und nahezu auf ihre ursprüngliche Länge zurückgehen.

Das Ausmaß der Längenstreckung hängt von der Spannung und von dem Widerstande ab, den das Gewebe ihr entgegensetzt. Dieser Widerstand wird bedingt durch die Beschaffenheit des Kettengarnes, seiner Drehung und Stärke, der Einstellung der Gewebe in Kette und Schuß sowie der Bindung. Auch darf der Feuchtigkeitsgrad der Garne nicht übersehen werden, da dieser, wie in der Weberei allgemein bekannt ist, auf die Dehnbarkeit einen großen Einfluß ausübt; feuchte Garne dehnen sich mehr als trockne. Weich gedrehte Garne dehnen sich ebenfalls mehr als hart gedrehte. Je leichter ein Gewebe in Kette und Schuß eingestellt ist, d. h. je weniger Kettenfäden es in der Breite besitzt und je weniger diese durch die Schußgarne gebunden sind, desto größer wird bei gleicher Spannung die Streckung des Gewebes in der Längsrichtung ausfallen.

Hört die Spannung auf und werden die Gewebe sich selbst überlassen, was bekanntlich beim Lagern der Fall ist, so leisten die Bindung, die Zahl der Schußgarne in der Längeneinheit und die Appreturmasse beim Zusammenziehen einen mehr oder weniger großen Widerstand, wodurch es sich erklärt, daß das Gewebe nicht mehr auf die ursprüngliche Länge zurückgeht. Der Längenverlust ist um so geringer, je stärker die Ketten- und Schußgarne durch die Bindung und Fadendichte miteinander verbunden sind und je größer die Klebkraft der Appreturmasse ist. Das Zusammenziehen der Gewebe geht unmittelbar nach dem Aufhören der Spannung sehr rasch, dann aber infolge der Widerstände langsamer, da die natürliche Zusammenziehungskraft erlahmt, bis ein Gleichgewichtszustand erreicht ist, worauf die Zusammenziehung von selbst aufhört.

Daraus geht hervor, daß leicht eingestellte und wenig verkreuzte Gewebe, die mit einer Appreturmasse von geringer Klebkraft behandelt worden sind, sich am stärksten zusammenziehen. Solche Gewebe sind beispielsweise die gerauhten, hauptsächlich die zweiseitig gerauhten, die zudem durch den oftmaligen Durchgang durch die Rauhmaschinen einen größeren Längenzuwachs erfahren. Aber gerade diese Gewebe sind es, die am meisten Anlaß zu Klagen über den Eingang, über ein Mindermaß bei einer längeren Lagerung geben. Aus diesem Grunde ist es in manchen Webereien üblich geworden, vom letzten Längenmaß in der Legstube einen erfahrungsgemäßen Abzug zu machen und die so erhaltene Zahl in Rechnung zu stellen, um Beschwerden der Kundschaft vorzubeugen.

Andere Gewebegattungen mit leichterer Einstellung und einer gleichartigen Appretur, wie eben erwähnt, sind selbst bei der besten Meßmaschine einer größeren Streckung ausgesetzt und werden vielfach mit der Hand mittels des Rektometers ohne Spannung gemessen; das so erhaltene Maß wird in Rechnung gestellt. Eine Lagerung der Gewebe in einem feuchten Raume begünstigt den Längenverlust, da die Feuchtigkeit den Widerstand gegen das Zusammenziehen verringert. Auch wenn Gewebe in einem trockenem Raume lagern, aber mit einer Appreturmasse appretiert sind, die einen Überschuß an wasseranziehenden Mitteln enthält, ist ein stärkerer Eingang zu gewärtigen. Dies ist bereits bei der Zusammensetzung der Appreturmasse zu beachten, damit die Wasseraufnahme nur bis zur Erlangung der natürlichen Feuchtigkeit, dem sogenannten lufttrockenen Zustande, geht. Stark wasseranziehende Körper, wie Chlorkalzium, sind daher in der Appretur zu vermeiden, da ihre Wasseranziehung sich nicht überwachen läßt. Kochsalz ist an und für sich nicht wasseranziehend, wohl aber durch seine unbeabsichtigten Bestandteile, wie Chlormagnesium und in geringen Mengen Chlorkalzium. Letzteres kann keinen Schaden anrichten, da das Kochsalz nur in kleinen Mengen zur Verwendung gelangt.

14. Eindrücke in Kalanderwalzen.

Durch Unvorsichtigkeit oder auch Böswilligkeit können in den Papier- oder Jutewalzen der Kalander mehr oder weniger tiefe Rillen oder andere Eindrücke entstehen, die alsdann einen gleichmäßigen Glanz oder eine gleichmäßige Glätte der Waren nicht mehr zulassen. Dieser Fehler tritt besonders auffallend bei stückgefärbten Geweben, bei bedruckten oder bunt gewebten Waren auf, die größere Musterflächen der gleichen Farbe aufweisen.

Ich erinnere mich aus meiner Praxis an einen solchen Fall, wo ein Junge, dem gekündigt worden war, am Tage seines Abgangs kurz vor Schluß der Arbeitszeit nach Erhalt des Lohnes noch einen neuen Kalander in Gang setzte, dann einen ziemlich dicken Strick reihenweise durch die Maschine laufen ließ, diese dann abstellte und sich schleunigst entfernte. Erst am Montag wurde der Schaden bemerkt; die Papierwalzen, sowohl die obere wie die untere, zeigten nach allen Richtungen hin verlaufende Rillen von einer Tiefe bis zu $1\frac{1}{2}$ mm.

Es wurde zunächst die Frage erwogen, ob ein Abdrehen der Walzen notwendig ist oder die Rillen auf andere Weise beseitigt werden können. Man entschloß sich zur zweiten Art. Der Kalander wurde unter stärkstem Druck in Gang gesetzt und die Papierwalzen von Zeit zu Zeit mit einem in lauwarmes, 10% Essigsäure enthaltendes Wasser getauchten Schwamm befeuchtet, so daß sie während der Arbeitszeit nicht trocken werden konnten. Am Schluß des ersten Tages war die Tiefe der Rillen schon so weit zurückgegangen, daß sie kaum mehr als solche erkennbar waren. Andern Tages wurde die Befeuchtung der Walzen mit Essigsäurewasser fortgesetzt und am dritten Tage konnten Gewebe, bei denen schwache Unterschiede in Glätte und Glanz nicht auffielen, bereits kalandert werden.

Die Befeuchtung mit Essigsäurewasser unter schwerem Drucke

des in Gang erhaltenen Kalanders wurde stundenweise noch einige Tage fortgesetzt; schließlich war der Ausgleich der Rillen so vollkommen, daß sie auch selbst in gefärbten Waren keine erkennbaren Spuren mehr hinterließen. Weniger tiefe Eindrücke lassen sich mit lauwarmem Essigsäurewasser schon nach wenigen Stunden Gangzeit der Maschine spurlos beseitigen. Hierbei müssen aber die Walzen während der Arbeitspausen, mittags und abends, vollkommen entlastet werden, da sonst an den Berührungsstellen der erweichten Walzen leicht neue Eindrücke entstehen können.

Die Tiefe der Eindrücke von $1\frac{1}{2}$ mm scheint mir das Maximum für ihre Beseitigung durch Essigsäurewasser zu sein; größere Tiefen machen ein Abdrehen der Walzen erforderlich. Ist eine Reparaturwerkstätte mit guter Bedienung vorhanden, so kann das Abdrehen einer Walze am Kalander selbst vorgenommen werden, ohne sie erst entfernen zu müssen. Wo dies nicht ratsam erscheint, sendet man die Walze entweder an den Lieferanten zum Abdrehen oder läßt sie an Ort und Stelle durch fachkundige Arbeiter abdrehen.

Beim Selbstabdrehen muß jedoch beachtet werden, daß die Walze nicht zylindrisch sein darf, sondern in der Mitte einen etwas größeren Durchmesser als an den beiden Enden erhält, damit die Walze bei stärkerem Drucke eine gleichmäßige Pressung auf die Ware ausüben kann. Würden die Durchmesser an den Enden der Walze ebenso groß wie in der Mitte gehalten, so könnte bei sehr starkem Drucke auf die Walze leicht eine Durchbiegung in der Mitte vorkommen, wodurch der Glanz und die Glättung der Waren ungleichmäßig ausfallen würden. Der Unterschied in den Durchmessern der Walze richtet sich hauptsächlich nach der Größe des Druckes und der Länge der Walze. Gewöhnlich nimmt man diesen Unterschied so groß, daß man beim Aufliegen der Papier- auf die Eisenwalze ohne Druck an den beiden Enden ein dahinter gehaltenes Licht noch deutlich sehen kann.

H. Betriebstechnische Angaben.
1. Die Instandhaltung der Rauhmaschinen.

Die gute Instandhaltung der Rauhmaschinen, besonders auch der Rauhgarnituren, erscheint mir für den gesamten Rauhereibetrieb und für die Erzielung eines tadellosen Flors von so einschneidender Bedeutung, daß es angebracht sein dürfte, dies

Die Instandhaltung der Rauhmaschinen.

eingehender zu erörtern. Gar manche von den vielen in den Fachzeitschriften auftretenden Klagen über Streifenbildung und andere Fehler in gerauhten Baumwollgeweben, haben ihre Ursachen nur in einer mangelhaften Instandhaltung der Rauhmaschinen. Bei jeder Maschine, sei sie noch so einfach, ist eine genaue Kenntnis ihrer Einrichtung und ihrer Arbeitsweise unerläßlich, um das bestmögliche aus ihr herauszuholen.

Unter dieser Voraussetzung leisten die Rauhmaschinen wertvolle Dienste bei der Herstellung von Baumwollwaren, die von Wollwaren nur schwer zu unterscheiden sind. Dies trifft aber in gar manchen Betrieben nicht zu, da man wohl alles von den Maschinen erwartet, jedoch die Bedienung als etwas Nebensächliches betrachtet. Für die Rauhmaschinen lehrt die Erfahrung, daß ein tüchtiger Arbeiter mit einer alten und abgenützten Maschine ein besseres Ergebnis erzielt als ein minderwertiger Arbeiter mit der neuesten Maschine. Jede Maschine hat ihre Eigenheiten, die den gleichmäßigen Gang und die Arbeitsweise beeinflussen; dies gilt hauptsächlich für die Bedienung der neuzeitlichen Rauhmaschinen.

Einen der wesentlichsten Punkte bildet die sachkundige Instandhaltung der Maschine in allen ihren beweglichen Teilen. Dazu gehört auch die Erkenntnis der Fehlerquellen, die auf schlechte Instandhaltung der Maschine zurückzuführen sind. Nur mit einer tadellosen Rauhgarnitur erhält man gleichbleibende Arbeitsleistungen.

Ein Beispiel aus meiner Erfahrung möge das Gesagte näher beleuchten. Eine große Buntweberei besaß eine größere Zahl von Rauhmaschinen neuester Bauart, mit denen man wirklich tadellosen Flor hätte erhalten können, wenn eine entsprechende Bedienung vorhanden gewesen wäre. So aber gab es fehlerhafte Ware in Menge. Der Bedienung fehlte die Erkenntnis von der Wichtigkeit der guten Instandhaltung der Garnituren. Auch hier herrschte die Ansicht, daß zum Rauhen von leichtest eingestellten Geweben keine scharf geschliffenen Kratzenbeschläge verwendet werden dürften, damit die Gewebe keinen Schaden erleiden; darum wurden sie nur mit abgenützten Garnituren gerauht. Es ist sogar vorgekommen, daß in Ermanglung einer Rauhmaschine mit stumpfer Garnitur die noch gut erhaltenen Zähne einiger Maschinen mit dem Schmirgelhobel abgestumpft wurden. Die Folge davon war das Anhäufen von Ramschware und die Kunden mußten vergeblich warten.

Weder die Leitung, noch die Arbeiter dachten daran, daß dies nur der Verwendung schlechter Kratzenbeschläge zuzuschreiben war und zur Erreichung eines schönen Flors viel mehr Durchgänge durch die Rauhmaschine erforderlich sind als mit scharf geschliffenen Zähnen. Selbstverständlich wußten die Arbeiter auch nicht, wie die Zähne in die Gewebe eingreifen. Würden sie jedoch eine stark abgenützte Garnitur mit einer Lupe betrachtet haben, so hätten sie sich überzeugt, daß scharfe Zähne sich zum Rauhen leichter Gewebe besser eignen als stumpfe.

Das Vergrößerungsglas zeigt nämlich, daß die Zähne einer abgenützten Garnitur sich nach allen Richtungen neigen, die Spitzen abgebrochen oder verbogen und die Zwischenräume derart mit Flug, Staub und Fadenstückchen angefüllt sind, daß stellenweise nur noch die Spitzen der Zähne aus der Verunreinigung hervorragen. Man setzt die Zähne nicht ohne triftigen Grund elastisch in das Kratzentuch ein. Sind jedoch die Zwischenräume mit Flug und Staub angefüllt, so verlieren die Zähne ihre Elastizität und Nachgiebigkeit, ihre Wirkung auf die Gewebe wird hart und starr anstatt schonend. Schon aus diesem Grunde ist es notwendig, die Rauhgarnituren von Zeit zu Zeit zu reinigen.

Wenn man sich noch vergegenwärtigt, wie die verbogenen und stumpfen Zähne auf die leicht eingestellten Gewebe wirken, so erkennt man, warum solche Zähne keinen gleichmäßigen Flor geben, sondern die Schußgarne zusammenziehen und Löcher in die Ware reißen. Es kann deshalb der Grundsatz aufgestellt werden, daß je leichter ein Gewebe in der Schußrichtung eingestellt ist und je weniger oft die Schußgarne durch die Kettengarne eingebunden werden, desto schärfer die Zähne geschliffen und auch sonst in besserem Zustande sein müssen.

Wie oft die Zähne geschliffen werden müssen, ist eine Frage, die nicht ohne weiteres beantwortet werden kann. Von den vielen Umständen, die hier in Betracht kommen, seien hier nur die Ketten- und Schußdichte, die Beschaffenheit der Garne (ob härtere oder weichere Drehung, gezwirnt oder einfach), die Zusammensetzung der Schlichte und Appreturmasse, die Art der Farben (ob Körperfarben oder solche ohne Körper), die Bedienung der Maschine und nicht zuletzt die Beschaffenheit der Zähne (größere oder geringere Härte) erwähnt.

Aus dem Gesagten geht auch hervor, daß keine allgemein gültige Vorschrift darüber gegeben werden kann, wie oft die Zähne geschliffen werden müssen. Dies ist Sache des Rauhers. Darum ist es nicht richtig, wenn Kratzenfabrikanten ihren Abnehmern erklären, daß die Kratzenbeschläge nur alle 3—4 Monate geschliffen werden müssen. Die Käufer richten sich dann nach diesen Angaben, da sie die Lieferanten als fachkundige Personen für maßgebend halten; entweder müssen sie den Schaden tragen oder haben unliebsame Auseinandersetzungen mit ihren Kratzenlieferanten, wenn der Rauher die Zeit des Nachschleifens viel früher für notwendig hielt.

Zwirne und hart gedrehte Garne können ein schärferes Angreifen der Zähne vertragen als weich gedrehte Garne. Farben, die durch feste Körper gebildet werden, wie die Körperfarben, z. B. Chromgelb, Blauholzschwarz, Anilinschwarz, Türkischrot u. a., werden auch einem schärferen Eingriff der Zähne besser standhalten als Farben ohne Körper, wie die mit substantiven Farbstoffen gefärbten ohne Nachbehandlung mit Metallsalzen.

Viele buntgewebte Stoffe, gefärbte, bedruckte und gebleichte Gewebe werden mit Salzen, erdigen Körpern, wie China clay und Talkum, Schwerspat u. a. in der Appretur gefüllt und beschwert, um die Gewebe für einen bestimmten Zweck geeignet zu machen oder besser erscheinen zu lassen, als sie wirklich sind. Die gleichen Füll- und Beschwerungsmittel finden vielfach auch Verwendung in der Schlichterei. Alle diese schärferen Angriffe der Rauhkratzen auf die härter gedrehten, feste Körper enthaltenden Garne machen die Zähne viel schneller stumpf als die weicheren Angriffe. Sie entwickeln dabei viel Staub und Flug, auch lösen sich Fadentrümmer beim Rauhen ab, wodurch sich die Beschläge bald vollsetzen. Je mehr solche Gewebe in die Rauherei gelangen, desto rascher nützen sich die Zähne ab und desto schneller füllen sich die Beschläge mit Staub und Flug und um so eher muß es zu einem Nachschleifen und Reinigen der Zähne kommen.

Nun scheuen sich aber viele Rauher vor dem Nachschleifen, da sie glauben, daß die Zähne zu kurz und darum unbrauchbar werden. Diese Ansicht ist jedoch falsch, denn bei dem öfteren Nachschleifen schleift man immer nur einen ganz geringen Teil von der Zahnlänge ab, da sie sich ja in einem besseren Zustande befinden. Wartet man jedoch mit dem Nachschleifen, bis die Zähne sehr stark abgenützt und verbogen sind, so muß man so lange schleifen, bis alle Zähne wieder arbeitsfähig sind, was oftmals ein langwieriges und tief eingreifendes Schleifen erfordert, abgesehen von den Zeitverlusten, die beim Geraderichten der stärker verbogenen Zähne auch größer sind.

Es ist durch eingehende Versuche festgelegt worden, daß fünf- und sechsmaliges leichtes Schleifen die Zähne weniger abnützt als ein einmaliges, tief eingreifendes, was aus Unkenntnis viel zu häufig übersehen wird. Der Zwischenraum zwischen den einzelnen Zähnen sollte mindestens jede Woche einmal von Flug und Staub gereinigt werden, um die Elastizität der Zähne zu erhalten. In vielen Fällen wurde bei Löchern in den gerauhten Geweben, welche eine sehr geringe Schußdichte aufwiesen und mit den Kettenfäden nur lose verbunden waren, die Schuld dem schlechten Schußgarn zugeschrieben, während sie nur eine Folge des Verlustes an Elastizität der Zähne war.

Wird zur Appreturmasse zuviel Kartoffelsirup verwendet, so muß die Reinigung der Zwischenräume der Zähne noch öfters erfolgen. Dieser Sirup eignet sich vorzüglich zum Appretieren bunter Gewebe, da er sich wasserklar löst und eine große Füllkraft besitzt, aber er bildet mit dem Flug und Staub schon nach kurzer Zeit eine feste harzige Masse, die die Elastizität der Zähne schnell beeinträchtigt und die Kratzenbeschläge verschmiert; die Gewebe laufen dann ungleichmäßig über die Maschine, was ebenfalls Rauhfehler verursacht.

Das gleiche gilt für die Gallerte des Karragheenmoos, nur daß diese nicht vollkommen wasserklar ist, sondern in verdünnter Lösung eine schwach gelbliche Färbung aufweist, die jedoch die Verwendung der Gallerte zum Appretieren bunter Gewebe nicht ausschließt.

Die Reinigung der Zwischenräume der Zähne geschieht am besten mit einem Messinghaken, erfordert aber viel Geduld und Zeit. Mit dieser Reinigung ist gewöhnlich auch ein Geraderichten der Zähne verbunden. Beide Arbeiten müssen dem Schleifen der Zähne vorangehen, da dieses nur bei elastischen Zähnen anstandslos durchführbar ist.

Obwohl das Schleifen der Zähne an und für sich eine sehr

Die Instandhaltung der Rauhmaschinen. 261

einfache Arbeit ist, erfordert sie dennoch eine gute Überwachung und eine große Genauigkeit beim Einlegen der sich gegenseitig abschleifenden Walzen, der Strich- und Gegenstrichwalze. Sind diese zwei Walzen nicht genau eingelegt, so werden je zwei Enden zu stark, die anderen zwei Enden zu wenig geschliffen; die Zähne der letzteren stehen demnach höher als die der ersteren. Dies kann sich beim späteren Rauhen dadurch unliebsam bemerkbar machen, daß der Flor gegen die beiden Leisten der Gewebe zu ungleich wird. Kommt diese Ungleichmäßigkeit nur bei einem Walzenpaar vor, so wird sich dies bei einer großen Zahl von Walzen, z. B. einer 30 walzigen Rauhmaschine, nicht sehr auffallend bemerkbar machen.

Anders verhält es sich aber, wenn mehrere oder gar alle Walzen diesen Fehler aufweisen. Dies ist der Fall, wenn zum Messen des Abstandes eines Walzenpaares auf beiden Seiten ungleiche Meßstücke genommen werden. Gewöhnlich wird die Ursache eines ungleichen Flors an den beiden Endleisten eines Gewebes an einem anderen Orte gesucht und viel Ware verdorben, ehe man die Fehlerquelle entdeckt.

Die Zähne der sogenannten „schwarzen" Rauhwalzen, das sind die direkt arbeitenden, nützen sich mehr ab als die „weißen", die den durch die „schwarzen" erzielten und an das Gewebe angedrückten Flor aufrichten. Es muß daher durch leichtes Abschleifen der „weißen" Walzen mit dem Schmirgelhobel dafür Sorge getragen werden, daß die Zähne aller Walzen stets in gleicher Höhe sich befinden. Es könnte sonst vorkommen, daß die „weißen" Zähne höher stehen als die „schwarzen"; in diesem Falle würde der Flor von den zu stark aufrichtenden „weißen" Zähnen zum Teil herausgerissen.

Zum Schleifen der Zähne bedient man sich meistens der doppelseitigen Schleifmaschine, in der zwei Walzenpaare zu gleicher Zeit geschliffen werden können.

Daß die beidseitigen Riemen für den Antrieb der Rauhwalzen ganz genau laufen müssen, bedarf keiner Begründung. Damit sich die Achsen und Lager der Rauhwalzen nicht zu schnell abnützen und keinen ungleichen Flor durch das Schlagen der Walzen verursachen, müssen sie öfters gereinigt werden; denn gegen den beim Nachrauhen der appretierten Gewebe entstehenden Staub können die Lager nicht genug geschützt werden. Abgenützte Lager oder

Walzenachsen müssen sofort erneuert werden, um das Schlagen der Walzen und einen ungleichmäßigen Flor zu verhindern. Die Walzen müssen eine feste Lagerung besitzen, der Zapfendurchmesser muß der Walzenbreite angepaßt sein.

Die Instandhaltung der Rauhmaschinen erfordert besondere Sorgfalt, da man erfahrungsgemäß mit einer tadellosen Maschine und Rauhwalzengarnitur doppelt so viel Ware der gleichen Art rauhen kann wie mit einer vernachlässigten.

Da die Erneuerung der Rauhgarnituren mit größeren Kosten verbunden ist, wird in Fachkreisen häufig die Frage aufgeworfen, wie lange eine Garnitur arbeitsfähig bleibt. Dies hängt in erster Linie von der Menge der Waren ab, die die Rauhmaschine durchlaufen müssen; aber fast ebenso wichtig sind die anderen Umstände, die das Nachschleifen der Zähne bedingen.

Als Beispiel für eine außergewöhnlich lange Arbeitsdauer einer Rauhgarnitur sei folgende Erfahrung angeführt. Im Jahre 1890 wurde in einem Betriebe eine neue 24 walzige Rauhmaschine aufgestellt; nach Aussage des Monteurs, der die notwendigen Unterlagen zur Beantwortung dieser Frage erhalten hatte, sollte sie zwei volle Rauhperioden, das heißt zwei Rauherjahre durchhalten können. Nach einem Jahre schon kamen viele Vertreter von Kratzenfabriken, um Angebote über neue Beschläge zu machen. Sie wurden auf das nächste Jahr vertröstet, da erst dann an einen Kauf gedacht werden müsse. Dies wiederholte sich noch 10 mal, worüber ich selbst sehr erstaunt war, da die zu rauhenden Gewebe hinsichtlich der Abnützung der Zähne die ungünstigste Beschaffenheit hatten. Der Monteur hatte auch erklärt, daß die Kratzenbeschläge mindestens alle 4—6 Wochen nachgeschliffen werden müßten. Doch zeigte sich nach Ablauf von zwei Monaten noch keine Notwendigkeit, ein Schleifen der Garnitur vornehmen zu müssen; schließlich ging die ganze Rauhperiode vorüber, bis die Garnitur zum Schleifen kommen mußte.

Es sei noch erwähnt, daß die Rauhperiode Ende Februar begann, Ende Dezember aufhörte und die Maschine fast zwei Monate hindurch Tag und Nacht beschäftigt war. Das zweite Schleifen erfolgte im zweiten Jahre, ungefähr in der Mitte der Rauhperiode, das dritte im November, dann etwa alle drei Monate in den folgenden bis zum 12. Jahre.

Alljährlich sind annähernd 1 500 000 m Ware über die Maschine gegangen, davon der größte Teil Flanelle, gestreift und kariert in zwei und vierschäftiger Bindung und Hemdenstoffe in dreischäftiger Bindung, der andere Teil Modestoffe, darunter viel Schaftware. Die Hemdenstoffe und die Flanelle enthielten viel Zwirnfäden, die Farben waren vorwiegend Körperfarben, noch mit Farbhölzern oder Beizenfarbstoffen gefärbt. Alle Gewebe wurden vorgerauht, appretiert und nachgerauht. Ein Teil der nachgerauhten Gewebe bestand aus gefärbten Futterstoffen, die vorher mit China clay appretiert worden waren. Es wurden demnach die Zähne in der ungünstigsten Weise in Anspruch genommen.

Anfänglich schüttelten die Vertreter der Kratzenfabriken über die Vertröstung auf spätere Zeit ungläubig die Köpfe und hielten die Angabe, daß die Kratzenbeschläge noch immer in guter Verfassung seien, für eine Ausrede, um einen anderwärtigen Kauf zu verschleiern. Dreizehn volle Jahre hatte demnach die Garnitur gute Dienste geleistet, trotz angestrengtester Arbeit der Maschine. Die neue Garnitur, die von demselben Lieferanten stammte wie die erste, mußte schon nach zwei Jahren durch eine neue ersetzt werden. Vielfach wurden die Zähne der ersten Garnitur der Wissenschaft wegen einer genauen Untersuchung unterworfen, um einen Anhaltspunkt für die außergewöhnlich lange Haltbarkeit der Kratzenbeschläge zu finden. Aber alle Untersuchungen, die die Lieferanten von Kratzenbeschlägen, denen je ein Muster übergeben worden war, ausführten, blieben ergebnislos. Auch die Lieferantin der ersten Garnitur konnte keine auch nur annähernd gleichartige mehr liefern und war selbst erstaunt, daß die von ihr gelieferte Garnitur so lange arbeitsfähig war. Es muß wohl daran gelegen haben, daß die Kratzenbeschläge aus einem ausnahmsweise guten Rohmaterial hergestellt waren.

2. Das Entwässern der Heizkörper.

Gar mancher Fehler in der Appretur, z. B. ein ungleicher Ausfall der Ausrüstungen beruht u. a. auf einem mangelhaften Trocknen der appretierten Gewebe, das auf schlechte Entwässerung der Heizkörper zurückgeführt werden kann. Bei der Bestimmung des Umfanges einer Heizvorrichtung wird als selbstverständlich vorausgesetzt, daß in den Heizkörpern stets der ganze im Dampfkessel vorhandene Dampfdruck mit einer durch die Länge und den Durchmesser der Rohrleitung bedingten geringen Abschwächung ausgenützt wird. Dies ist aber nur dann der Fall, wenn die Heizkörper frei von Kondenswasser sind. Infolge der Abkühlung des Dampfes in den Rohrleitungen und in den Heizkörpern bildet sich jedoch stets eine gewisse Menge Kondenswasser, das ohne Verzug abgeführt werden muß, damit es sich nicht ansammeln kann. Da die Temperatur des Wassers niedriger als die des Dampfes ist, verringert sich die Heizwirkung in dem Maße, wie Wasser sich in den Heizkörpern ansammelt, was so weit gehen kann, daß die Trocknung fast gleich Null wird.

Bei den Trockentrommeln erfolgt die Ableitung des Kondenswassers vermittels eingebauter Wasserschöpfer, die das Wasser aufnehmen und durch die hohlen Arme bei den hohlen Zapfen der Trommel ableiten. Trotz aller Versicherungen der Lieferanten, haben die Kondenswasserableiter oder Kondenstöpfe dennoch ihre Tücken, die man kennen lernen muß, wenn sie fehlerlos arbeiten sollen. Versagt ein solcher Apparat, so kann sich einesteils das Kondenswasser in den Heizkörpern ansammeln, andernteils strömt direkter Dampf aus dem Apparat aus, was einen empfindlichen Dampfverlust bedeutet.

Diese Kondenstöpfe sind stets für einen bestimmten Wasserzufluß berechnet, ein größerer Wasserzufluß muß ein Versagen des Topfes zur Folge haben, woran alle Beteuerungen des Lieferanten nichts ändern. Um die Apparate leichter absetzen zu können und billiger zu erstellen, werden sie von manchen Lieferanten für einen zu geringen Wasserzufluß berechnet; sie schaden dann nicht nur dem Käufer, sondern auch sich selbst, da der Käufer einen weiteren Kauf unterläßt.

Nun muß weiter berücksichtigt werden, daß in gar manchen Fällen eine Höchstzulaufmenge von Kondenswasser in einen Kondenstopf gar nicht berechnet werden kann, da viele der hierzu benötigten Anhaltspunkte unter ganz unbestimmbaren Verhältnissen auftreten und ganz verschiedene Ergebnisse liefern. Fast in jedem Betrieb wechselt der Dampfdruck im Kessel; es sind lange Rohrleitungen vorhanden, die im Verhältnis zum Dampfverbrauch zu gering bemessene Durchmesser aufweisen; diese sind manchenorts nicht einmal isoliert, die Leitungen gehen teilweise im Freien oder durch nicht heizbare Räume, so daß z. B. im Winter starke Abkühlungen auftreten. Unterwegs bestehen noch weitere Dampfentnahmestellen.

Das Entwässern der Heizkörper. 265

Alle diese Umstände können zur Folge haben, daß bei Beginn der Arbeitszeit im Winter eine Zeitlang nur Wasser oder abgekühlter Dampf dem Heizkörper zufließt, der sofort zu Wasser verdichtet. In diesem Falle versagt der Kondenstopf, da er solche Mengen nicht ableiten kann. Es empfiehlt sich, zur Unterstützung des Kondenstopfes einen Wasserabscheider in die Rohrleitung einzubauen, der das Kondenswasser aufnimmt und ableitet. Bei Anschaffung eines neuen Kondenstopfes sollte die Größe dem stärksten Wasserzulauf im Winter bei Beginn der Arbeitszeit angemessen sein. Jeder Kondenstopf sollte aber auch jederzeit überwacht werden können. Dadurch kann bei einer mangelhaften Trocknung der Gewebe mancher Zeitverlust und Ärger beim Suchen des Fehlers vermieden werden, der sich beim Anfüllen der Heizkörper mit Wasser dadurch offenbart, daß die Trocknung immer langsamer vor sich geht. Das gleiche tritt aber auch dann ein, wenn der Dampfdruck im Kessel beständig sinkt, was auf zu kleinem Inhalt und zu starkem Dampfverbrauche beruht.

Die Trockentrommeln bestehen aus Kupfer oder anderem, nicht rostendem Metall, arbeiten selbsttätig, besitzen keine beweglichen Teile, worauf ihr äußerst geringer Verschleiß beruht, der wiederum zur Folge hat, daß die Arbeitsweise stets sicher ist. Was nützt jedoch die sicherst wirkende Schöpfvorrichtung, wenn das regelmäßig aufgenommene Wasser zufolge des schlechten Arbeitens des Kondenstopfes nicht abgeleitet werden kann? Für den Fall, daß der Kondenstopf versagt, sollte sofort ein neuer an dessen Stelle treten, um Dampfverlusten oder einer allzu langsamen Trocknung vorzubeugen.

Sind die Arbeitsbedingungen für den Kondenstopf ungünstig und öffnet man zur Winterszeit das Ventil, das dem Heizkörper den Dampf zuführt, allzu rasch, so daß die Luft keine Zeit hat, durch das Luftventil zu entweichen, so mischt sich die Luft mit dem trockenen und nassen Dampfe, was zu Schlägen in den Heizkörpern führt. Diese Schläge teilen sich dem Kondenstopfe mit, der sodann versagt. Der Ersatz eines Kondenstopfes durch einen gleichartigen, aber leistungsfähigeren, brachte schon manchem Appreteur die gewünschte bessere und schnellere Trocknung der appretierten Gewebe.

In einem besonderen Falle konnte ich feststellen, daß mit einem Kondenstopfe jahrelang gearbeitet wurde, ohne daß man wußte, daß er schlecht funktionierte. Das Kondenswasser wurde nämlich in einen vorbeifließenden Bach durch ein fast bis auf den Grund des Baches reichendes Abflußrohr geleitet, weshalb der Abfluß nicht beobachtet wurde. Als aber die Menge der zu trocknenden Gewebe etwas stieg, sollte eine neue Trockenmaschine aufgestellt oder die bestehende durch einen Einbau leistungsfähiger gemacht werden. Nach Ersatz des Kondenstopfes durch einen viel größeren konnte sie sodann mehr als den Bedarf decken. Wie viel unbenutzter Dampf wurde in diesem Betriebe wohl im Verlaufe der Jahre dem Bachwasser überliefert? Dieses Beispiel, das sich sogar in einer ganz bedeutenden Appretur zutrug, möge zur Lehre dienen, denn Kondenswasserableitungen in vorbeifließende Bäche sind noch öfters anzutreffen.

3. Die Betriebskostenberechnung in der Appretur.

Die Aufgabe des Appreteurs beschränkt sich nicht darauf, die Ausrüstung der Waren nach den Wünschen der Kundschaft auszuführen, sondern er muß auch trachten, sie auf dem billigsten Wege herzustellen. Um dieses Ziel zu erreichen, sind nicht nur die Kosten der Appreturmasse festzustellen, sondern eingehendere Betriebsabteilungskostenberechnungen anzustellen, die die gesamten Auslagen der Abteilungen und die einzelnen Arbeitsleistungen umfassen. Die Ausrüstung eines Gewebes erfordert nicht nur eine bestimmte Menge einer Appreturmasse, sondern noch eine oder mehrere Behandlungen mit Maschinen. Gerade dieser Umstand bietet Gelegenheit zu verhängnisvollen Irrtümern über die tatsächlichen Kosten.

Bei mancher Ausrüstung spielt das eigentliche Appretieren, die Behandlung der Gewebe mit irgendeiner Appreturmasse gegenüber den Kosten der maschinellen Behandlung und des Fertigmachens in der Legstube eine untergeordnete Rolle. Genau durchgeführte Betriebsabteilungskostenberechnungen förderten schon manchmal zutage, daß Gewebegattungen, die an und für sich im Preise gedrückt waren, durch ihre Ausrüstung Schaden brachten, so daß sie als unwirtschaftlich von der weiteren Herstellung ausgeschlossen wurden, um die Herstellung anderer, lohnender Gewebegattungen zu pflegen.

Je umfangreicher die maschinelle Einrichtung einer Appretur ist, um so größer ist die Gefahr, daß einzelne Maschinen zeitweilig außer Betrieb gesetzt werden müssen, da sie nicht genügend beschäftigt werden können. Dies ist hauptsächlich dann der Fall, wenn viele Ausrüstungsarten vorkommen, z. B. wenn in einer Buntweberei die Anzahl der Gewebegattungen im Verhältnis zur Zahl der Webstühle sehr groß ist. Der häufige Wechsel des Arbeitspersonals an der Maschine führt leicht zu dem bekannten, aber vielfach unterschätzten „Verbummeln" der Arbeitskräfte, wenn nicht eine sehr genaue Kontrolle und Arbeitseinteilung vorhanden ist. Eine genaue Betriebsabteilungskostenberechnung gibt auch hierüber Aufschluß.

Nur wenige Appreteure dürften den Vergleich der früher berechneten Gestehungskosten mit denen nach der neuen Berechnungsart angenehm empfunden haben. In meiner anfänglichen Praxis war ich Zeuge, wie auf die Anfrage eines Kunden um den Preis einer neuen Gewebegattung ein Bürobeamter stehend sein Notizbuch zur Hand nahm und in kaum 5 Minuten die Anfrage beantwortete. Diese Berechnung erklärte mir der Beamte in der Weise, daß man wisse, wieviel von der Appreturmasse der Appreteur nehme und wieviel sie je Stück Ware koste; hierzu kommen die Kosten der Maschinen und Legstube mit ½ Kreuzer. Der Preis sei so hoch berechnet, daß der Chef gewiß nicht zu Schaden komme.

Diese Berechnung aus der guten alten Zeit veranlaßte mich, eine genaue Betriebsabteilungskostenberechnung durchzuführen, unbekümmert um den Spott des Chefs und einiger Beamten. Als ich ihnen aber die Ergebnisse der neuen Berechnungen vor Augen führte, bekehrten sie sich zu meiner Auffassung. Dies war zu einer Zeit, als Taylor und Ford noch unbekannt waren.

Zur Ermittlung der einzelnen Kostenpunkte ist vorerst die Verzinsung und Abschreibung des Anlagekapitals festzulegen. In Betrieben mit angegliederter Appretur werden meistens diese Kosten in einem bestimmten Prozentsatz eines Lohnsatzes, z. B. Weblohn, berechnet und zugeschlagen. Es gibt jedoch auch Betriebe, die die Verzinsung und Abschreibung des in den einzelnen Betriebsabteilungen angelegten Kapitals auf diese übertragen; das Gesamtkapital kommt dann bei der Zusammenfassung aller Betriebsabteilungskostenberechnungen zum Vorschein. Das gleiche gilt für den Dampfverbrauch zum Heizen und Kochen oder für die Krafterzeugung. Es ist unbedingt zu empfehlen, den Dampf- und Kraftverbrauch der einzelnen Maschinen, den Dampfverbrauch der Apparate und Kochgefäße sowie die Kosten der Verzinsung und Amortisation auf die Einzelarbeitsleistungen zu verteilen.

Am einfachsten gestaltet sich die Festsetzung der **Kosten der Appreturmassen**, da der Appreteur die Preise der Zusätze kennen muß, wenn er wirtschaftlich arbeiten will. Hierbei ist nicht außer acht zu lassen, daß neben den Materialpreisen die Kosten für die Zufuhr und etwaige Zölle sowie, was vielfach übersehen wird, der „Schwund" zu berechnen sind. Durch „gutes Abwägen", Austrocknen, Verschütten u. dgl. entstehen Verluste, die in der Berechnung erscheinen müssen, am besten in einem aus der Erfahrung gewonnenen Prozentsatz des Rohgewichtes. Die Gewichte der einzelnen Zusätze, mit den Preisen derselben vervielfacht, ergeben die Kosten der Appreturmasse ohne Dampf.

Es ist unvermeidlich, daß nach jeder Behandlung von Geweben Reste der Appreturmasse verbleiben, die um so mehr ins Gewicht fallen, je kleiner die Arbeitspartien sind. Die Reste der Appreturmassen müssen bei der Ermittlung der Gestehungskosten der Waren von der ursprünglichen Menge abgezogen werden und anderweitig Verwendung finden, da sich sonst die Gestehungskosten zu hoch stellen. Nach einer bestimmten Zeit, z. B. vorerst $\frac{1}{4}$, dann $\frac{1}{2}$ und später 1 Jahr, werden für alle verwendeten Appreturmassen die Gewichte der Zusätze einzeln zusammengezählt, die Gewichte von den Beständen vor Beginn der Berechnung und die Eingänge bis zum Schlusse derselben hinzuaddiert. Von dieser Summe wird der Bestand am Schlusse abgezogen und die erhaltene Summe mit den innerhalb der Berechnungsdauer benötigten Gewichtsmengen, die man der früheren Berechnung der Gestehungskosten zugrunde legte, verglichen. Wurden die Gestehungskosten früher genau berechnet, so müssen diese Zahlen übereinstimmen, was bei der ersten Berechnung wohl selten zutrifft. Erst durch längere Übung dieser Berechnungen und Behebung der dabei zutage getretenen Mängel läßt sich Übereinstimmung herbeiführen.

Für die **maschinelle Behandlung der Gewebe** wird für jede Maschine eine Tabelle geführt, aus der ersichtlich ist, was für Kosten an Arbeitslöhnen, Dampf- und Kraftverbrauch, Zinsen und Abschreibung (umgerechnet auf die Stundenleistung) erwachsen. Dabei ist mit einer mutmaßlichen Durchschnittsgröße einer Arbeitspartie der Anfang zu machen. So wird es z. B. heißen: Eine

Partie Gewebe mit dieser oder jener Ausrüstung verlangt eine 8stündige Mangelbehandlung, die für 8 Stunden bestimmte Kosten verursacht. Aus dieser Berechnung lassen sich dann bei der Ermittlung der Gestehungskosten einer Gewebegattung von 100 m Länge für die Berechnung der Appreturkosten diejenigen für die Mangelbehandlung einstellen.

Hat der Appreteur keine Hilfskraft zur Verfügung, so ist es nicht unbedingt notwendig, diese Berechnung auf einmal durchzuführen; er kann dies nach Maßgabe der ihm verbleibenden freien Zeit tun.

Ein Kostenpunkt der maschinellen Behandlung der Gewebe ist auch der Aufwand für Schmiermittel, Putzmaterial, Licht und Heizung; auch die Transmissionsanlage ist gegebenenfalls zu berücksichtigen. Den Kraftverbrauch der Maschinen und der Transmission läßt man durch einen Fachingenieur festsetzen.

Die dampfverbrauchenden Maschinen, Apparate und Vorrichtungen haben eine Heizeinrichtung, an deren Ende ein Kondenstopf vorgesehen ist. Nun liegt der Gedanke nahe, das vom Kondenstopfe abfließende Wasser zur Berechnung des Dampfverbrauches zu benutzen, vorausgesetzt, daß sie auch richtig arbeiten [1]. Die Menge des Kondenswassers gibt nicht nur den Dampfverbrauch der Maschine oder des Heizkörpers an, sondern auch noch jene Dampfmenge, die in der anschließenden Rohrleitung bis zum Eintritt in den Heizkörper kondensiert und ungenutzt verloren geht. Diese Dampfmenge muß in der Berechnung irgendwie zum Ausdruck gelangen, was jedoch vielfach übersehen wird. Man ordnet manchmal auch Wasserabscheider vor den Heizkörpern an und sammelt das abgeschiedene Wasser, das ebenfalls eingerechnet wird. Es ist jedoch richtiger, wenn dieser Dampfverbrauch in der Abteilung, zu der die Leitung führt, also hier in der Appretur, zur Berechnung gelangt. Dieser Dampfverbrauch kann unter Umständen ein beträchtlicher Anteil des ganzen Dampfverbrauches einer Heizvorrichtung sein.

Wenn man nun das ablaufende Kondenswasser mißt, so gibt die erhaltene Menge Wasser bekannt, wieviel davon verdampft werden muß, um den für den betreffenden Heizkörper und die Rohrleitung benötigten Dampf zu erhalten. Bei diesen Messungen und

---

[1] Vgl. den Abschnitt „Das Entwässern der Heizkörper" (S. 263).

Berechnungen sind kleinere Fehler unvermeidlich; so nimmt das gemessene Kondenswasser einen größeren Raum ein als das kalte Speisewasser, auch geht Dampf durch schlecht dichtende Ventile, Hähne, Flanschen und andere Verbindungsstücke in den Rohrleitungen verloren. Ferner ist das Kesselspeisewasser, wenn es nicht schon außerhalb des Kessels gereinigt worden ist, bei gleichem Volumen und gleicher Temperatur schwerer als das Kondenswasser.

Im Kesselhause kann der Appreteur erfahren, wie hoch sich die Gestehungskosten für 1 kg Dampf von normalem Drucke stellen, da die dortigen Abteilungsberechnungen ergeben haben, wieviel Liter Wasser von 15^0 C durch 1 kg Kohle auf den Normaldruck verdampft worden sind und wie teuer sich diese Verdampfung stellt. Auch hier gibt es Fehlerquellen.

Alle bisher angedeuteten Fehlerquellen über den Dampfverbrauch und die Kosten der Verdampfung sind für unsere Zwecke nicht von Bedeutung, da es sich uns nicht um wissenschaftliche Berechnungen handelt, die in das Gebiet der Wärmewirtschaftsingenieure fallen. Für die Kostenberechnung des Dampfverbrauches in der Appretur genügt es, wenn man durch Erfahrung dazu gelangt, jeder Verbrauchsstelle einen bestimmten Prozentsatz an Dampf zuzuschreiben, um schließlich den berechneten und den tatsächlichen Dampfverbrauch eines Heizkörpers in Übereinstimmung zu bringen.

In Ausnahmefällen bedarf es zur Durchführung genauer Dampfverbrauchsmessungen erfahrener und erprobter Ingenieure. Ich möchte jedoch darauf hinweisen, daß rein theoretische Berechnungen über den Dampfverbrauch keinen Wert haben; z. B. wenn man bei Trockenmaschinen mit Kupfertrommeln Durchmesser und Länge der Trockentrommeln, den Dampfdruck und die Menge des zu verdunstenden Wassers der Berechnung zugrunde legt. Ich habe auch versucht, meine Berechnungen auf eine wissenschaftliche Grundlage zu stellen, bin aber auf den Rat eines erfahrenen Praktikers davon abgekommen, denn die Wärmelehre ist so verwickelt, daß es unmöglich ist, alle auftretenden Begleitumstände in Rechnung zu ziehen.

Sachverzeichnis.

Abbau der Stärke 41, 42, 65, 76, 97, 98, 227
Abbauprodukte 34, 64, 74, 152
Absaugvorrichtung 78
Abteilungskostenberechnung 209
Aktivin 34, 36, 41, 62, 63, 64, 65, 67, 75, 85, 94, 113, 114, 115, 116, 117, 118, 119, 120, 121, 122, 123, 129, 143, 152, 227
Alaun 140
Alaunlösung 138
Albumin 99
Algen 35, 44, 45, 217, 219, 237
Algengallerten 11, 95, 152
Alizarin 163
Alkaliechtheit 9
Alkalien 9, 51, 152, 217
Aluminiumsilikat 58
Amylformiat 179
Anfärben der Appreturmassen 97, 112, 183, 227
Anfeuchtvorrichtung 132, 192
Anilinoxydationsschwarz 232, 259
Ankochen 92
Antiseptische Mittel 34, 60, 64, 238
Aparantine 38
Appretbrechen 192
Appretbrechmaschine 192
Appretiermaschine 22, 26, 147, 225, 234
Appretierverfahren 105
Appretine 231
Appreturauftragmaschinen 26
Appreturmittel 33, 73, 88, 158, 199
Appreturöl 54, 86, 87, 105, 107, 109, 113, 114, 115, 116, 118, 119, 120, 121, 122, 123, 147, 178, 225
Arbeiterblusen 241
Arbeiterhosen 241

Arbeiterschürzen 241
Ätznatron 82
Aufbäumstuhl 193
Aufbäumvorrichtung 193, 199
Aufgeschlossene Stärke 65, 86, 87, 97, 140, 183
Aufrollen 211
Aufrollmaschine 212
Aufschließung der Stärke 34, 41, 66, 74, 75, 76, 93, 94, 96, 158
Aufschließungsmittel 34, 62, 63, 75, 76, 158
Auftragen der Appreturmassen 101
Ausbluten der Farben 8, 9
Ausbreiten der Ware 194
Ausbreitvorrichtung 193
Auskochen 86
Aussalzen 51
Autoklav 92

Barchent 112
Bariumsulfat 58
Bassorin 47
Bauernleinen 106
Baumwollflanell 140
Beeteln 164
Beetleechtheit 10
Beetleglanz 164
Beetlekalander 29, 174
Beetlemaschine 29, 52, 164, 174, 202
Beetleware 193
Befeuchtungskammer 198, 200
Befeuchtungskanal 192
Befeuchtungsmaschine 200
Beizenfarbstoffe 202, 221, 263
Benzopurpurin 8
Berlinerblau 110
Beschaumaschine 211
Beschwerung 4, 103

Beschwerungsmittel 34, 41, 45, 55, 59, 60, 62, 259
Betriebsabteilungskostenberechnung 266
Betriebskostenberechnung 266
Bettleinen 106, 194
Bienenwachs 50, 51, 66, 117, 122, 183
Bittersalz 11, 17, 49, 55, 114, 124, 140, 229, 231, 240, 242
Blanc fixe 59
Blaudruck 112
Blauholz 134, 163
Blauholzextrakt 110, 111
Blauholzschwarz 99, 232, 259
Blauleinen 112, 202, 203
Bleichen 77, 84, 178
Bleiglätte 136
Bleizucker 134
Blusenstoffe 45
Borax 108, 110, 122, 140
Brechmaschine 194
Breitstreckung 194
Buchbinderleinen 40, 104, 130, 177
Bürsten 86, 145
Bürsteneinsprengmaschine 199
Bürstmaschine 145
Bürstvorrichtung 78, 79

Catechu 134
Chaising 174, 175
Changiervorrichtung 184
Chemische Lösung 69
Chevilliermaschine 86
Chiffon 108
China clay 18, 53, 57, 59, 68, 107, 108, 109, 130, 131, 163, 177, 215, 227, 229, 235, 259, 263
Chinesischer Talg 49
Chlor 64, 65, 69
Chlorammonium 140
Chlorkalk 64
Chlorkalzium 17, 59, 60, 125, 231, 255
Chlormagnesium 17, 49, 55, 56, 57, 59, 60, 124, 125, 147, 226, 229, 231, 240, 242, 255
Chlorzink 62, 69

Chromalaun 43
Chromantimonbeize 163
Chromgelb 99, 251, 259
Chromgrün 99
Chromleim 43, 135, 153
Chromsaures Natron 110, 111, 135
Croisé 131

Damastgewebe 164
Damastmöbelstoffe 121
Damasttischzeuge 108
Damenblusenstoffe 46, 120
Damenkleiderstoffe 45, 131, 185, 207
Dämpfen 148, 201, 207
Dämpfdauer 205
Dämpfkasten 204
Dämpfmaschine 204
Dekatieren 207
Dekatiermaschine 149, 160, 207
Dextrin 34, 38, 41, 42, 43, 64, 72, 74, 76, 87, 114, 124, 129, 158, 205, 217, 231
Dextrinlösung 23, 73, 97, 98, 158
Dialisator 69
Diastafor 15, 41, 63, 66, 74, 75, 89, 96, 158, 218
Diphenylschwarz 99, 109, 110, 112, 131
Distelkardenrauhmaschine 25
Dublieren 26, 210
Dubliermaschine 26, 210, 213
Düseneinsprengmaschine 199

Echtheitseigenschaften 8, 9, 68
Egalisiermaschine 184
Eindrücke in Kalanderwalzen 255
Einfache Lösung 69
Einlaßvorrichtungen 26, 188, 190, 195
Einschrumpfen 83
Einsprengen 198
Einsprengmaschine 105, 119
Einzelbrenner 78
Eiweißstoffe 237
Elektrische Presse 206
Elektrische Senge 78
Emulsion 48
Entschlichtung 50, 85

Sachverzeichnis.

Entwässern 263
Erdwachs 50
Essigäther 81
Essigsäure 50, 135
Essigsaure Tonerde 134
Etiketten 214
Exzenterbeetlemaschine 29

Faltenbildung 243
Faltengewebe 130
Faltenlänge 211, 244
Faltenlegen 210
Faltenlegmaschine 211
Färben 77, 84, 142, 178, 233
Farbiger Flug 249
Farblacke 99
Farbstoffe 34, 67, 84, 87, 131, 134, 142, 163, 227, 233
Fäulnisverhindernde Mittel 34, 44, 60, 201, 238, 239
Fehler in der Appretur 215
Fermente 41, 77 217
Fette 35, 48, 50, 51, 53, 65, 66, 117, 152
Fettsaure Tonerde 134
Feuchtkammern 26
Feuersichermaschen 137
Filzmaschine 160
Filzvorrichtung 25
Flammenschutzmittel 138
Flanell 25, 46, 118, 119, 146, 153, 159, 246, 263
Flechten 35, 44, 237
Flechtengallerten 95
Fleckwasser 81
Flor 146, 149, 155, 159, 207, 249, 258, 261
Formaldehyd 44, 61, 152
Formalin 61
Formalol 61
Foulardieren 85
Frauenkleiderstoffe 130
Friktionieren 9, 46, 51, 57, 183
Friktionsechtheit 10
Friktionskalander 28, 52, 173, 182
Friktionsstärkmaschine 26, 104
Füllappretur 129

Füllappreturmasse 18, 52, 57, 66, 102, 130, 131
Füllmittel 34, 36, 41, 55, 56, 57, 58, 59, 60, 66, 130, 152, 163, 215, 227, 229, 235, 259
Füllvermögen 34, 42
Futterstoffe 25, 104, 130, 131, 162

Ganzbrenner 78
Gärung 40, 44, 48
Gassenge 77, 78
Gaufrieren 27, 164, 175, 176
Gaufrierkalander 177, 180
Gelatine 87, 123, 178
Gerbstoffbeizung 99
Gerste 34, 35, 40
Gessnersches Veredlungsverfahren 160
Getreidearten 36
Gewebeveredlungsmaschine 161
Giftigkeit 36, 75
Gips 56, 131
Glacieren 182
Glanz 82, 83, 84, 86, 116, 123, 149, 150, 167, 171, 178, 202, 206, 255
Glanzfutterstoffe 209
Glänzmaschine 28
Glästen 182
Glättung der Gewebe 207
Glaubersalz 11, 17, 18, 49, 56, 57, 227, 231, 242
Glyzerin 35, 51, 52, 60, 66, 123, 126, 147, 178, 231, 252
Gravur 103, 177, 200
Griff 23, 48, 105, 116, 131, 133, 150, 152, 160, 199, 165, 167, 221, 225
Guignelgrün 99
Gummi 87
Gummilösung 82

Hammeltalg 48
Handstärke 39
Hänge 8, 26, 104, 132, 148, 221
Härten des Leimes 43
Heizkörper 263
Hemdenstoff 22, 263
Hochdruckkochkessel 92, 94
Hochgravur 164

Rüf, Appretur. 18

Hochhänge 24
Holzbottich 91
Holzfarbstoffe 134, 202
Hosenzeuge 121
Hülsenfrüchte 36
Hutfutter 40, 130, 177
Hydraulische Mangel 163, 165, 166
Hydraulische Presse 206

Idealin 231
Imprägnierjigger 135
Indanthrenblau 100
Indanthrenfarbstoffe 142
Indigo 99, 202
Indigoblau 128, 231, 250
Indigoweiß 231
Inlett 115, 150, 165
Inselt 48
Irländisch Moos 44, 45
Isländisch Moos 44, 45

Japanwachs 49, 66
Jacquardwaren 77
Jigger 85, 87, 135, 241
Jod 38, 41, 70, 71
Jungfernöl 53
Jutewalze 171

Kalander 23, 27, 30, 106, 150, 174, 202, 255
Kalandermangel 29
Kalandern 6, 9, 18, 46, 149, 166, 171, 225, 230, 252
Kalialaun 135
Kaliko 107
Kaliumbichromat 43
Kalk 59
Kalkseifen 126
Kanaltrockner 184
Kaolin 58
Karbolsäure 62
Kardenrauhmaschine 25
Karragheenmoos 44, 45, 46, 47, 98, 114, 116, 118, 119, 120, 121, 147, 150, 158, 260
Kartoffel 34, 36, 37
Kartoffelmehl 41

Kartoffelsirup 105, 124, 125, 147, 158, 231, 252, 260
Kartoffelstärke 37, 38, 66, 72, 73, 87, 106, 107, 108, 109, 110, 111, 112, 113, 115, 116, 117, 118, 119, 120, 121, 122, 123, 131, 143, 165, 205
Kastanien 36
Kastenmangel 21, 166
Kaustisches Natron 51
Kernseife 51
Kläresieder 39
Kleber 39, 40, 237
Klebmittel 34, 36, 40, 130
Klebvermögen 34, 41, 42
Kleiderkattun 122
Kleister 2, 4, 6, 15, 38, 41, 68, 70, 71, 72, 73, 76, 98, 106, 130, 217, 219
Klopfmaschine 79
Klotzmaschine 136
Knoten 79
Kochapparate 99
Kochsalz 51, 56, 59, 69, 70, 119, 140, 143, 147
Kohlensäure 40
Kohlensaurer Kalk 59
Kokosfett 49
Kokosnußöl 50
Kokosöl 66
Kolloidale Lösung 41, 69, 71, 72
Kongo 8
Kontinumangel 171, 175
Körperfarbe 98, 99, 163, 202, 224, 231, 232, 251, 258
Korsettstoffe 105, 165
Krabbmaschine 179
Kratzenrauhmaschine 25
Kreide 57, 59
Krepppartikel 82
Kühlkammer 26
Kühlvorrichtung 132, 189
Kunstseidengewebe 123
Kupfer 9
Kupferkessel 91, 93
Kupferseife 137
Kupfervitriol 9, 110

Sachverzeichnis.

Längenverluste 252
Lauge 66, 85
Laugenbehandlung 84, 85
Laugenrückgewinnung 85
Legen 208
Legmaschine 26, 210, 244,
Legstube 160, 208, 254
Leim 43, 44, 66, 70, 114, 135, 217, 235
Leimartige Lösung 41
Leimausrüstungen 44
Leimgallerten 11
Leimlösung 6, 23, 72, 73, 97, 98, 158, 199, 219, 235
Leinöl 136
Linksappretur 102
Lösliche Stärke 41, 46, 65, 71, 74, 77, 95, 129, 143, 147, 158, 227
Lösung 69, 70
Luftdurchlässigkeit 136
Lufthänge 24, 184
Lufttrockenmaschine 27, 221
Lufttrocknung 183
Lüstrieren 86

Magnesiaseife 126
Magnesium 55, 56
Mais 24, 37
Maisstärke 37, 38, 72, 73, 106, 107, 108, 109, 110, 111, 112, 114, 121, 131, 205
Mangel 163
Mangelausrüstung 73, 116, 149
Mangelechtheit 10
Mangelglanz 28
Mangelgriff 28
Mangeln 6, 46, 51, 162, 166
Mangelware 6, 46, 193, 252
Mansarde 180
Marseillerseife 51, 81, 87, 110, 111, 122, 131, 134, 165, 183
Maschinelle Hänge 148, 189
Matratzendrell 210, 213
Matratzenstoffe 105, 165, 194
Mattglanz 171
Mattkalander 173
Mechanische Hänge 104, 132
Mehl 34, 40, 98, 229

Mehlkleister 23
Melton 112
Mercerisation 29, 82, 178
Meßapparat 246
Messen 208
Meßmaschine 26
Meßuhr 246
Meß- und Legmaschine 210, 244
Metallechtheit 9
Metallsalze 131
Metallseife 137, 235
Methylenblau 99, 113, 114, 122
Methylviolett 99
Milchflotte 225
Milchsäure 87
Mineralsalze 158
Möbelstoffe 165
Modewaren 23
Moiré 161, 176
Moiréglanz 162, 164
Moirieren 27
Molekin 246
Mommerkalander 177
Monopolseife 108, 109, 110, 117, 120
Moos 35, 44, 46, 47, 217, 219, 237
Moosgallerten 11, 95, 152
Morschwerden 56, 57, 125, 240
Muldenpresse 206

Nachrauhen 149, 159, 261
Nachschleifen 259
Nadelketten 26
Natrium 53, 59
Natriumperborat 64
Natriumstannatmethode 140
Natron 51
Natronlauge 71, 82, 83, 85
Naturelle Ausrüstung 149
Netzen 84
Netzöle 84
Nitrozellulose 179, 180
Norgine 45

Öl 35, 48, 53, 54, 65, 117, 152, 250
Olein 48, 54
Olivenöl 51, 53, 54, 109, 110, 131
Olivin 58
Ölsüß 52

Organtin 109
Oxalsäure 17, 34, 36, 41, 62, 65, 67, 74, 75, 77, 94, 100.
Oxford 114, 194
Ozokerit 50, 51

Palmitin 48, 49, 51, 54
Papierwalze 171
Paraffin 48, 49, 50, 51, 66, 117, 183
Permanentfinish 86, 177, 179
Permanentweiß 59
Pflanzenschleime 205, 237
Pikee 77, 164, 165
Plattenpresse 206
Plattensenge 77
Porzellanerde 57, 58
Presse 29
Pressen 206
Preßspäne 206

Querzitron 110
Querzitronextrakt 111

Rakel 103, 105
Rakelappretiermaschine 26
Rakelappretur 103, 104, 105
Rauhdistel 25
Rauhen 146, 231, 247
Rauherei 25, 145, 153
Rauhgarnitur 229, 256, 262
Rauhkarde 142, 146, 149, 155, 246
Rauhmaschine 25, 145, 146, 156, 231, 246, 256
Rechtsappretur 102, 104
Reinigungsmaschine 78
Reis 3, 34
Reisstärke 37, 38, 72, 73
Rektometer 210, 212
Revolvermangel 29, 170
Revolverwalzenmangel 170
Riffelkalander 29, 84, 175, 177
Rindertalg 48
Rips 77
Rizinusöl 54, 124
Roggen 40
Rollkalander 173
Rucksackstoffe 134, 136
Rührwerk 95

Salizylsäure 44, 60, 61
Salmiakgeist 81
Salpetersäure 38, 42, 74
Salzappreturmassen 75, 113, 116, 124, 128, 129, 203, 223, 235
Salzsäure 56, 59, 62, 69, 242
Satinappretur 45
Säuern 85
Säure 41, 71, 74, 217
Säureechtheit 9
Schermaschine 79
Scherzylinder 79
Schimmelbildung 61, 201, 219, 239
Schimmelflecke 36, 62, 236
Schimmelpilze 36, 217, 219, 236
Schlafdecken 8
Schlemmkreide 59
Schlesische Mangel 28, 163, 165, 166
Schlichte 67
Schmierflecke 80
Schmierfleckenwasser 79
Schmirgeln 160
Schneidzeug 79
Schottische Mangel 166
Schreiben der Ware 193, 226
Schreinerieren 177
Schwächerweiden der Appreturmasse 217
Schwarzfärben 130
Schwefelfarbstoff 233
Schwefelsäure 50, 56
Schwefelsaure Magnesia 55
Schwefelsaure Tonerde 135
Schwefelsaures Natrium 56, 233
Schweinefett 49
Schwerspat 57, 58, 59, 131, 163, 259
Seidenfinish 84, 87, 175, 177
Seidenfinishkalander 180
Seidengriff 87
Seife 49, 51, 65, 71, 81, 134
Sengen 57, 77, 78, 84
Sengmaschine 78
Shirting 22, 107
Sirup 114, 115, 118, 120, 121, 122, 125, 260
Soda 46, 47, 51, 123
Spannkluppen 26

Sachverzeichnis.

Spannrahmen 10, 80, 85, 147, 187, 244
Spann-, Rahm- und Trockenmaschine 26, 27, 132, 147, 184, 187, 195, 221, 249
Spannvorrichtung 193
Speckstein 58
Spindelpresse 206
Spiralmesser 79
Sportflanell 119
Stabzimmer 208
Stahlwalze 171
Stärke 34, 36, 38, 41, 42, 43, 44, 46, 55, 62, 63, 64, 65, 66, 67, 70, 71, 72, 74, 76, 77, 106, 130, 147, 152, 215, 217, 227, 235
Stärkekleister 23, 43, 52, 68, 106, 157, 163, 227
Stärkekörner 37, 68, 70, 72, 73
Stärkmaschine 23, 101, 104, 147, 150, 241
Stauben 27, 228
Steifungsmittel 34, 36, 40
Steifungsvermögen 34, 42
Stockflecke 36, 61
Stokotabletten 34, 36, 41, 63, 65, 66, 67, 75, 94, 129, 227
Strecken der Ware 194, 247
Streckmaschine 195
Streckung 83, 85
Streifenbildung 246
Stuhlware 150, 203
Sulfurierung 54

Talg 48, 49, 66, 106, 107, 108, 109, 110, 131
Talkum 53, 57, 58, 68, 130, 131, 177, 215, 227, 235, 259
Tannin 135, 137
Tanninantimonbeize 163
Terpentin 81
Tiefgravur 164
Ton 58, 59
Tonerde 134
Tonerdeseife 137
Tournantöl 53, 54
Trockenhänge 21, 26, 104, 184, 221
Trockenmaschine 8, 27, 80, 266, 270

Trockenrahmen 183
Trockentrommel 57, 78, 186, 221, 240, 264, 270
Trockenturm 104, 184
Trocknen 6, 55, 80, 85, 89, 97, 132, 159, 183, 219, 240, 244, 263
Trommeltrockenmaschine 9, 10, 23, 27, 57, 61, 104, 125, 147, 185, 195, 221, 244
Trübung der Farben 17, 41, 55, 97, 98, 124, 178, 203, 233, 235
Türkischrot 8, 99, 142, 163, 202, 250, 259
Türkischrotfärberei 53, 124
Türkischrotöl 11, 54, 107, 124, 143, 225

Ultramarin 39, 68, 99, 100, 106, 107, 108, 122, 251
Umbra 136
Ungleichartiger Ausfall der Appreturausrüstungen 220
Universalkalander 174
Unschlitt 48
Untermesser 79

Vegetabilischer Talg 49
Venezianische Seife 51, 81
Verbesserung des Griffes 8
Verdünnung der Appreturmasse 92
Verkleisterung 4, 67, 216
Verkleisterungstemperatur 15
Verschleiern der Farben 6, 55, 228, 234
Vielwalzenkalander 87, 176
Viskose 137, 180
Volkstrachten 130, 153
Vollappretur 102
Vollkommene Lösung 41
Vormaß 253

Wachs 50, 52, 66, 183
Wachsarten 35, 48
Waffelbindung 77
Walzenbrechmaschine 194
Walzenmangel 169, 176
Wareneinlaßvorrichtung 197
Warenschau 210

Warenstreckmaschine 195
Warmhänge 24, 184
Waschen 84
Wasserabstoßend 133, 137
Wasseranziehende Mittel 34, 59, 221, 255
Wasserdicht 133, 137
Wasserdichtmachen 133
Wasserglas 135, 137
Wässerigwerden der Appreturmasse 219, 220
Wasserkalander 85, 175
Wasserundurchlässigkeit 133
Waterkalander 175
Weichmachen 124
Weichmachende Mittel 34, 48
Weizen 34, 37, 40
Weizenmehl 41
Weizenstärke 37, 38, 72, 73, 106, 107, 108, 109, 110, 111, 112, 114, 115, 121, 131, 205
Wickelmaschine 211
Wienerkalk 59
Wolframsaures Natron 140

Wollglanz 149

Zanellas 105
Zellulose 237
Zeltstoffe 134, 136
Zephir 120
Zeresin 50, 51
Zerstäubungsvorrichtung 200
Zinkchlorid 60, 62
Zinkchloridlösung 9
Zinkseife 137
Zinksulfat 62
Zinkvitriol 62
Zinn 9
Zinnsaure Natronlösung 139, 140
Züchen 116, 150
Zucker 34, 41, 42, 72, 74, 76, 98, 130, 217
Zuckersäure 62
Zusammensetzung der Appreturmasse 10
Zweiwalziger Kalander 171
Zylindersenge 77

Verlag von Julius Springer / Berlin

Handbuch der Appretur.
Von Ingenieur **Josef Bergmann** †, o. ö. Professor an der Technischen Hochschule in Brünn. Nach dem Tode des Verfassers ergänzt und herausgegeben von Professor Dr.-Ing. **Chr. Marschik**, Leipzig. Mit 286 Textabbildungen. VI, 321 Seiten. 1928. Gebunden RM 36,—

Kenntnis der Wasch-, Bleich- und Appreturmittel.
Ein Lehr- und Hilfsbuch für technische Lehranstalten und die Praxis. Von Ing.-Chemiker **Heinrich Walland**, Professor an der Technisch-Gewerblichen Bundeslehranstalt Wien I. Z w e i t e , verbesserte Aufl. Mit 59 Textabbildungen. X, 337 Seiten. 1925. Gebunden RM 18,—

Die Mercerisierungsverfahren.
Von Dr. **Erwin Sedlaczek**, Oberregierungsrat. VII, 269 Seiten. 1928. Gebunden RM 18,—

Die Mercerisation der Baumwolle und die Appretur der mercerisierten Gewebe.
Von **Paul Gardner**, Technischer Chemiker. Z w e i t e , völlig umgearbeitete Auflage. Mit 28 Textfiguren. IV, 196 Seiten. 1912. Gebunden RM 9,—

Chemische Technologie der Baumwolle.
Von Professor Dr. **R. Haller**. **Mechanische Hilfsmittel zur Veredlung der Baumwolltextilien.** Von Geh. Regierungsrat Dipl.-Ing. Professor **H. Glafey**. („Technologie der Textilfasern", Bd. IV/3.) Mit 266 Textabbildungen. XIV, 711 Seiten. 1928. Gebunden RM 67,50

Die Gaufrage.
Das Einpressen von Mustern in Textilien, Papier, Leder, Kunstleder, Zelluloid, Gummi, Glas, Holz und verwandte Stoffe. Von **Wilhelm Kleinewefers**. Mit 59 Textabbildungen. 117 Seiten. 1925. Gebunden RM 15,—

Technologie der Textilveredelung.
Von Professor Dr. **Paul Heermann**, früher Abteilungsvorsteher der Textilabteilung am Staatlichen Materialprüfungsamt in Berlin-Dahlem. Z w e i t e , erweiterte Auflage. Mit 204 Textabbildungen und einer Farbentafel. XII, 656 Seiten. 1926. Gebunden RM 33,—

Betriebseinrichtungen der Textilveredelung.
Von Professor Dr. **Paul Heermann**, früher Abteilungsvorsteher der Textilabteilung am Staatlichen Materialprüfungsamt in Berlin-Dahlem, und Ingenieur **Gustav Durst**, Fabrikdirektor, Konstanz a. B. Z w e i t e Auflage von „Anlage, Ausbau und Einrichtungen von Färberei-, Bleicherei- und Appretur-Betrieben" von Dr. Paul Heermann. Mit 91 Textabbildungen. VI, 164 Seiten. 1922. Gebunden RM 7,50

Verlag von Julius Springer / Berlin

Die Getriebe der Textiltechnik. Ein Beitrag zur Kinematik für Maschineningenieure, Textiltechniker, Fabrikanten und Studierende der Textilindustrie. Von Professor Dr.-Ing. **Oscar Thiering**, Budapest. Mit 258 Textabbildungen. IV, 134 Seiten. 1926.
RM 12,—; gebunden RM 13,50

Die Trockentechnik. Grundlagen, Berechnung, Ausführung und Betrieb der Trockeneinrichtungen. Von Dipl.-Ing. **M. Hirsch**, Beratender Ingenieur V. B. I. Mit 234 Textabbildungen, einer schwarzen und 2 zweifarbigen i-x-Tafeln für feuchte Luft. XIV, 366 Seiten. 1927.
Gebunden RM 31,80

Theorie der Heißlufttrockner. Ein Lehr- und Handbuch für Trocknungstechniker, Besitzer und Leiter von gewerblichen Anlagen mit Trockenvorrichtungen. Für den Selbstunterricht bearbeitet von **W. Schule**. Mit 34 Textfiguren und 9 Tabellen. IV, 174 Seiten. 1920. Unveränderter Neudruck 1921.
RM 5,50

Das Trocknen mit Luft und Dampf. Erklärungen, Formeln und Tabellen für den praktischen Gebrauch. Von Baurat **E. Hausbrand**, Berlin. F ü n f t e , stark vermehrte Auflage. Mit 6 Textfiguren, 9 lithographischen Tafeln und 35 Tabellen. VIII, 185 Seiten. 1920. Unveränderter Neudruck 1924.
Gebunden RM 10,—

Waeser-Dierbach, Der Betriebs-Chemiker. Ein Hilfsbuch für die Praxis des chemischen Fabrikbetriebes. Von Dr.-Ing. **Bruno Waeser**. V i e r t e , ergänzte Auflage. Mit 119 Textabbildungen und zahlreichen Tabellen. XI, 340 Seiten. 1929. Gebunden RM 19,50

Enzyklopädie der textilchemischen Technologie. Bearbeitet in Gemeinschaft mit zahlreichen Fachleuten und herausgegeben von Professor Dr. **Paul Heermann**, früher Abteilungsvorsteher der Textilabteilung am Staatlichen Materialprüfungsamt Berlin-Dahlem. Mit 372 Textabbildungen. X, 970 Seiten. 1930. Gebunden RM 78,—

Färberei- und textilchemische Untersuchungen. Anleitung zur chemischen und koloristischen Untersuchung und Bewertung der Rohstoffe, Hilfsmittel und Erzeugnisse der Textilveredelungsindustrie. Von Professor Dr. **Paul Heermann**, früher Abteilungsvorsteher der Textilabteilung am Staatlichen Materialprüfungsamt in Berlin-Dahlem. F ü n f t e , ergänzte und erweiterte Auflage der „Färbereichemischen Untersuchungen" und der „Koloristischen und textilchemischen Untersuchungen". Mit 14 Textabbildungen. VIII, 435 Seiten. 1929.
Gebunden RM 25,50

Betriebspraxis der Baumwollstrangfärberei. Eine Einführung von Chemiker **Fr. Eppendahl**. Mit 8 Textfiguren. VIII, 117 Seiten. 1920.
RM 4,—

Verlag von Julius Springer / Berlin

Taschenbuch für die Färberei mit Berücksichtigung der Druckerei. Von R. Gnehm. Zweite Auflage, vollständig umgearbeitet und herausgegeben von Dr. R. von Muralt, dipl. Ing.-Chemiker, Zürich. Mit 50 Abbildungen im Text und auf 16 Tafeln. VII, 220 Seiten. 1924. Gebunden RM 13,50

Praktikum der Färberei und Druckerei für die chemisch-technischen Laboratorien der technischen Hochschulen und Universitäten, für die chemischen Laboratorien höherer Textil-Fachschulen und zum Gebrauch im Hörsaal bei Ausführung von Vorlesungsversuchen. Von Professor Dr. Kurt Brass, Prag. Zweite, verbesserte Auflage. Mit 5 Textabbildungen. VIII, 104 Seiten. 1929.
RM 5,25

Praktikum der Färberei und Farbstoffanalyse für Studierende. Von Professor Dr. Paul Ruggli, Basel. 18 Tabellen mit 16 Abbildungen im Text. IX, 197 Seiten. 1925.
Gebunden RM 12,—

Künstliche organische Farbstoffe. Von Dr. Hans Eduard Fierz-David, Professor an der Eidgenössischen Technischen Hochschule in Zürich. (Band III der „Technologie der Textilfasern".) Mit 18 Textabbildungen, 12 einfarbigen und 8 mehrfarbigen Tafeln. XVI, 719 Seiten. 1926. Gebunden RM 63,—

Grundlegende Operationen der Farbenchemie. Von Dr. Hans Eduard Fierz-David, Professor an der Eidgenössischen Technischen Hochschule in Zürich. Dritte, verbesserte Auflage. Mit 46 Textabbildungen und 1 Tafel. XIII, 270 Seiten. 1924.
Gebunden RM 16,—

Enzyklopädie der Küpenfarbstoffe. Ihre Literatur, Darstellungsweisen, Zusammensetzung, Eigenschaften in Substanz und auf der Faser. Von Dr.-Ing. Hans Truttwin. Unter Mitwirkung von Dr. R. Hauschka, Wien. XX, 868 Seiten. 1920.
RM 42,—

Chemie der organischen Farbstoffe. Von Dr. Fritz Mayer, a. o. Honorarprofessor an der Universität Frankfurt a. M. Zweite, verbesserte Auflage. Mit 5 Textabbildungen. VII, 265 S. 1924. Gebunden RM 13,—

Künstliche organische Pigmentfarben und ihre Anwendungsgebiete. Von Dr. C. A. Curtis. VII, 230 Seiten. 1929.
RM 22,50; gebunden RM 24,—

Verlag von Julius Springer / Berlin

Die Textilfasern. Ihre physikalischen, chemischen und mikroskopischen Eigenschaften. Von **J. Merritt Matthews**, Ph. D., ehemals Vorstand der Abteilung Chemie und Färberei an der Textilschule in Philadelphia, Herausgeber des „Colour Trade Journal and Textile Chemist". Nach der v i e r t e n amerikanischen Auflage ins Deutsche übertragen von Dr. **Walter Anderau**, Ingenieur-Chemiker, Basel. Mit einer Einführung von Professor Dr. **H. E. F i e r z-D a v i d**. Mit 387 Textabbildungen. XII, 847 Seiten. 1928.
Gebunden RM 56,—

Die Unterscheidung der Flachs- und Hanffaser.
Von Prof.Dr. **Alois Herzog**, Dresden. Mit 106 Abbildungen im Text und auf einer farbigen Tafel. VII, 109 Seiten. 1926. RM 12,—; geb. RM 13,20

Hanf und Hartfasern. **Die Hanfpflanze.** Von Prof. Dr. O. **H e u s e r**. **Die Hanfweltwirtschaft.** Von Direktor Dr. P. **K o e n i g**. **Mechanische Technologie des Hanfes.** Von Oberingenieur O. **W a g n e r**. **Chemische Technologie des Hanfes.** Von Dr. G. v. **F r a n k**. **Die Weltwirtschaft und Landwirtschaft der Hartfasern und anderer Fasern.** Von Direktor Dr. P. **K o e n i g**. **Verarbeitung der ausländischen Fasern zu Seilerwaren.** Von Hermann **Oertel** und Dr. **F r. O e r t e l**. („Technologie der Textilfasern", Bd. V/2.) Mit 105 Textabbildungen. VII, 266 Seiten. 1927.
Gebunden RM 24,—

Der Flachs als Faser- und Ölpflanze. Unter Mitarbeit von Professor Dr. **G. Bredemann**, Direktor des Instituts für angewandte Botanik an der Universität Hamburg, Prof. Dr. **K. Opitz**, Direktor des Instituts für Acker- und Pflanzenbau an der Landwirtschaftlichen Hochschule Berlin, Prof. **J. J. Rjaboff**, Flachsversuchsstation der Landwirtschaftlichen Akademie Timirjaseff in Moskau, Dr. **E. Schilling**, Abteilungsvorsteher am Forschungsinstitut für Bastfasern in Sorau, N.-L., herausgegeben von Prof. Dr. **Fr. Tobler**, Direktor des Botanischen Instituts der Technischen Hochschule und des Staatlichen Botanischen Gartens Dresden. Mit 71 Abbildungen im Text. VI, 273 Seiten. 1928.
Gebunden RM 19,50

Die Kunstseide u. andere seidenglänzende Fasern.
Von Dr. techn. **Franz Reinthaler**, a. o. Professor an der Hochschule für Welthandel, Wien. Mit 102 Abbildungen im Text. V, 165 Seiten. 1926.
Gebunden RM 14,40

Die künstliche Seide, ihre Herstellung und Verwendung. Mit besonderer Berücksichtigung der Patent-Literatur bearbeitet von Dr. **K. Süvern**, Geh. Regierungsrat. F ü n f t e, stark vermehrte Auflage. Unter Mitarbeit von Dr. H. **F r e d e r k i n g**. Mit 634 Textfiguren. XIX, 1108 Seiten. 1926. Gebunden RM 64,50

MIX
Papier aus verantwortungsvollen Quellen
Paper from responsible sources
FSC® C105338

If you have any concerns about our products,
you can contact us on
ProductSafety@springernature.com

In case Publisher is established outside the EU,
the EU authorized representative is:
**Springer Nature Customer Service Center GmbH
Europaplatz 3, 69115 Heidelberg, Germany**

Printed by Libri Plureos GmbH
in Hamburg, Germany